普通高等教育“十二五”规划教材

大学生创新实践指导

杨向荣　陈　伟　编著

北　京
冶　金　工　业　出　版　社
2015

内 容 提 要

本书是国家人才培养模式创新实验区项目“地方院校六纵十横体验式创业教育人才培养模式研究”的成果。

创新人才是指具有创新意识、创新精神以及实践能力的广义创造型人才。创新人才结构应该包括以下六方面要素：创新意识、创新思维、创新精神、创新人格、创新的知识储备、创新技能。这些要素是创新人才的必备要素，本书的基本结构就是按照这六方面要素具体设置的。

本书可作为高等学校相关课程的教学用书，也可供有关的专业人员阅读参考。

图书在版编目（CIP）数据

大学生创新实践指导/杨向荣，陈伟编著．—北京：冶金工业出版社，2011.3（2015.1 重印）
普通高等教育“十二五”规划教材
ISBN 978-7-5024-5533-0

Ⅰ.①大… Ⅱ.①杨… ②陈… Ⅲ.①创造力—能力培养—高等学校—教材 Ⅳ.①G305

中国版本图书馆 CIP 数据核字(2011) 第 031237 号

出 版 人　谭学余
地　　址　北京市东城区嵩祝院北巷 39 号　邮编　100009　电话　(010)64027926
网　　址　www.cnmip.com.cn　电子信箱　yjcbs@cnmip.com.cn
责任编辑　宋　良　王雪涛　美术编辑　李　新　版式设计　孙跃红
责任校对　卿文春　责任印制　牛晓波
ISBN 978-7-5024-5533-0
冶金工业出版社出版发行；各地新华书店经销；北京百善印刷厂印刷
2011 年 3 月第 1 版，2015 年 1 月第 3 次印刷
169mm×239mm；13.5 印张；262 千字；204 页
19.00 元

冶金工业出版社　投稿电话　(010)64027932　投稿信箱　tougao@cnmip.com.cn
冶金工业出版社营销中心　电话　(010)64044283　传真　(010)64027893
冶金书店　地址　北京市东四西大街 46 号(100010)　电话　(010)65289081(兼传真)
冶金工业出版社天猫旗舰店　yjgy.tmall.com
(本书如有印装质量问题，本社营销中心负责退换)

《大学生创新实践指导》编委会

主　编　杨向荣　陈　伟

副主编　王　龙　谢春虎　孙　波

编　委　（以姓氏笔画为序）

于利俊　王　振　甘露露　曲良波　任孔冰

刘红艳　刘　聘　安晓辉　苏　伟　吴　玮

何云峰　范晓光　林海涛　柳志广　贺治成

高　洁　隋学智　董　虎　焦红良

前　言

无论是社会向度、思想向度，还是政治向度，时代的深刻转变，给每一个生活在其中的个人提供了挑战和机遇。不难发现，在当下此起彼伏的竞争热潮中，唯有饱含激情、追求创新，才能占据优势并实现超越。因此，创新也就显示了其不可比拟的开创性意义。

创新，已然成为社会发展、组织进步、个人成功的有效途径和主要推动力。创新是一个民族进步的灵魂，是一个国家兴旺发达的不竭动力。2006年2月9日，国务院颁布的《国家中长期科学和技术发展纲要》指出，“把建设创新型国家作为面向未来的重大战略选择”。创新，意义重大，时不我待。

“创新”一词起源于拉丁语，原意有三层含义：更新；创造新的东西；改变。创新作为一种理论，形成于20世纪。1912年，美国哈佛大学教授熊彼特第一次把创新引入了经济领域。他从经济的角度提出了创新，认为创新就是要建立一种生产函数，实现生产要素的从未有过的组合。时至今日，“创新”一词的含义已经非常宽泛，改进、突破、创造新成果等等无一不是创新的体现。“创新”已经扩展到了社会的方方面面，比如人们常讲的理论创新、制度创新、经营创新、技术创新、教育创新、分配创新等等。

围绕个体层次的“创新”，学者主要从微观和宏观的研究视角开展相关的研究。微观研究中，创新常被等同于创造力，关注创新个体及其个性特征，研究造成创造力差异的个性或心理特征，这对有针对性地挑选和培养人才大有好处；宏观研究则主要从社会心理学、社会学角度分析创造力，充分利用生理学、脑科学、认知心理学的研究成果，大胆探索创造力的内在过程和内在机制，并关注从个体到社会、从组织内部到外部影响个体创造力的各个层面因素。此外，其他层次的创新研究也成果颇多，如：团队或群体层次的创新研究，企业层次的创新研究，行业和区域层次的创新研究等。国内有些高校进行了创新教育的探索和实践，如：中国人民大学开设了经济学-数学实验班、国学教育实验班、金融学-数学实验班、工商管理-法学实验班、古典学人才培养实验班等，通过促学科交叉融合的途径，培养拔尖创新人才；天津大学的两院院士、长江学者、学科带头人、具备丰富科研教学经验的博导和教授给本科生开设了“研究与创新”类型的课程，要求每名本科生在四年的学习期间，必须选修1~3个学分的“创新课”；有的学校则将创新教育作为创业教育的基础，在专业知识的传授过程中注重学生基本素质的培养。从理论研究到教育实践，我们对创新的研究已经涉及各个领域和不同层次，取得了诸多成果。从实践的角度来看，在大学教育中围绕培养创新型人才的目标、有针对性地提高创新能力和技能的研究和实践尚不系统，仍然需要进行深入的研究和探索。

2005年7月29日，钱学森在病榻上对前来探望的温家宝总理说：“现在中国没有完全发展起来，一个重要原因是没有一所大学能够按照培养科学技术发明创造人才的模式去办学，没有自己独特的创新的东西，老是‘冒’不出杰出人才。这是很大的问题。”创新型人才的重要来源是当代大学生，培养大学生的创新思维、创新能力对于国家发展和社会进步具有重要意义。钱学森提出，要用“大成智慧教育”把学生从沉重的填鸭式、满堂灌和格式化的教学中解放出来，为21世纪培养出大智大德、通晓全面知识与精于专业知识辩证统一的人才。这为我们解读新时期的“创新”提供了一个新的视角，进而引发我们对大学创新教育的反思和推进。

本书便是这种反思与推进的结晶。从对创新教育的既往研究以及着眼于未来创新教育的发展，主要形成了两个观点：一是创新的根本在于培养造就创新型人才，创新教育是培养创新型人才的重要途径。创新教育的主体是大学生，要围绕主体的内在特点和发展需求来设计教育方式、方法，注重培养创新个性，通过创新教育实践内化为学生的创新能力。二是每个人都具备创新的潜能，但要通过科学、合理的方式方法去引导、开发，使内在的能力转化为现实的能力。创新教育不仅是在理论上给予指导，而且更应注重结合实践进行体验和磨砺，需要通过教育、启发、互动、训练等手段去开发每个人潜在的创造力。

基于以上缘由，我们编写了这本注重体验的大学生创新实践教程。本书借鉴了创造学、教育学的相关研究成果，在对近年来国内外创新理论梳理的基础上，提出了体验式创新教育的培养模式。本书从认识论、实践论的视角出发，从创新性意识、思维、精神、人格、知识、能力等方面的培养入手，探寻了创新与创业的结合之道，选取了贴合大学生创新实际的大量真实生动的创新实例，辅以互动、体验的训练思考题，将理论与实践融合，为大学生成为创新型人才添加“催化剂”，使创新内化为自身的素质，从而在学习和工作中结出“创新”的硕果。

通过本书，我们希望可以对中国特色的大学生创新型人才的培养贡献绵薄之力，同时也希望由此能够引出更多更好的研究成果。由于水平所限，本书也会存在着这样或那样的不足，诚恳地希望专家、同行批评赐教。

作 者

2011 年 1 月

目　录

绪　论

翻开人类文明的历史。

从居住的洞穴、筑巢到现代城市、高科技建筑；从弓箭、投石器到导弹、火箭；从徒步、马匹到高速列车、飞机；从石器、木器到钢铁、纳米材料；从甲骨、竹简到计算机载体、移动存储；从钻木取火、草药到学科的完善、科学的发达……人类一次次革命性的突破成就了人类社会的进步和辉煌，然而，每一次突破的背后无不凝结着创新的智慧和艰辛的探索。

进入21世纪，随着我国建设创新型国家以及创新体系建设的加快，创新逐步从科技发明的范畴渗透到理论创新、制度创新、经济创新、教育创新、管理创新、服务创新等各个领域。

A　创新的内涵

“创新”是一个古老的词语，起源于拉丁语，原意有三层含义：更新；创造新的东西；改变。据目前所见资料，中文的创新最早见于《魏书》：“革弊创新者，先皇之志也。”（《魏书》卷六十二）。古籍中的“创新”一词，大致与“革新”同义，主要是指制度方面的改革、变革、革新和改造，并不包括科学技术的创新。[1]

创新成为一种理论是20世纪初的事情。国际上认为较早提出创新理论的是美籍奥地利经济学家、哈佛大学教授约瑟夫·熊彼特（Joseph A. Schumpeter, 1883~1950年），他在他1912年德文版的《经济发展理论》一书中运用创新理论解释了发展的概念。该书在1934年译成英文时，使用了“创新”（innovation）一词，他认为创新是发明的第一次商业化应用。

《创新教育概论》一书把“创新”作为一个系统来认识和定义。创新由创新主体、创新对象、创新过程和创新时空（环境）四个基本要素构成。在创新系统中，“创新”是创新的各个要素通过人（创新主体）的创新意识对创新对象实施创新行为，在一定的时间和空间范围获得相对创新成果的过程。

创新是一个过程，是从思想到行动、从构想到现实的知行统一的发展过程。在这个过程中，要发挥创新主体的主观能动性，以知识和经验的积累为前提，用新的认识方法、手段以及特有的思维视角开拓新的认知对象和领域，取得新的认知成果，其表现形式是新的思维方法、新的世界观的产生以及新的理论、新的学说的建立。创新是一个综合的概念，是包括教育在内的各种社会事务进步与发展的共同因素。

综合有关专家学者对创新的理解和定义，本书认为，创新是指为了达到一定的目的，在遵循事物发展规律的基础上，通过对事物整体或部分进行变革或改良获得对社会发展有益的相对创新成果的活动。

"创新"与"创造"两词有许多相近之处，都是心智活动，都含有创造出新的产品、附加价值的过程的含义，但也有不同之处。创造包含有更多的物化的含义，重视独创性，属于高层次的"创新"。创新的外延相比"创造"要大一些，泛指一切相对于"旧"而言的"新"的产生过程。

B 正确理解创新与创新人才

(1) 人人都具备创新能力，人人都可以成为创新人才。

有些人对自己是否具备创新能力持怀疑态度，常会听到有人这样说道："我从事的是周而复始的普通工作，干好就足够了，不需要创新"；"这个世界已经创造形成了这么多的知识，我只要学好用好就足够了"；"我很想创新，可是我的想法别人都已经实施了，无从下手"；"我每天都在忙着事务性的工作，没时间考虑创新的事情"。

其实，我们只要具备基本的思维能力和知识储备，作为个体的人来说就能够开展创新工作。每个人都拥有不同于别人的创造性的想象、思维和能力，只要掌握方法，深入思考，坚持不懈，就能成为创新人才。

(2) 创新能力不仅是一种天赋，还可以通过后天训练加以提升。

从某种意义上讲，创新的天赋有级差的存在，如一组同学学习一门外语，必然有的人学得快，有的人学得慢，这依赖于天生的语言学习能力。如果对这一组同学进行学习语言技巧的培训，仍然会存在快慢之分。但是，总体的学习效率会得到提高。由此可见，后天的训练具有一定的提升作用。

学习掌握创新理论和方法，一方面可以将人培养成具有一定创造能力的人，另一方面可以帮助受教育者使用好已有的创新天赋，使之发挥更大的作用。

(3) 创新需要刻苦钻研和知识积累，更需要灵感和想象。

一些人认为，只要掌握更多的知识，就会更有利于发明、创造，取得创新性的成果，于是，过分强调知识传授的作用，拼命灌输书本知识。随着时间的推移，许多知识成为过期、过时的"死知识"。

知识储备是必须的，但是更需要将知识激活，使知识变为"有源之水"，知识常用常新，成为推动创新的动力。创新理论和方法则注重解决创新品质、能力的问题，为“死知识”变为“活知识”搭建桥梁和纽带。这个过程中，灵感的激发、想象的丰富、思维的拓展等成为实现创新的重要手段。

爱因斯坦在总结自己的科研经验时，深有感触地说：“想象比知识更重要，因为知识是有限的，而想象力概括着世界上的一切，推动着科学的进步，并且是知识进化的源泉。严格地说，想象力是科学研究中的实在因素。”[2]

C　创新人才结构

创新人才是指具有创新意识、创新精神以及实践能力的广义创造型人才。我们认为，创新人才结构应该包括以下六方面要素：创新意识、创新思维、创新精神、创新人格、创新的知识储备、创新技能。这些要素是创新人才的必备要素，本书的基本结构就是按照这六方面要素具体设置的。

（1）创新的初始：创新意识。只有有了创新的意愿，才能把握创新的机会，实现创新行为。没有创新意识，即使有了创新的机会，机会也会悄悄溜走。苹果砸在了许多人的头上，只有牛顿发现了万有引力。

（2）创新的基础：创新精神、创新的知识储备。创新精神是创新活动的精神引领，必要的知识储备为创新活动的开展打下坚实的基础。

（3）创新的能力提升：创新思维、创新人格、创新技能。三者共同培养提升个体的潜在创新能力，并使之转化为现实的创新能力，从而形成创新性成果。

（4）创新的目标：创新人才。通过一定有意识的训练，激发个体内在的创新天赋和基因，学习主动思考和想象，从事创新性活动，进而成为创新人才。

接下来，就请跟随本书，进行一次创新的思考之旅、体验之旅，完成相关的训练。当学习结束的时候，你也许会发现，你的许多想法、观念都会有所改变，创新离你并不遥远。也许，你会收获创新的人生。

1 创新意识的培养

近些年，随着大学生创新成果的不断涌现，高校已经成为创新人才培养的重要基地之一。而在创新人才培养涉及的诸多内容中，创新意识是学生进行创新性活动的内在动力，没有创新意识，创新思维、创新方法、创新成果等都无从谈起。

意识，是人类心理发展的最高水平。它以思维为核心，是经过思维后形成的概念和理论系统，是个体行为的一种内在驱动力，具有明确的目的性、方向性和能动性。

创新意识就是人的一种心理潜能，是个体由于自身强烈的变革愿望，在个体和社会发展进程中产生的渴望创新、要求改变的一种意向。创新意识是人类意识活动中一种积极的意识形态。对于创新意识的具体表现，学者们各有各的表述，如创新意识表现为主体意识、问题意识、超越意识和集体意识[3]；创新意识由批判精神、创新思维、风险意识、系统观念四大要素构成[4]，等等。本书主要从狭义的角度来看待创新意识，主要体现为：探究事物本质习性，正确的创新态度和坚定的创新信念，高远的创新抱负和主动的创新自觉。要实现大学生创新意识的培养，应从以上三方面入手。

1.1 探究事物本质习性的培养

1.1.1 探究事物本质习性的内涵

探究事物本质的习性是由好奇心发展而来的，表现为强烈探索事物本质的欲望和刨根问底的习惯，并有从中寻找乐趣的倾向。有了这一习性，就会在工作中不断地发现问题，并对问题进行深入细致的研究，直到解决问题，从而有意无意地进行创新[5]。

【案例一】苏轼父子探究石钟山名称由来

北宋文学家、书画家苏轼的散文名篇《石钟山记》就是他“教子求实”的佐证。苏轼父子俩探讨鄱阳湖畔石钟山名称由来的时候，苏迈从《水经注》等古书中找出许多说法，如“下临深潭，微风鼓浪，水石相搏，声如洪钟”，“得双石于潭上，扣而聆之，南声函胡，北音清越，桴止响腾，余音徐歇”。对这些说法，苏轼觉得是牵强附会，实不可信。苏迈想找其他书，苏轼阻止了他：“不用找了。大凡研究学问、考证事物，切不可人云亦云，或者光凭道听途说就妄下结论。看来，石钟山这个问题，还必须实地考察求实才能解决呢！”

五年后苏轼带着苏迈一起考察石钟山，发现原来这里的山脚下遍布石窍，大小、形状、深浅各不相同。它们不停地受到波涛撞击，所以才发出各种不同的音响，宛若周景王的无射钟、魏庄子的歌钟、庞大乐队中的钟鼓齐鸣一般……父子俩此刻终于恍然大悟：这才是“石钟”名称的由来啊！（资料来源：家庭教育导报．作者：孙顺其）

【思考导向】“事不目见耳闻，而臆断其有无”是不可能找到正确答案的。遇到问题宁愿到书本里去寻找答案，不肯下工夫去认真探究，浅尝辄止，就会闹出以讹传讹的笑话。当今，网络的发达更是提供了便利条件，但是，网络虽然能够带给我们知识，却在不断地泯灭我们的创新意识。

【测试】生活中有些人的惰性比较强，而有的人则喜欢求新求变，喜欢不断地去尝试，喜欢创造。看看你的创新意识如何吧！

1、印在纸上的主意、想法，其价值还不如印它们的纸张。

A. 非常同意　　B. 比较同意　　C. 稍许同意

D. 不太同意　　E. 很不同意　　F. 极不同意

2、世界上有两种人，一种人追求、拥护真理，另一种人排斥真理。

A. 非常同意　　B. 比较同意　　C. 稍许同意

D. 不太同意　　E. 很不同意　　F. 极不同意

3、大多数人并不知道什么才是对他有益的。

A. 非常同意　　B. 比较同意　　C. 稍许同意

D. 不太同意　　E. 很不同意　　F. 极不同意

4、人生中的大事就是去做自己认为重要的事。

A. 非常同意　　B. 比较同意　　C. 稍许同意

D. 不太同意　　E. 很不同意　　F. 极不同意

5、在这个复杂的世界里，要了解事情的演变情形，唯一的途径就是我们信任的领导人或专家。

A. 非常同意　　B. 比较同意　　C. 稍许同意

D. 不太同意　　E. 很不同意　　F. 极不同意

6、在当代论点不同的所有哲学家当中，有可能只有一两位才是正确的。

A. 非常同意　　B. 比较同意　　C. 稍许同意

D. 不太同意　　E. 很不同意　　F. 极不同意

7、大多数人根本不会替别人稍微设身处地地想一想。

A. 非常同意　　B. 比较同意　　C. 稍许同意

D. 不太同意　　E. 很不同意　　F. 极不同意

8、最好听取自己所尊敬的人的意见，再做判断和决定。

A. 非常同意　　B. 比较同意　　C. 稍许同意

D. 不太同意　　E. 很不同意　　F. 极不同意

9、唯有投身追求一个理想，才能使生命变得有意义。

A. 非常同意　　B. 比较同意　　C. 稍许同意

D. 不太同意　　E. 很不同意　　F. 极不同意

10、当有人顽固不肯认错时，我就会很急躁。

A. 非常同意　　B. 比较同意　　C. 稍许同意

D. 不太同意　　E. 很不同意　　F. 极不同意

计分方法：A 是 1 分；B 是 2 分；C 是 3 分；D 是 4 分；E 是 5 分；F 是 6 分

说明：得分为 0 ~ 18 分：创新意识很低

得分为 19 ~ 40 分：创新意识中等

得分为 41 ~ 60 分：创新意识较高

1.1.2　探究事物本质习性的培养过程

探究事物本质习性的形成主要由个人的性格、先天的禀赋决定。但是，后天的培养训练也很重要。

（1）深入把握分析资料。这里指的是要学会多方面、多层次的搜集，掌握尽可能多的资料，能够正确、全面把握材料，能够综合分析资料，并能得出较为正确的结论。

以创业为例。一次成功的创业是在深入把握分析资料的基础上实现的，只有对创业项目的背景、内容、前景等诸多方面进行透彻的分析和研究，才能为成功提供可靠的保障。把握分析资料的能力主要通过创业实践来提升。如：借助学校举办的某些课程的角色性、情景性模拟参与，积极参加校内外举办的各类大学生创业大赛、设计比赛，对知名企业家成长经历、经营案例开展研究等；找有创业经验的亲朋好友交流，得到最直接的创业技巧与经验，得到的收获会比从书本上得到的更多；通过电子邮件和电话拜访你崇拜的商界人士，或咨询与创业项目有密切联系的商业团体，得到他们的支持；通过直接的创业实践去总结和探究，如可通过课余、假期在外的兼职打工、试办公司、试申请专利、试办著作权登记、试办商标申请、举办创意项目活动、创建电子商务网站、谋划书刊出版事宜等等进行创业实践的总结和探究。

【案例二】 市场分析不透彻导致大学生初次创业失败

"我希望年轻的大学毕业生在即将飞翔的青春岁月里，不要像我一样留下永远的伤痛。"大学毕业生自主创业受创的A同学在讲述自己的创业遭遇时，显得有些沉重。一年前，大学毕业的A同学和几个朋友决定自主创业。经过市场分析，他们认为郑州的家政服务行业利润空间大，就开公司代理上海某环保科技有限公司销售的"木质油精"，用于家具、石材、皮革和汽车的保养，他们接受了上海方面的建议，做起了上海公司的"二级代理"。但是，上海公司并没有兑现当初的承诺，广告、人力支持、员工培训等都不到位，A同学发现，他们用现金进的10万元的产品，足够整个郑州市的地板保养使用两年。随后，A同学还发现自己拥有的"授权期限"仅有5个月。他和伙伴们想尽办法却收效甚微。合作伙伴看不到光明，先后离去。内忧外患中，A同学的创业梦破灭了。（资料来源：中国义乌小商品网，《大学生创业如何扬长避短》）

【思考导向】 A同学在创业前进行了必要的市场分析，但是掌握的资料不够全面，对资料的分析不够深入。如果能够深入一点，也许后来出现的问题就可以避免。

【训练题】 资料分析题

社会性别是一个能够影响政策制定中公民参与状况的重要变量，其对公民参与的途径、政府职能结构偏好和参与绩效等都有十分重要的作用。基于中部地区的政治、经济和文化等状况在我国具有一定的代表性，现以湖北、湖南、河南、江西、安徽和山西等六省为个案，从量化层面考察社会性别对于我国政策制定中公民参与的途径、政府职能结构偏好和参与绩效所带来的影响，并以社会性别主流化的视角进行讨论和解释。本研究以在中部六省进行的问卷调查为基础。调查的时间跨度为2004年8月至2006年9月，共发出问卷1600份，收回有效问卷1384份。

公民通过什么渠道了解公共政策信息，对于公民的参与动机、参与努力和参与规模具有相当大的影响，所以问卷设计了"你了解国家公共政策信息的第一渠道"的问题。该问题为单选，具体回答情况见表1-1。

表1-1 社会性别与公民了解公共政策信息的第一渠道的问卷情况

性别		国内电视	国内广播	国内报纸	国内杂志	互联网	会议文件	街谈巷议	外媒
男	份数	536	23	159	5	66	24	22	1
	%	64.1	2.8	19.0	0.6	7.9	2.9	2.6	0.1
女	份数	363	13	80	12	55	7	14	4
	%	66.2	2.4	14.6	2.2	10	1.3	2.6	0.7

请根据表1-1回答1～4题。

1、从表1-1可以看出，公民获取政策信息的主渠道有三个，按照选择人数多少依次是(　　)

A. 国内电视、国内报纸、互联网

B. 国内报纸、国内电视、互联网

C. 互联网、国内电视、国内报纸

D. 国内报纸、互联网、国内电视

2、从以上三大渠道获取政策信息的人数合计占总数的比例是(　　)

A. 91.03%　　　　B. 90.88%

C. 90.97%　　　　D. 91.3%

3、如果样本人数相等，则选择“国内报纸”、“会议文件”作为接收政策信息第一渠道的男性公民人数分别是公民人数的(　　)

A. 1.2倍、2.2倍　　　　B. 1.3倍、1.5倍

C. 3.7倍、1.3倍　　　　D. 1.3倍、2.2倍

4、以上数据能说明的是(　　)

A. 男、女公民在选择接收政策信息的渠道方面没有明显不同的偏好

B. 男性比女性更倾向于利用“国内报纸”、“各种会议文件”获取政策信息

C. 男性比女性更倾向于利用“国内杂志”、“互联网”获取政策信息

D. 男性比女性更倾向于利用外国或港澳台媒体获取政策信息

(资料来源：2008年山东省公务员录用考试《行政职业能力测验》试卷，资料分析题，建议时间控制在5分钟以内。)

(2) 总结探究现象背后的本质。事物的本质往往不能轻易得到，它是隐藏在现象背后的真理和规律，所以要通过探究事物的表面现象来认识它背后的本质规律。

探究一开始只是一种学习方式和学习过程，是指个体通过自主独立的发现问题、实验、操作、调查、信息搜集与处理、表达与交流等探索活动，获得知识技能情感和态度的发展。问题是探究的起点，是探究得以产生的最基本前提，也是探究的核心。探究的实质就是发现问题、解决问题。通过探究，个体在知识、技能、情感和态度等各方面都获得了发展和提高[6]。探究的过程主要包括：观察，提出问题，查阅书籍和其他信息资源来寻找已有知识，利用各种工具搜集、分析，做出解释，交流结果。

在信息泛滥的社会里，面对繁复的问题，要想解决问题，想将事情由繁而简，“去粗取精，去伪存真”，分析出解决问题的关键点，总结探究现象背后隐藏的本质是至关重要的。

【案例三】透过现象看本质让求职成功

李先生应聘一家广告公司创意总监的职位后，回到家中，太太急切地问："亲爱的，事情怎么样了?"

李先生神秘地说："明天开始上班，月薪15万元，这还不包括红利奖金。"太太惊喜交加地捂住自己的嘴："太好了，真是太好了！但是，待遇这么高，应聘的人一定很多吧?"

李先生说："大概有三四十个，都是广告界的精英。"

李先生又得意地说："只录取了一个，就是你老公，我。"

太太又问："老公你好棒哦！考的都是些什么题目啊?"

李先生说："只有一个题目。总经理分给我们每人一张白纸，任凭我们在上面画些东西。然后他把考卷从楼上窗口撒向大街，看过路人究竟先拿谁的考卷。有人在纸上写上动听的文字，有人画了裸体美人，有人则画了有趣的漫画，也有人折成漂亮的纸艺品……"

太太急切地问："那你呢？你怎么做的?"

李先生说："我什么也没写，什么也没画，我只在纸上贴了3张100元的钞票。"

【思考导向】这个小故事中的李先生看到了引起人注意力的普遍性目标——金钱。

【训练题】喝水的方法

桌子上的水杯中有2/3容量的水，用什么方法可以在不动这个杯子的情况下喝到水？方法越多越好。

(3) 训练问题和怀疑意识。创新通常始于问题，只有提出需要解决的问题，才能思考，创新才有主动性。心理学理论中一个极其重要的观点是：科学上很多重大发明与创新，与其说是问题的解决者促成的，不如说是问题的寻求者促成的。每天有无数的人烧开水都可看到水开时壶盖会跳，但没人像瓦特那样提问："壶盖为什么会跳?"正是瓦特的这个问题才促使发明了蒸汽机，并直接推动了人类社会由农业文明进入工业文明。一切创新都始于问题的发现，而发现问题又源于强烈的问题意识。所以说要培养创新精神就必须培养大学生的问题意识。大学生的创新精神既表现在强烈的创造动机上，又表现在发现问题、提出问题的能力上。

高度肯定和重视培养问题意识，为中外学者所共识。早在两千多年前，孔子就要求自己和学生"每事问"，他高度评价问题的价值及意义，认为"疑是思之始，学之端"。理学大师朱熹也说过："读书无疑者，须教有疑，有疑者却要无疑，到这里方是长进。"这是对学习中的问题意识科学而辩证的阐述。近代著名教育家陶行知说得更生动形象，他在一首诗里写道："发明千千万，起点是一问。禽兽不如人，过在不会问。智者问得巧，愚者问得笨。人力胜天工，只在每事问。"国外也有很多学者极力推崇问题及问题意识。亚里士多德曾说过，思维是从疑问和惊奇开始的。苏格拉底也同样认为，问题是接生婆，它能帮助新思想诞生。爱因斯坦说："提出一个问题比解决一个问题更重要。因为解决问题也许仅是一个数学上的或实验上的技能而已，而提出新的问题、新的可能性，从新的角度去看旧问题，却需要有创造性的想象力，而且标志着科学的真正进步。"维纳也说："只要我们没有提出正确的问题，那么我们永远也不会获得对问题的正确答案。"而怎样提问题、针对什么提问题、提什么问题，反映了大学生创新意识的强弱。[7]

怀疑意识强调对权威的挑战。怀疑不仅是辨伪存真的钥匙，也是启迪新思维的重要手段。在学习过程中，学生要敢于质疑、挑战权威。在接受知识的同时，要思考这样一个问题——"这些知识不一定总是正确的吧?"三百多年前，在"地心说"一统天下之时，哥白尼就是带着"这个结论不一定是正确"的疑问，勇于挑战权威，创立了"日心说"。[8]

【案例四】 谁是穆尔最好的学生?

西方哲学史上有这样一个著名的故事：有一天，罗素问大哲学家穆尔："谁是你最好的学生?"穆尔毫不犹豫地回答："维特根斯坦。""为什么?""因为，在我所有的学生当中，只有他一个人在听课时总是流露出迷茫的神色，老是有一大堆问题问我。"后来维特根斯坦的名气超过了罗素。有一次有人问维特根斯坦："罗素为什么落伍了?"他回答说："因为他没有问题了。"（资料来源：《教师的"假性成长"与问题意识的强化——从罗素落伍说起》。作者：朱国忠）

【思考导向】 个人的成长与他能够产生的问题密切相关，即问题产生的频率和质量是个人成长活力的重要表征。

【案例五】 "破解姆潘巴"

2005年7月6日晚上8点半，中央电视台第十套科学教育频道的《走近科学》栏目播出了题为"破解姆潘巴"的节目，讲述了上海三位女中学生在做实验时发现人们确信了四十多年的姆潘巴现象竟然是错误的。于是，她们就去请教物理老师。在学校的大力支持下，这位教师和三位女中学生一起，用精密仪器重新做了一百多次实验，证明她们的发现是正确的。随后，学校又请来学术专家辩证，终于否定了姆潘巴现象：即热牛奶不一定比冷牛奶先结冰，而且液体的冰点与淀粉及糖等添加物的多少有关系。所以四十多年前姆潘巴现象的出现实属巧合，不具有广泛性和代表性。

【思考导向】姆潘巴现象已经被确信四十多年了，为什么那么多学者和专家都没有产生怀疑，而最终却被几个学生给破解了呢？答案只有一个，因为她们具有难能可贵的怀疑精神。由此可见怀疑精神是创新的基础。

【训练题】

1、一次性水杯的使用十分广泛，但是使用者离开后容易担心搞混杯子而不再使用。如何能使杯子不容易混淆？

2、夜晚开车时对面的车灯很刺眼，有没有办法在不影响安全行驶的条件下改善这种状态？

（4）寻求最佳解决方案。遇到事情，会有很多种解决方案。首先要想到有无最佳解决方案，并进行尝试，而不是仅仅满足于解决问题。用最佳方案解决问题能够节省时间和精力，而且能够更便捷地解决问题。在此过程中，要不断地克服敷衍和应付的心态。

【案例六】金融危机下的转危为安

2008年国际金融危机的寒流让许多企业家刻骨铭心，作为全球铝轮行业的领跑者——万丰奥特控股集团旗下的主营业务——汽车零部件产业也受到较大影响。面对严峻的市场形势，公司团队以乐观的心态去发现机遇、寻找转机，及时调整、整合非优势产业，为“过冬”准备充足资金，同时坚持把最主要的资源投入主业，借危机转型升级，做精产品、做强主业、做大产业。从国际市场为主转向国内市场，从美国市场为主转向欧洲、亚洲市场；率先在业内建立国家级企业技术中心、首家院士工作站、博士后科研工作站、海外留学生创业园、国外智力引进项目示范基地等5个高层次技术创新载体；加快美国、英国、日本等海外研发中心建设，迅速研发新产品；投资3亿元引进最先进的锻造工艺，提高产品的核心竞争能力；投资近1亿元对生产线进行技术改造，年节约成本1500多万元。2009年，成功申报国家级项目4项、省级项目20项、省级新产品12项、授权专利58项、制定国家标准5项；成立投资公司，向金融投资领域进军……（资料来源：浙江民营企业网）

【思考导向】陈爱莲与她的“万丰”不仅经受住了严峻考验，而且逆势飞扬，总结起来就是一个信念——创业路上无止境。当面对困境时，不仅要有克服困难的信心，更重要的是在困境中不断寻找突破，在解决方案不断优化的同时，也就逐步克服了原本看上去无法跨越的障碍。

【训练题】

1、每个飞机只有一个油箱，飞机之间可以相互加油（注意是相互，没有加油机），一箱油可供一架飞机绕地球飞半圈，为使至少一架飞机绕地球一圈回到起飞时的飞机场，至少需要出动几架飞机？（所有飞机从同一机场起飞，而且必须安全返回机场，不允许中途降落，中间没有飞机场）

2、有两个封闭式的房间，A 房间有三盏电灯，B 房间有三个开关，分别控制 A 房间的三盏电灯。而你只能进入每个房间各一次，请问：你将如何区分这几个开关控制的分别是哪盏灯？

（5）转变学习观念。学习，是人类进步成才的阶梯。不断加强学习的过程，就是人们认识客观世界、修炼道德情操，积累能量、自我充实完善，锲而不舍、镂金刻石的过程。

为了什么而学习要比学到什么更为重要。因此，一定要明白自己学习的目的是什么，变被动学习为主动学习，并树立终身学习的观念。特别要完成这样一个转变，即把“为考高分（正确回答已知的问题）而学习”转变成“为解决实际问题（创新）而学习”，学习就变成了有目的性的学习，并且富于乐趣。

【背景资料】如何转变学习观念？

树立“自主学习”观念。自主学习，首先是一种主动学习，在学习过程中表现为“我要学”，主动学习状态下学习不再是一种负担，而是一种精神上、心理上的享受、一种愉快的体验，学生越学越想学、越学越爱学，有兴趣的学习往往事半功倍。其次，自主学习突出表现在学生对学习过程的自我计划、自我调整、自我指导、自我强化上。[9]

树立“素质学习”观念。由“拥有文凭”向“拥有能力”转变。社会在发展，知识在更新，具有较高文凭、学历固然重要。但并不代表一个人的能力素质就一定高。一个人的文凭、学历、学位等等只表明了曾经受教育的程度，如果停滞不前，不注重知识更新，满足于吃“老本”就会落后于社会，落后于潮流。

树立“终身学习”观念。由“一学永逸”向“永无止境”转变。“学不可以已”，必须持之以恒、锲而不舍，积跬步以至千里，积涓流以成江海。美国新管理大师彼得·圣吉曾提出警告，一个人所掌握的知识如果每年不能更新 7% 的话，便无法适应知识社会的变化，不学习就要落伍，不学习就要被淘汰。为此，应牢固树立终身学习、学无止境的观念，切切实实做到“活到老、学到老”。[10]

1.2 创新态度和信念的培养

进步的创新态度和信念是创新性人才必须具备的要素之一，总的来说就是对人类文明进步有一种信念，有为之作出贡献和牺牲的使命感，表现为敢于提出不同的观点，喜欢尝试新方法，探索新道路。创新态度和信念转化为内在动机，就会成为一个人不断取得创新性成就的巨大驱动力。

1.2.1 坚定的创新信念

信念的力量是无穷的。从事创新工作必须有对创新活动具有重大激励作用的信念支持，方能为创新性活动提供源源不断的动力支持。这些信念包括："有志者事竟成"，"天道酬勤"，从事创新工作"前途是光明的，道路是曲折的"，"困难是暂时的，是可以克服的"，"办法总比困难多"等等。有了这些信念，就能在创新工作受挫时，激发自身的斗志和战胜困难的信心，调动自身的创造潜力。[5]

有人说，自信是成功的一半。对大学生来说，信心就是创新的动力，只有自信的人才有创新的欲望和冲动。自信不是自傲、自大，不是刚愎自用。自信是建立在客观、准确认识自我的基础上对自身能力的相信。妄自菲薄与妄自尊大都不可能成为创新人才。

【案例一】海王星的发现之旅

自从1781年天王星被发现后，人们注意到它的位置总是和根据万有引力定律计算出来的不相符合。于是有人怀疑万有引力定律的正确性，但也有人认为这可能是受另一颗尚未发现的行星所吸引的结果。当时虽有不少人相信后一种假设，但都缺乏勇气去寻找这颗未知的行星，因为这是一项非常困难的工作。只有一位年方23岁的英国剑桥大学的学生亚当斯敢于承担这项任务。他利用引力定律和对天王星的观察资料，反过来推算这颗未知行星的轨道。经过两年的努力，他终于在1843年10月21日把计算结果寄给格林尼治天文台台长艾利，可惜艾利的保守思想非常严重，他不相信"小人物"的工作，把它扔到一边，置之不理。两年以后，幸亏法国也有一位青年勒维烈从事这项工作，1846年9月18日，他把结果告诉柏林天文台助理员加勒，23日晚，加勒果然在勒维烈预言位置上发现了海王星。

【案例二】坚定信念，走上漫漫创业路

2001年初，杨晓妹所在的企业实行公退民进，那时杨晓妹是企业的会计，面对人生的重大抉择，杨晓妹决定买断当时企业的集体股。然而令杨晓妹始料未及的是，杨晓妹的决定在家庭引起一片反对声。诚然，当时面对家庭主要成员的各种阻力，说心里话，杨晓妹对自己起初的信念也曾一时犹豫过，甚至放弃过。但是杨晓妹始终在反问自己：这次我就创不好这个业吗？杨晓妹想，自己毕竟才30多岁，又是一名高中生，过去的工作锻炼，对桑茧丝生产经营有了一定的基

础，最终杨晓妹还是坚定了这个信念，并在进一步做好家庭成员的思想工作下，于2001年3月联合买断了扬州市联谊丝绸有限公司的乡镇集体股份，从此走上了漫漫的创业之路。目前，高邮苏豪茧丝有限公司是与省苏豪国际集团总公司合股的企业，是高邮市桑茧丝农业产业化龙头企业。（资料来源：中国大学生创业网 http://www.studentboss.com/）

【思考导向】人总是要有点精神的，每个人更要坚持自己的信念。无论是海王星的发现还是杨晓妹的成功创业，过程中无不困难重重、阻碍重重，甚至得不到周围朋友和亲人的认可和支持，但是最终仍然获得了成功，信念这两个字所起的作用功不可没。

1.2.2 自主的创新态度

创新讲究的是独创性，而不是模仿、雷同。因此培养创新意识，就要注意培养独立意识。创新还是对现实的超越，因此培养自主意识十分重要。自主意识包括自我激励、自我控制和自主发展意识。爱因斯坦在大学读书时，有一次突发奇想，问数学家明可夫斯基："一个人究竟怎样才能在科学领域和人生道路上留下自己的闪光足迹呢?"明可夫斯基并没有马上回答，三天后，他将爱因斯坦领到一个建筑工地，径直踏上了建筑工人刚刚铺平的水泥地面，然后解释说："只有新的领域，只有尚未凝固的地方，才能留下深深的脚印。那些被无数人、无数脚步涉足的地方，别想再踩出脚印来。"那段尚未凝固的水泥路面，启发了爱因斯坦的独立创新和探索精神，使他在科学史上留下了深深的闪光足迹，成为创立狭义相对论的伟大科学家。

【案例三】5名学生和一本杂志的产生

2006年9月，当5个毛头小子在一年多以前创办起薄薄的、设计简单的《校园消费》时，谁也不会想到，这本承载了几个大学生梦想的DM杂志能飞多远。但现在，拥有《校园消费》这张王牌的高校文化公司，目前已经雇用了25名专职员工，还为200多名大学生提供了兼职岗位。

短短一年多时间，这本名为《校园消费》的DM杂志风行于成都的10多所高校，各高校的学生们手持杂志，按图索骥，凭借杂志上的消费优惠券流连在各种消费场合：餐饮、娱乐、培训、购物、驾校、医疗……大学生与商家通过一本杂志完美链接，各取所需。这本杂志获得成都传媒集团的青睐，借助与该集团的合作，《校园消费》获得了正式刊号。"期望在未来几年内，建立起全国性的高校校园整合营销平台。"杂志负责人刘洪燕在接受采访时对未来的前景充满了信心。（资料来源：成都市人民政府门户网站 http://www.chengdu.gov.cn/moban/detail.jsp?id=159242）

【思考导向】案例中的5名学生不仅有了创业的梦想和机会，关键是把握住了时机，在自身独立思考和对市场需求的客观分析下，坚定地朝着自己初定的目标前进，一步步走向成功。创新讲究的独一无二恰恰是其成功的重要砝码。

1.2.3 敢于想象，发挥潜能

在美国最常听到的一句口头禅就是“没有做不出的东西，只有想不出来的东西”。美国教育家杜威曾说：“科学的每一项巨大成就，都是以人的幻想为出发点的”。可见创造力并不神秘，很多创新的成果其实都出自一种好奇或者最初一个非常简单的想法，就如同瓦特发明蒸汽机一样，更快、更好、更强是创新的原动力。因此，敢想是发挥自己创新潜能的先决条件。创新就是要敢于打破常规，把不可能变成可能，如果故步自封，遇到难题就认为不可逾越，就很难有信心和勇气走向创新成功的彼岸。

诚然，在很多时候，我们考虑问题首先会想到一些局限性，当然这并不是说不能考虑，关键是我们首先要敢于想象，看如何能突破某些局限性。世界上几乎每一个杰出的成就，从福特公司到迪斯尼公司，从索尼公司到微软公司，都是从敢于想象开始的。

【案例四】敢于想象促成了快速计算法的发明

史丰收是我国著名的速算专家，少年时代他就创造了快速计算法。敢于想象、善于想象是他走上创造之路的基石。幼儿时期的史丰收就敢于打破常规，想别人不敢想的问题。他见爷爷天天为牡丹花浇水非常辛苦，就把一盆牡丹花放在水缸里，觉得让花喝足了水，就不必每天都去浇了。尽管史丰收的想法幼稚，但是这里孕育着未来创造活动的丰富想象力。上小学以后，史丰收从不满足于获得好分数，而是施展想象能力，使想象更加符合科学，使学习与创造性思维结合起来。在二年级的一次算术课上，史丰收一面看老师在黑板上解算术题，一面琢磨着这样一个问题：人们的读和写，都是从左往右，为什么算术运算偏要从右往左，从低位数算起呢？能不能让算术运算也从左往右，从高位数算起，让读、写、算都从左往右一致起来呢？从高位数算起是不是会更快些呢？10个月后，他初步摸索出了任何数乘以2至9的从高位算起的运算规律。三年后，他解决了多位数相乘的快速运算法。13岁时，史丰收初步创造出自成体系的快速计算法。16岁时，基本形成包括加减乘除、开方、平方的一整套快速计算口诀。没有想象就没有创造，所以说丰富的想象是“灵感”的土壤，是创造的前提。（资料来源：《科普中国》，2008年1月19日）

【思考导向】具有强烈创新意识的人势必敢于想常人所不敢想，事物是一体两面的，常人眼中的局限性往往就是创新者的突破口，而要实现从常人的思维向创新意识的转变，前提条件就是敢于想象。

【训练题】

1、假设现在一个皮球滚到洞里去了，你有多少种方法可以将它取出来呢？

2、一个正方形怎样分成形状大小相等的四个图形，你能想出几种方法？

1.2.4 持之以恒，坚韧不拔

行百里者半九十，做事越接近成功越困难，越要认真对待，做事要善始善终，方能成功。牛顿创制“万有引力”和“牛顿三定律”、爱迪生试用三千多种材料发明电灯等等事实告诉我们：坚持不懈、持之以恒是成功之道。

任何一位成功者，他们的共同特点都是把理想和信念紧密地融合在一起。美国科学家吉耶曼曾领导一个科研小组进行下丘脑激素研究，花了14年的时间，也没有找到这种难以捉摸的激素。有些老科学家甚至断言，这项研究将以失败告终。但吉耶曼并未因此而灰心气馁，他以非凡的毅力承受着无数次的失败，舍命扑在科学研究上。前后35年，解剖了27万只羊脑才终于提取出微乎其微的1毫克促甲状腺释放因子的样品。1977年，吉耶曼因此成果而荣获了诺贝尔医学和生理学奖。

大科学家阿基米德热衷于几何学研究，他与几何形影不离，常常忘了他的酒和菜。人们把他称作欧几里得的“精神上的孙子”（阿基米德是卡农的学生，而卡农又是欧几里得的学生）。在罗马人进攻他的故乡叙古拉城时，他还在市场里安然静坐，在沙土上画圈圈，计算着某些深奥的数学问题。当一个喝得醉醺醺的罗马士兵持刀向他奔来时，他只吃了一惊，并说道：“我的朋友，在你杀我以前，让我画完这个圈圈吧。”但这个士兵并未理睬他，一刀便砍了下去。这位科学家临死时还说：“啊，好吧！你们夺去了我的身体，可是我将带走我的心。”

【案例五】范征：“折腾”中坚持的大学生创业者

2008年，范征从山东艺术学院毕业，专业是文化产业管理。他并没有像其他同学一样走上考研之路，也没有东奔西走乱投简历。而是在当年12月开了一家包子铺，开始自己的创业梦想。“找工作，还不如自己创业。”他如是说。

时至今日，范征自主创业开包子铺已经一年多了，他还搞起了加盟连锁。这一年来，他在全国收了十多个徒弟，很多都是刚毕业的大学生。范征说，每个人的目标不同，环境不同，找工作或创业的过程自然也不同。他认为大学生创业并不难。“大学生自主创业要根据自己的性格来。既然选择了自主创业，就要自信，有耐心，勇敢地向前走，不要对自己所做的选择产生怀疑”，“认准了就要坚持下来，你不坚持怎么就知道不行呢？敢想，更要敢做，一切皆有可能。”（资料

来源：济南时报，2009 年 12 月 14 日）

【案例六】 创业要有一颗坚韧的心

“其实创业并不像每个人想象的那么艰苦，但是要能耐得住寂寞，还要有一颗坚韧的心。”26 岁的张云说，经过几年的努力，他的两家公司已经小有规模。

2005 年，走出大学校门的张云和两个同学怀着凌云壮志，开始了他们的创业之路。“自己跑市场、搞开发，整个 2005 年过得很累，但也很充实。”身材微胖的张云向记者表示，创业最艰难的时候，一天总共的盈利只有 10 元钱。在那段难熬的日子里，张云白天的工作就是“跑街”，也就是在街上找写字楼，然后一家一家地进去介绍公司的产品。晚上回来，张云会和同学做预算，写方案，准备第二天的工作等。工作完毕之后，张云就和同学在办公室打地铺，这样还能省下上班来回的路费和住宿费。在入睡前，张云和同学会一起说着“明天肯定会比今天好”的话相互鼓励。“当时支持我们坚持下去的是信念。一个很虚无的东西，就这样把我们 3 个人引上了创业路。”回忆着当时的艰辛，张云总结道。（资料来源：中国校媒网）

【思考导向】 创新人才需要具备百折不挠、坚持不懈的毅力，案例中范征和张云成功的一个重要因素就是面对困难和挫折能够不轻言失败和放弃，相信命运掌握在自己手中，善于变逆境为动力，具有顽强的斗志和拼搏精神，同时能够根据市场的需要和变化，确定正确而且令人奋进的目标，战胜逆境实现了自己的目标。

1.2.5 控制风险，正视挫折

创新是在走前人没有走过的路，在这一过程中难免会遇到困难，遭受挫折。所以要想有所创新，就要有一定的风险意识和冒险精神，要有克服困难的勇气和百折不挠的精神。意大利文艺复兴时期伟大的科学家布鲁诺，勇敢地捍卫和发展了哥白尼的太阳中心说，面对火刑，毫不退缩，用生命捍卫了真理。

当代大学生虽然聪明灵活，但依赖性强；虽然有理想有抱负，但却缺乏创业的心理准备，特别是抗挫折能力不强，意志力普遍比较薄弱，开拓进取意识不足。多数大学生创业者一旦创业过程中遭遇困难和挫折，往往情绪低落，无法自拔，一蹶不振，有的甚至心理发生扭曲，走上歧途。创新是一项异常艰苦的工作，是一条充满艰辛、坎坷的崎岖之路，并非一帆风顺，期间会遇到这样或那样的困难和挫折，因此要有一定的心理准备，并要正确对待，防止半途而废；要逐步树立自立自强、百折不挠的信心，将人生道路上的种种困难、挫折视为人生的洗礼。要始终铭记孟子的一段话：“天将降大任于斯人也，必先苦其心志，劳其筋骨，饿其体肤，空乏其身。”

【案例七】 勇于献身的科学家

鲍尔·海斯德是美国一位研究蛇毒的科学家。他小时候看到全世界每年有成千上万人被毒蛇咬死，就决心研究出一种抗毒药。他想到，人患了天花，会产生免疫力，而让毒蛇咬后能不能也产生免疫力呢？体内产生的抗毒物质能不能用来抵抗蛇毒呢？他设想到这也是有可能的。因此，从15岁起，他就在自己身上注射微量的毒蛇腺体，并逐渐加大剂量与毒性。这种试验是极其危险和痛苦的。每注射一次，他都要大病一场。各种蛇的蛇毒成分不同，作用方式也不同，每注射一种新的蛇毒，原来的抗毒物质不能胜任，又要经受一种新的抗毒物质折磨。他身上先后注射过28种蛇毒。经过危险与痛苦的试验，终于有了收获。由于自身产生了抗毒性，眼镜王蛇、印度蓝蛇、澳洲虎蛇都咬过他，但每次他都从死神身边逃了回来。蓝蛇的毒性极大，海斯德是世界上唯一被蓝蛇咬过而活着的人。他一共被毒蛇咬过130次，每次都安然无恙。海斯德对自己血液中的抗毒物质进行分析，试制出一些抗蛇毒的药物，已救治了很多被毒蛇咬伤的人。[11]

【案例八】 大学生创业需提高风险防范意识

武汉一高校信息学院大四的学生小耿，毕业前一直在寻找创业机会。前不久，他在网上看到某招待所要转让，创业心切的他便与对方签订了合同，并将从亲戚那里借的4.2万元交给了对方。三日后，小耿接手的新招待所开张，真房东闻讯赶来要求他停业。这时，小耿才如梦初醒，原来对方是找了一个“托”，冒充房东与自己签了合同。（资料来源：精品学习网 http：//www.51edu.com/daxue/jiuye/1503181.html）

【思考导向】 创新需要大学生具备风险意识和抗挫折能力。大学生可以在自己的课余主动参与创业实践，从推销小商品到餐饮行业服务，从为人打工到自己开店，熟悉各种职业特点和自己的能力特点，积累创业经验，增长创业才干，减少未来创业的盲目性。通过创业实践的锻炼，大学生接受来自各方面的挑战，经受住各种困难的考验，不断地坚定自己的创业信念，磨砺自己的创业意志，增强自己的创业心理调适能力，为以后的创业成功奠定坚实的心理基础。

【测试题】 承受挫折能力测试

1、碰到令人担心的事：

A. 无法着手工作　　B. 照干不误　　C. 两者之间

2、碰到讨厌的对手时：

A. 感情用事，无法应付　　B. 能控制感情，应付自如　　C. 两者之间

3、失败时：

A. 不想再干了　　B. 努力寻找成功的机会　　C. 两者之间

4、工作进展不快时：

A. 焦躁万分，无法思考 B. 可以冷静地想办法 C. 两者之间

5、工作中感到疲劳时：

A. 脑子不好使了 B. 耐住疲劳继续工作 C. 两者之间

6、工作条件恶劣时：

A. 无法干好工作 B. 克服困难创造条件 C. 两者之间

7、在绝望的情况下：

A. 听任命运的摆布 B. 力挽狂澜 C. 两者之间

8、碰到困难时：

A. 失去信心 B. 开动脑筋 C. 两者之间

9、接到很难完成的任务或很难完成的工作时：

A. 顶回去 B. 千方百计干好 C. 两者之间

10、困难落到自己的头上时：

A. 厌恶之极 B. 欣然努力克服 C. 两者之间

评分标准：A =0 分；B =2 分；C =1 分。总分在 17 分以上说明受挫能力很强；在 10 ~16 分之间，说明对某些特定挫折的承受比较强；在 9 分以下的，说明承受能力比较弱。

1.3 创新性抱负和自觉的培养

1.3.1 树立创新抱负

俗话说，人是要有一点精神的。这里所谓的精神，就是远大的理想和志向。一个人如果没有远大的志向，就会在工作中停滞不前，即使有所成就、有所创新，也会就此满足。只有具备远大理想、不断追求成长的人，才能不断开拓，不断进取，创造非凡的业绩。古今中外，大凡有作为的人，都是志向高远、有大抱负的人。虽然在芸芸众生中，最终有大作为、名留青史的是少数人，但是，如果没有一大群人与他们意气相投、共同奋斗，这些人也是难有大作为的。所以，无论是个人发展，还是社会进步，都需要从小树立远大的理想。

【案例一】“我从来都没想过替别人打工”

陈博这个来自南京的浙大毕业生，在 UT 斯达康工作了一年之后，2004 年 5 月，与朋友共同创立了杭州博求科技有限公司。在新浪的游戏厂商介绍里这样描述博求：中国顶级移动游戏软件提供商，高品质游戏的代名词。陈博说：“我从

来就没有想过为别人打工。”

2003年年底的时候，陈博策划创业，找投资，商业计划书曾经改了几十稿，找过的投资商不下100个，一边找投资，一边完善自我。陈博对自己的选择非常自信，这种自信来源于对自身技术的了解。游戏制作类似电影制作，是工业和艺术的结合，光有技术是远远不够的，创意上的创新是至关重要的。陈博在选择员工的时候，非常看重个人的创造力，招聘员工的要求是具有创新精神。他说：“好的游戏策划必须具有高智商、丰富的文化背景、良好的沟通能力以及天赋！作为游戏程序员，我也要说，这不同于普通的程序员，你必须更具创造力和学习能力。作为游戏美工，我要说中国很缺优秀的游戏美术大师。普通的美工已经沦为一项体力活，但我们仍然希望能够看到可以开创游戏风格的优秀大师。”（资料来源：新浪网）

【案例二】“创业是一种理想！”

目前就读于广州某大学二年级的陈同学充满信心地告诉记者，虽然还有两年才毕业，但是他想在大学期间进行创业的原始积累，无论是资金、经验还是人际关系网。于是他召集了几个和他有相同想法的同学一起奋斗。在大家共同的努力下，陈同学他们终于争取到了某品牌蜂蜜的地区代理，并于7月23日收到了该公司的聘书。与其他在家过暑假的同学相比，陈同学和他的团队要在炎炎烈日下为了蜂蜜的销售而走街串巷，但是他们仍然非常乐观，他兴致勃勃地说：“创业是一种理想！我们抱着非常单纯的心态开始我们的创业之路，这是一种锻炼，我们可以更加了解自己，认识社会。”陈同学的团队一共有四个人，他们每个人都充满着创业的激情，为了理想携手同行。

【思考导向】无论是个体还是团队，要想走上创新的道路并且在长久不懈的坚持下直到取得创新的成果，单靠外力推动可能是不够的，只有自身的创新抱负，认识到自身创新的重要意义和作用，才能成为不断前进的根本动力，才能在面对困难和挫折时不会犹豫动摇。

1.3.2 培养创新自觉

大量事实告诉人们，那些在事业上取得伟大成就、对人类作出卓越贡献的人，都是在青年时期就立下了鸿鹄之志，并为之坚持不懈、努力奋斗。周恩来中学时期就立下了“为中华之崛起而读书”的志向；李四光、钱学森、邓稼先等老一辈知识分子，青年时期就立志用自己的聪明才智报效祖国。这就是创新自觉的重要表现。创新自觉是指创新人才充分认识到自身的创新活动对国家、对社会、对个人的意义和责任，从而自觉地加入到创新队伍的行列，开展创新活动的一种动力。

目前，我国大学生较为缺乏创新观念和创新欲望，缺乏创新的毅力。虽然有些大学生也能认识到毅力在创新活动中的重要性，但在实际工作过程中往往虎头蛇尾，见异思迁。缺乏创新的兴趣，兴趣往往随着时间、环境、心情经常变化，缺乏深度和广度。归根结底是社会责任感有所缺失。要认识到，个人的成功离不开社会和国家，要充分发挥自己的主观能动性，自觉自愿，想方设法，集思广益，群策群力，克服困难，努力去完成自己的学习和工作任务，理智地处理个人与团队和国家的利益关系，自觉寻找自我价值与社会价值的结合点，充分利用自己的聪明才智，最大限度地发挥敬业奉献的实干精神，从而在承担对社会的责任和为社会作贡献中赢得社会的肯定。[12]

【案例三】 黄伯云："要搞就搞世界第一"

黄伯云，1945年出生于湖南南县，中南大学校长，中国工程院院士。1988年，黄伯云回国创业，他把研究目标锁定在世界航空制动领域最先进的材料——碳/碳航空制动材料（即飞机刹车片）的研制上。多年来，中国航空刹车片全部依赖进口，每年要花费大量外汇。更致命的是，这导致中国的航空事业受制于人。如果国外对中国实行零部件禁运，中国的航空战略安全即受到威胁。

黄伯云内心深处的目标是"要搞就搞世界第一"。他自问："没有自主创新的东西怎么能在世界上立足?"1996年，黄伯云和同事们完成了"高性能碳/碳航空制动材料制备技术"的实验室基础研究。一遍遍地推倒重来，一项项检查、一点点琢磨，改进工艺、添加新的材料……2003年9月，大型民用飞机上的试飞试验全部完成，中国飞机依赖进口刹车片才能"落地"的历史被改写了。2005年3月28日，胡锦涛主席亲自给黄伯云颁发奖状。这一刻，用他研制的高性能碳/碳复合材料制成的飞机刹车片结束了国家技术发明一等奖连续六年空缺的历史。黄伯云是一个让人增添了民族自信心和自豪感的感动人物，黄伯云通过自己艰苦卓绝的努力告诉世界，中国一样可以自主研发出国际上最好的科技产品。(谢东星、黄明．黄伯云："要搞就搞世界第一"．《武汉晚报》2006年2月10日)

【思考导向】 大学生本身是最具有创新能力的群体，也应该成为创新的主体。我国要发展成为创新型国家，需要大学生为国家的创新发展贡献力量、输送活力、提供动力。案例中黄伯云内心深处的目标"要搞就搞世界第一"正是他深切关心祖国的前途和命运，不负时代重托，肩负历史使命，把实现自己的人生价值同祖国的需要结合起来的精神体现。

1.3.3　明确发展目标

发展目标是由人的社会性决定的。人一旦具有独立意识，就会自然而然地萌发人生发展目标的思想。从心理学上看，发展目标属于心理期待的范畴；从社会学上看，发展目标属于理想的范畴。一般来说，人的发展目标包括远期目标、中期目标和近期目标等不同的类型。一切伟大的事业都始于伟大目标的确立，都始于矢志不改的执著追求，都始于通权达变的创新性思维，都始于大小之处敢于不同的信念。一定要树立一个长远的目标，并为之努力。要检查自己的目标，看看实现的可能性，如果可行再具体确立阶段目标。数学家陈景润少年时就立志要在数学上有所作为，为了攻克“哥德巴赫猜想”，他整天进行演算，光计算过的稿纸，就整整装了几麻袋，终于初步论证了这一猜想，创造了欧洲人用计算机都没能做到的奇迹。

一个人要获得事业上的成功，首先要设立明确而合理的目标，必须持之以恒地奋斗。像微软的比尔·盖茨、Oracle 的埃里森，他们的成功都源于一种理想，一种软件创业的理想，这种理想使他们的目标专一，甚至他们的生命、他们的存在就是为了这个目标、这个行业。在人生的旅途中，尽早认清自己的发展方向，通过有效的途径，全力以赴，才能有所成就，才可能真正实现自己的人生价值。

【案例四】 三个头衔学生老板的传奇创业路

张川的口袋里放着三个版本的名片——神舟电脑大学城专卖中心的总经理、哈工大“1920”超市的总经理、福州大学城鲜奶配送中心的总经理。身兼三个总经理头衔的张川，其实真正身份是哈尔滨工业大学福州研究生院 2006 级材料科学与工程学科部全日制在读硕士研究生。家住山东的张川，父母及兄弟都是当地政府机关公务员，张川受家庭影响很深，研究生毕业后考个公务员是张川最理想的职业规划。但随着张川考取硕士来到福州这个发达城市后，张川的想法也随之改变了。2007 年张川和两个同学在 24 小时内回答了神舟方面发来的分别针对销售、技术和管理的三份试题，最终赢得了评委的一致通过，成为该公司在大学校园的第一个代理人。随后两万元盘下“1920”小超市，先搞有奖征名，再把生意做到了其他学校的地盘上，推出一项项方便同学的人性化措施，成为大学生们经常光顾的地方。“1920”成功“转型”后，张川以“1920”为基地，成立了大学城内的鲜奶配送中心。目前，张川的“1920”及鲜奶配送中心还承接了预订蛋糕和鲜花等业务。多项经营举措的实施使“1920”及张川的名字在校园内更深入人心。如今，张川忙碌的日程表上增添了一项内容：为考博做准备，放弃了到神舟分公司做总经理的机会。许多同学表示疑惑：“像李想这种‘80 后’的财富新贵都是想着尽快离开校园，你怎么越钻越深?”张川的“恋校情结”来自于他对自身优势的判断：“目前我取得的成功都是扎根于学校和学生身份，学校给了我很多资源，我如果失去了哈工大的学生身份，也就失去了这些优势。”张川正在酝酿和导师、同学成立一家新型材料公司，把自己的研究生课题转化为生产力，走一条投资和风险都很小的研发创富道路。(资料来源：腾讯网 http://news. qq. com/a/20080113/000189. htm)

【思考导向】 张川的创业路线最大的特点在于目标明晰，别人急于走出校园，他则反其道而行之，极度善于利用学校资源赚钱，权衡轻重，做到了学习创业两不误。

【测试】 测试你的职业目标是否明确

有目标才有奋斗的方向，才有前进的动力。因此，明确职业目标，是你职业发展道路上关键的第一步。好奇是上进的先兆，渴望是工作的动力，你是否清楚地了解自己的职业发展目标？是否对自己的职业生涯充满渴望与好奇？下面的小测试能帮你了解自己。

1、办公室里装了一台新电脑，你会

A. 尽量避免使用它

B. 很愿意使用它

C. 向别人请教如何使用它

2、在公司举办的舞会上，别人在跳一种你不会的舞蹈，你会

A. 站起来，学着跳

B. 看着别人跳，直到改奏自己会跳的舞曲

C. 请朋友私下里教你跳新舞步

3、和朋友去一家西餐厅吃饭，你想用刀叉，可又不会，你会

A. 看明白别人如何用后再拿起刀叉

B. 仍旧使用筷子和勺子

C. 在别人不知道的情况下请教服务员

4、你身处异地，对当地方言知之甚少，于是你

A. 只用有把握的词句

B. 讲普通话

C. 尽可能多地使用它，相信别人都是友好的

5、你打算做个书架，可从未用过钻子，你会

A. 雇用其他人

B. 求助于朋友或技术手册

C. 买材料自己试着做

6、你出席一次你不甚了解的研讨会，你会

A. 提出许多问题

B. 假装能领会别人的意思

C. 会后查一下没弄懂的地方

7、你走进一家时装店，结果发现店里只有几件衣服，而且都没有价目标签，你会

A. 转身出去

B. 举止自然并询问是否有自己尺码的衣服

C. 为避免尴尬，看一下陈列的衣服，然后离开

8、新老板让你做一件你从未做过的事，你会

A. 说“可以，不过我需要帮助”

B. 有礼貌地拒绝，因为它超出你的经验范围

C. 埋头于这项工作，尽量把它干好

9、街上流行一种时髦的衣服，你会

A. 仍旧穿以前的衣服，觉得新衣服不适合

B. 立即买一套穿上

C. 观望一段时间，如果周围同事都买了，再去买一套

10、如果你做的某项工作需要根据某一公式重复计算20次，并有一台计算机可供使用，而你又从未用过计算机，你会

A. 请教某人或查阅计算机使用手册，在计算机上计算结果

B. 愿意多花点时间，用手重复计算

C. 请别人上机代你计算

评分方式：1、7、9题：A 0分，B 10分，C 5分；2、6、10题：A 10分，B 0分，C 5分；3、4、8题：A 5分，B 0分，C 10分；5题：A 0分，B 5分，C 10分

分析：总分40分以下：你的职业发展目标不明确，一方面对自己的期望很高，一方面却怯于尝试新事物。学习新事物的过程就是提升核心竞争力的磨砺。因此，要想实现目标，应该积极尝试，而不是回避新任务、新问题。

总分41～70分：你对职业目标的追求有些谨慎。虽然你最终也会解决问题，但通常需要一段时间。可竞争中一步之差就可能已决胜负，怎能容你慢条斯理、考虑周全后再做决定。因此，你不妨让自己的步伐快一些，勇于抓住机会，可能会得到意想不到的结果。

总分71～100分：你对自己的职业前景充满渴望和自信，也愿意为此而积极尝试。但是这种凡事皆要试一试的态度，可能会导致你过于自信和独立。有时承认自己对某些事情不了解，多多寻求帮助，其实对职业发展大有益处。

1.3.4 增强开放与合作意识

在知识爆炸的时代，即使知识再丰富也相对有限。要进行创新，光靠一己之力是很难完成任务的，必须学会以开放诚恳的态度与他人相互协作。合作意识在现代创新中正变得越来越重要，成功的取得依靠的是与人合作。

善用团队才智（intelligence）。创业者不一定要有高智商，但要能够善于把

握时机去作出明确的决定。你一个人的“才智”不够，那就必须要有一个“才智”团队！一般来说，初创业者都不是走独木桥，而是一个团队，这个团队也就是我们常说的“经营班子”。组建创业团队是在注册公司之前要完成的，创业者在组建团队时，不但要考虑能力，还要考虑志向、志趣与品德。成功的企业需要三个方面的人才：优秀的管理者、优秀的科技人员、优秀的营销人员。

【案例五】 敢于创新的校园发明家

黎颖莉，南华大学医学院2000级学生，时任校学生科协秘书长。2003年11月中旬，第八届“挑战杯”全国大学生课外学术科技作品竞赛在华南理工大学举行。由梁昊飞和她共同主持研发的戒烟牙膏吸引了众多专家、企业人士、厂商的目光，成为本次比赛的一大亮点。经过专家的考核评比，戒烟牙膏荣获第八届“挑战杯”全国大学生课外学术科技作品竞赛二等奖。这是戒烟牙膏第五次在重大竞赛中获奖。

曾作为学生科协的两位负责人，梁昊飞和黎颖莉深知责任的重大。一次很偶然的机会，他们想到了戒烟产品，决定以牙膏为载体，以中药戒烟理论为基础，提取生物活性因子添加到牙膏中，但实验中却遇到了不少的问题和麻烦。比如配置新药的剂量、指标，药物理化的性质以及口感颜色等问题。梁昊飞、黎颖莉和他们的合作伙伴朱勋便开始分头行动。为了得到牙膏的准确配方，梁昊飞亲自去江西草珊瑚企业集团调研取经。黎颖莉则负责联系专家、教授，吸收他们的意见，而朱勋则担起了数据计算、统计的重任。经过半年的努力，实验获得了初步成功，实验产品在2002年和2003年先后获得校“挑战杯”二等奖和省第五届“挑战杯”课外科技竞赛二等奖。谈到成功的经验，梁昊飞说，团队的协作和配合是他们成功的关键。就像踢足球一样，他们既有前锋、中锋，还有后卫。密切的配合和明细的分工使得他们在实验中有条不紊。（资料来源：网易）

【思考导向】 大学生是一特定的创业群体，一般年龄在25岁以下，社会阅历不足，而且处于热血沸腾的感情阶段，个性化、自信力等都较强，任何创业者想依靠单打独斗而胜利的可能性已降得很低。而实际工作中，大学生常常会出现以己为主、缺乏团队精神等不利于合作创业的情形，这些都影响了创业的成功率。因此，对打算创业的大学生来说，相互合作，取长补短，强调团队合作，要比单枪匹马更容易积聚创业实力。

【测试题】

你具有合作意识吗？请根据自己的实际情况，对下面的测试做出选择。

	不符合	说不清	符合
1、我相信“三个臭皮匠，顶个诸葛亮。”	a	b	c
2、我喜欢与人共同讨论问题。	a	b	c

3、我喜欢与人共同分担任务。	a	b	c
4、我觉得与他人一起学习很愉快。	a	b	c
5、在与他人的交流中，我常常受到启发。	a	b	c
6、我经常组织学术沙龙，大家一起来解决难题。	a	b	c
7、我经常与朋友交流我对事物的看法。	a	b	c
8、我喜欢生活在一定的集体中。	a	b	c
9、我相信“人多力量大”。	a	b	c
10、集体活动我总积极参加。	a	b	c

每题选a记1分，选b记2分，选c记3分。

测试解释：总分若超过20分说明你的合作意识强，若低于20分，说明你的合作意识有待加强。

2 创新思维的培养

每个人在生活与生存的过程中，做任何一件事或其任何一种行为，总是存在“思”和“做”两个不同环节，即“先想后做”的逻辑联系。思路决定出路。在激烈竞争的现代社会，从个人发展的角度来说，要想成为创新型人才、产生创新性成果就必须具有创新思维。

创新思维是具有创新精神的人在已有的经验、知识的基础上，捕捉到新颖、有价值的信息并把它输入大脑后，进行分析、整理，抓住事物的本质，通过研究、推理、判断后形成新颖、独创、科学的解决问题的方法、方案、计划或观点的思维过程。一般对创新性思维有广义和狭义两种理解。广义的创新性思维即广义理解的创新性思维，也就是指在创新发明过程中发挥作用的一切形式的思维活动。其中既包括直接提出新设想或新的解决方法的思维形式，也包括并非直接参与创新的思维形式。也就是说，广义理解的创新性思维包括在创新发明中直接或间接使用的一切思维形式，包括逻辑的、非逻辑的思维。狭义的创新性思维即狭义理解的创新性思维，专指在发明创造中提出创造思想的思维活动形式。在一般情况下，人们所说的创新性思维，大多数是指狭义创新性思维[3]。本书采用的也是这种观点。本章在对创新思维特征分析的基础上，着力介绍如何实现四大创新思维方式的培养。

2.1 创新思维的五大特征

2.1.1 积极的求异性

求异性指的是对司空见惯的现象和已有的权威性理论始终持一种怀疑的、分析的、批判的态度，而从不盲从和轻信，并用新的方式来对待和思考所遇到的一切问题。

创新本质上应该说是一种积极的求异性，即它体现出与其他常规思维活动形式所不同的独到的创新意义。不论是思考问题的方式与方法，还是思维活动的过程与结果等方面，它都表现为与传统思维活动存在着不同的新颖之处。

作为一种重要的思维形式，积极的求异思维不仅要从不同的角度揭示客观事物的本质及内在联系，而且要在此基础上产生新颖的、独特的和具有一定社会价值的思维成果。它与思维的创造性、灵感性、灵活性、多维性和综合性等特征有着密不可分的关系。

思维方式求异性的主要特征表现为：选题的标新立异，方法的另辟蹊径，对异常的敏感性及思维的独立性。正因为如此，有人把创新性思维称为求异思维。当然，这种求异是建立在实事求是的科学态度之上的，并不是单纯地为求异而求异。

【案例一】法拉第发现电磁感应定律

1820年丹麦奥斯特就已发现通电导线能使旁边的磁针偏转，这说明通电导线周围能产生磁场（电可以产生磁）。同年法国的安培也发现两根通电导线之间有相互作用的电流时，同性相斥，异性相吸。法拉第知道这个消息后立即想到："既然电可以产生磁，那么反过来，磁也应该可以产生电。"法拉第尽管始终坚信"磁也能产生电"的信念，但是他做了几百次实验始终未能成功，因为他还是沿着传统观念去做实验：认为电流总是沿平直导线流动，所以实验中总是将各种变化的磁场作用到平直导线上（求同思维），然后去观察该导线上是否有电流产生，结果总是失败。直到后来他才想到电流可以沿任意方向流动，作为电流载体的导线也可以是任意形状，于是他把导线弯成圆形（求异思维），并做成螺线管形式，然后把永久磁铁插进去再拔出来（以改变磁通量），结果成功地证实了这正是电磁感应定律的实验基础。

【思考导向】不仅这一创造性发现的萌芽来源于求异思维，而且这一创造性成果的取得也要仰仗求异思维。正是在这种求异思维的指引下，法拉第经过11年的努力，终于用实验证实了"磁也应该可以产生电"这一假说，并且发现了感生电动势大小与磁通量变化率成正比的电磁感应定律。积极的求异性既来自学校的教育，更是学生注重自我培养的结果。

【背景资料】高校要创造有利于学生求异意识、创造精神及能力培养和发展的良好环境，形成学术上自由讨论、创新思想火花迸发、优秀创新人才脱颖而出的良好氛围，使学生在一个学术交流更为广泛、学科交叉和渗透更为密切的环境中成长，使学生具有宽厚的知识基础，掌握最新的专门知识，参与知识创新活动，学会学习和研究问题，培养和锻炼创新意识和能力。具体有以下几个方面：

（1）大胆想象，善于从多角度思考问题。

想象力是创新的潜力空间，它为创新开辟各种可能的前景。这也是思维求异的重要前提。没有想象力，墨守成规，也不可能有重要的创新，更谈不上在创新基础上的求异性。当然，想象力往往来源于思想的活跃，来源于思维的主动性和探索精神。因此，在高校教学环节中，必须大力提倡启发式教育，废止填鸭式；提倡民主讨论教学，废止“一言堂”、满堂灌；在教育过程中努力提倡引导式教育，这里关键是转变教育观念。

(2) 重视培养学生的科学精神。

科学精神是思维求异性求异的实现空间，没有科学精神，所谓的求异性就可能失去现实性，同样不可能获得创新的成果。当然，积极的求异性精神来源于对合理知识体系的吸收、理解和运用。特别是在知识经济已显端倪的今天，不能指望教学生终身不变的知识，而应当教会他们一种基本的知识结构和理解新知识的能力，也就是使学生学会学习。

(3) 积极进行创造性实践活动。

人才的本质在于创造性，要创造不仅要善于思考，见地新异，而且要身体力行，亲自动手。在人类历史上，大凡作出较大贡献的人，没有一个不是在实践中孕育出来思想“火花”的。课外活动之所以能促进学生发展，主要是参加者往往有兴趣。而参加科学研究不仅能激发学生的兴趣、创造的欲望，更重要的是在科研过程中，能使学生的创造性思维得到提高，使学生在实践中受教育，长才干。这都能很好地培养学生思维的求异性，进而使学生的创新能力能够得到不断提高。

总之，创新思维在思路的探索上、思维的方式方法上和思维的结论上都能独具卓识，提出新的思考，做出新的发现，实现新的突破，具有独创性和求异性。

2.1.2 敏锐的观察力

达尔文曾这样说过：“我既没有突出的理解力，也没有过人的机智，只是在观察的能力上我可能在众人之上。”观察力是人一生中获得知识的重要能力，对于大学生而言尤为重要。有研究认为，人的一生中，百分之九十的知识来自观察，观察是人一生积累知识的最重要的途径和方法。观察力的高低影响人一生积累知识的能力和学习的能力。

心理学把观察定义为有目的、有计划、比较持久的知觉。所谓知觉是脑对直接作用于感觉器官的事物整体的反映。观察力指利用感官感知客观事物而获得认知的能力，是重要的智力因素之一。客观事物的特征，既包括明显的特征，也包括不明显的特征。观察力强的人，除了能观察到那些明显外露的特征之外，还能观察到那些在外部不表现或者表现不明显的特征。

一个人观察能力的高低以及观察的效果，会受到诸多因素的影响，观察的目的性和计划性是其中最重要的因素。同时，智力因素、知识和经验的积累等因素也会影响到观察的效果：

（1）观察的目的性是确定进行观察的指导因素，进行观察时要明白为什么要开展这个观察，这样观察才能围绕核心，层层展开，层层深入。

（2）观察的计划性是围绕观察目的而展开观察行为时的操作过程，计划是紧紧地围绕目的制订的。

（3）智力因素对观察的影响在于智力对观察的主导作用。观察是人进行的观察，所观察到的结果必须经过大脑的思考过程，与观察的目的进行过滤取舍，并做出判断。

作为大学生，我们有很多专业实验和研究都需要进行观察。有明确的观察目标，制订详细的观察计划，是我们进行成功观察的保证。

对大学生来说，提高自己的观察力水平，对有效地学习获得知识和今后事业的成功有很大的作用。培养敏锐的观察力不妨尝试以下几点：

（1）养成观察的兴趣和习惯。兴趣是最好的老师，做任何事情都是如此，个人对周围的环境关心注意，就会在日常的生活中细致地观察周围的点点滴滴，在周围事物的点点滴滴中扩大想象和思维的空间，进一步做出联想或者推论，久而久之，就养成了观察习惯和兴趣，积累观察经验。

（2）探索事物本质特征。在观察过程中，要通过表面现象寻找本质特征，推测形成这种特征的原因，并验证自己判断是否科学正确，这是锻炼观察和判断综合能力的一种好方法。

（3）观察要有条理，要有深度，多进行专业观察。这是大学学习的重要内容，也是提高个人观察力的重要途径。特别是对于观察的实验，必须认真对待。

（4）观察要有分析和比较。要发现细微差别和共同特征，使观察有一定深度，以此来提高观察的敏锐性、精确性、整体性、持久性。

观察力是创新思维的重要因素，是学习能力的重要组成因子，提高观察力就能有效地提高学习能力和学习效果。在大学阶段，要深入了解观察力及其影响因素，有针对性地进行自我观察能力的提高，以提高个人的学习能力和事业发展的潜力。

【案例二】踏准时代潮流的董一萌

26 岁的董一萌已身价百万。细数他的经历：高中二年级开始炒股，边上大学边创业，自己创办公司……这个被称为“吉林大学生创业第一人”的年轻人，过早地尝试到了创业的艰辛，也过早地体味到了奋斗的快乐。

在上高中的时候，他就想到了将来自己不能只是读完大学后就简单地就业，而是要有自己的一番事业，于是开始为自己赚取一些创业资金。随后，在高中二年级的时候他就开始了炒股。在炒股过程中，董一萌不光关注国内股市，同时发现远在美国的纳斯达克股市，网络股却“鸡犬升天”地飞涨，这证明互联网创业才是最吸引人的。董一萌立即决定：今后目标瞄准互联网。自己做网站，让自己公司的股票上纳斯达克！于是高考结束后，董一萌又有了另一个想法，要集中更多的人成立一个创业团队！很快，他的这个想法得到了大家的认可。团队成立了，他也成了这个团队的负责人。

2001 年，由于董一萌创业团队在电子商务领域一直都处于领先发展的地位，在有关政府部门评选创业新星的活动中，董一萌当仁不让地获得了这个称号，并获得长春市新星创业基金 10 万元。在 2001 年 9 月 11 日，公司营业执照发下来了，那一天，他久久不能抑制自己的兴奋，他说他此时才正式踏上了追求财富的路，他把公司的业务锁定在主营网站建设和软件开发两个方面。（资料来源：财富对话——我不是一个成功的人）

【案例三】靠“卖点子”当上创业导师的胡戎

身为大学生创业者，胡戎的创业点子专做大学生生意，“为节省成本，很多大学生选择开网店，我开发一个新的网店服务平台，把‘淘宝’无法实现的功能加进去，比如帮助网店老板建立数据库，直接通过百度就能搜索到网店等等”。由于在创业中不断观察与创新，身为“80 后”的胡戎已经被市创业办聘请为全民创业导师，为其他创业者提供指导和服务。从 2002 年至今，这位从海军工程大学毕业的普通大学生已经成了一家初具规模网络公司的老总。胡戎和她的幸运坐标信息技术有限公司从最初的 3 个人发展到现在的 30 余人，并在创业的路上不断发展壮大。胡戎的“幸运坐标”已经为千余家单位制作网站，而且客户流失率几乎为零。

【思考导向】观察力是创新活动的开端与源泉，是实施素质教育的有效措施和集中体现。观察力的敏锐性、准确性、全面性等观察品质，对于学生创新能力的形成有很大的影响。有的心理学家认为，具有敏锐的观察力比拥有大量的学术知识更为重要。此话并不过分，例如，当有人要求巴甫洛夫为苏联生理研究所题词时，他写下了“观察、观察、再观察”的字样。

【测试题】

1、与人第一次见面，你：

A. 只看他的眼睛，不多注意其他的。

B. 注意到他脸上的个别部位。

C. 悄悄地从头到脚打量他一番。

解释：

A. 你能够观察到很多表象，但对别人隐藏在外貌、行为方式背后的东西通常采取不关心的态度。从某种意义上讲，你的这种大大咧咧却把自己从某些不必要的事情中解脱出来，从而充分享受内心的轻松。

B. 你是一个有较强观察力的人。对于身边的事物，你会非常细心地留意，同时，你也能分析自己的性格和行为。人生阅历的丰富能够让你更准确地评价别人。但很多时候，不要太拘泥于细节，你或许会感觉更轻松些。

C. 你有相当敏锐的观察能力。很多时候，你会精确地发现藏在某些细节背后的联系，这对于你培养自己对事物的准确判断力非常有好处，同时也让你的自信心大长。但又正是这份自信有可能让你对别人的评价产生偏颇。

2、(错觉的图片)

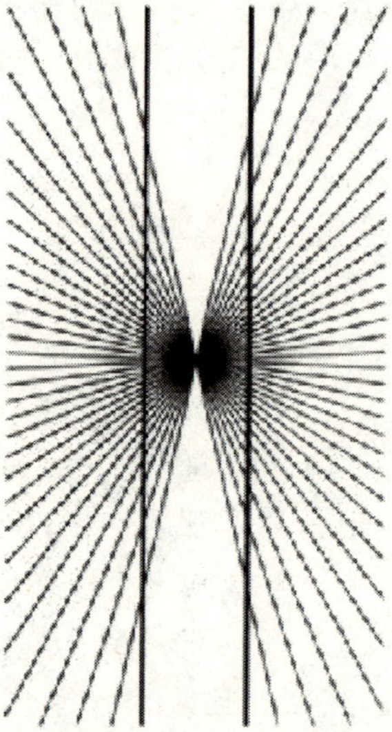

黑林图形：黑线看起来是不是向外弯曲的？

解析：黑线完全是笔直而平行的。这种经典幻觉由19世纪德国心理学家艾沃德·黑林首先发现。

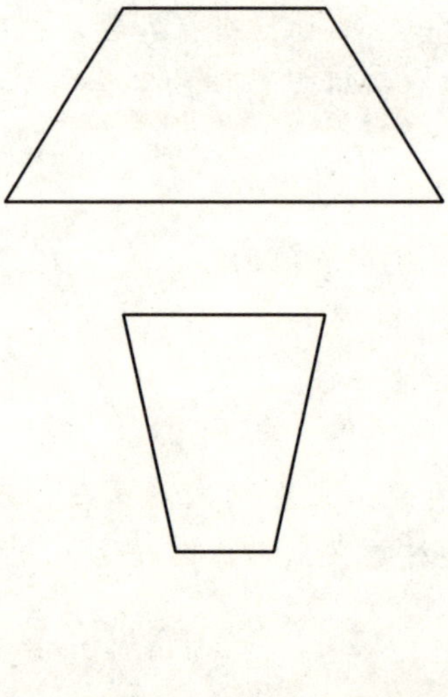

两个梯形中上面的哪条横线显得长一点，上面的横线还是下面的横线?

解析：上面的横线比下面的横线显得长一点，尽管它们的长度完全相等。小于90°的角使包含它的边显得短一些，而大于90°的角使包含它的边显得长一些。这就是梯形幻觉。

韦德螺旋：这真是一个螺旋吗?

解析：英国视觉科学家、艺术家尼古拉斯·韦德向我们展示了他的弗雷泽螺旋幻觉的变体形式。虽然图形看起来像螺旋，但实际上它是一系列同心圆。

隐藏的拿破仑：你能发现站立的拿破仑像吗？这幅图形/背景幻觉图出现于拿破仑逝世后不久。

解析：拿破仑就藏在两树之间。两树的内侧树干勾勒出了站立的拿破仑像。

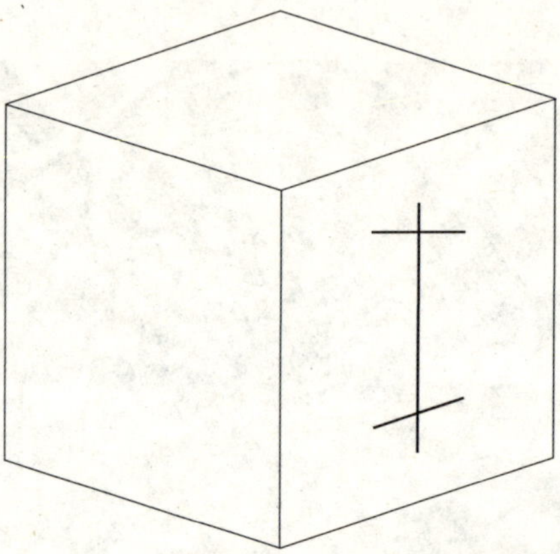

盒子幻觉：看立方体外侧面上的这个图形。哪条线与竖线垂直？哪条线不与竖线垂直？把立方体的边线遮住，你将发现你的感知发生了变化。

解析：盒子幻觉的感知提示为你确定图中心线段的位置提供了一个背景。离开盒子你的视觉系统就必须使用其他背景。这就是盒子幻觉。

节约时间的暗示：奇妙的图形/背景幻觉图形，由斯坦福心理学家罗杰·谢泼德创作。

2.1.3 创造的想象力

“只要我们能梦想的，我们就能够实现。”——刻在美国肯尼迪宇航中心大门上的人类誓言这样写道，因此想象力对于人类进步的重要性不言而喻。

想象力是在你头脑中创造一个念头或思想画面的能力。想象力是否丰富在一定程度决定了一个人创新思维的高低，也是当前创新型时代的要求。在创造性想象中，你运用你的想象力去创造你希望去实现的一件事物的清晰形象，接着，你继续不断地把注意力集中在这个思想或画面上，给予它以肯定性的能量，直到最后它成为客观的现实。

想象力是一种宝贵的品质，它是发明、创造的源泉。想象力的伟大是我们人类能比其他物种优秀的根本原因。爱因斯坦在16岁时曾经有过这样“怪诞的想象”：假如我骑在一条光束上，去追赶另一条光束，将会产生什么现象呢？这是他后来发明相对论的初因。牛顿能从苹果落地而想象到万有引力这一个科学的重大发现都是因为有了想象力。古希腊著名科学家阿基米得在澡盆里沐浴时，看到自己身体入水后水面上升并缓缓向外溢出的现象，通过直觉思维，想到揭穿“金冠之谜”的方法，继而深入到问题的实质后发现了著名的浮力定律。一个没有想象力的人，是不可能具有不断探索的创新精神的。想象力能增强一个人学习的主动性、预见性和创造性，能使人在学习中找到意想不到的灵感和捷径。都说创业难，尤其是刚毕业的大学生。这里暂不论能力的大小和机会的多少，单说一个人要想成功，就必须首先具备敏锐的想象力。

【案例四】“空心香皂”的诞生

某机关招待所一位女服务员下岗后再就业。偶然的机会使她发现招待所里给客人买的香皂只用了一点点，招待所配送的一次性香皂因为开了包装不能再用。她感到可惜，忽然灵机一动，如果设计一种新香皂，中间空心，外面包一层香皂，不就又实用又不浪费了吗？

长时间在服务行业中的经验告诉她，一次性香皂消费市场潜力巨大，她开动脑筋，自己动手，很快制出了样品，并且拿到了“空心香皂”的专利证书。她思维敏锐，想象力丰富，在经历了一系列的研究和实验后，她终于将专利变成了产品。当年，她就成了身价数十万的女老板。她，就是在凤凰卫视举办的“TCL给你二十万”创业活动大赛中夺得大奖的谭兴椿，现在是重庆亿嘉科技公司的总经理。（资料来源：经营管理者，2003年第3期）

【思考导向】“想象力”是我们用以洞察思想和经历新领域的照明灯，是所有发明家或探索者开路冲锋的强有力武器。正是谭兴椿具有这种敏锐而丰富的想象力，及时发现原来的一次性香皂浪费多，不好拿，容易掉，使用起来不方便的产品缺陷，巧妙构思，创新思维，才研制出广受市场及顾客欢迎的“空心香皂”。现实生活中，财富就在平凡事物中，只要你善于培育和造就自己拥有敏锐而丰富的想象力，创造财富并不难！

【背景资料】 阅读中提升想象力

1、通过质疑问难，激发阅读创新意识。“疑”是探求新知的起点，也是激发创新意识的支点。在阅读中要学会质疑，在阅读中发现问题、记下疑点、提出疑问。

2、倡导逆向、发散思考，培养阅读创新能力。创造性思维是多种思维的综合效应，而逆向思维是创造性思维的重要因素。在阅读作品时，不但要顺思，而且要鼓励反思，这样就会领悟到意想不到的内容。发散思维也是创造性思维的重要因素。发散性思维的培养，主要是多角度思考问题，以求得多种设想、方案或结论。

3、展开联想想象，训练阅读创新能力。联想和想象是创造性思维的两只翅膀。有了丰富的想象力，就必然会产生科学的、创造性的幻想，就能打破一切观念和思维的束缚。如果充分利用联想和想象，将会产生新的、奇妙的意境。

4、开展研究性阅读，拓展阅读创新能力。研究性阅读是一种为了研究或解决某个问题而进行的有步骤的阅读行为。开展研究性阅读应力求做到三个延伸，一是由课本向课外读本的延伸；二是由课本向社会的延伸；三是边读边悟边总结。(参考《在阅读教学中培养学生的创新能力》一文，作者：王学辉)

【训练题】

1、六个苹果，用一根5米长的绳子，每隔1米挂一个，正好。现在吃掉了一个苹果，要求还要用这根绳子，仍然是每1米拴一个苹果，绳子不剩，应该怎样拴?

2、20世纪中有这样一年，把这一年的年份写在纸上，把纸倒过来时纸上的数还是这年年份数，请想出这个年份。

3、世界上什么东西最长又最短、最快又最慢，能分割最小又能扩展到无穷大，最不受人重视而又最受人珍惜。没有它，什么事都做不成。那是什么?

4、三头牛和三只虎要渡过河去，只有一条小船，每次能运装两头过河，但不能空船回来，为了防止虎吃牛，在一边岸上的牛数不能少于虎数。应该怎样渡？至少需要渡几次?

5、相传有一天，诸葛亮把将士们召集在一起，说：“你们中间不论谁，从1~1024中任意选出一个整数，记在心里，我提出10个问题，只要求回答‘是’或‘不是’。10个问题全答完以后，我就会‘算’出你心里记的那个数。”诸葛亮刚说完，一个谋士站起来说，他已经选好了一个数。诸葛亮问，“你这个数大于512?”谋士答道：“不是。”诸葛亮又向这位谋士提了9个问题。谋士都一一予以回答。诸葛亮最后说：“你记的那个数是1。”谋士听了极为惊奇。因为他选的那个数正好是1。

你知道诸葛亮是怎样运算的吗?

2.1.4 独特的知识结构

知识结构即所谓你所掌握的知识构成，各类知识相互影响而形成的知识框架以及各类知识的比重。知识结构可以从以下几个方面进行分析：一是自然科学知识和社会科学知识的比重；二是普通知识和特殊知识的比重；三是基础知识和专业知识的比重；四是传统知识和现代知识的比重；等等。这里所讲的“比重”，不仅指数量关系，也指质量关系。你也许很难说清楚自己的知识结构，这没有多大关系。你并不需要得出一个精确的结论，但是你必须分析你的知识结构，特别是要找出你所特有的或占优势的知识和缺乏的或处于劣势的知识，这样你才能发挥优势，弥补不足。

每个人的知识结构虽然是千差万别的，但都有普遍的、共同的知识构成特征：

（1）核心层次特征。它是指将那些对实现目标有决定意义的知识放在起主导作用的核心位置，同时，让一切相关的知识在整个结构中占有相应的位置，由此构成合理的知识结构。在具备专业特长的同时，多涉猎一些相关领域的知识，形成广博性和精深性相结合的知识结构。

（2）整体相关特征。整体性是指整个系统的功能大于其各部分功能的总和，相关性则是指系统的不同部分应当是相互适应的。一个人掌握了很多的知识并且能融会贯通，就不仅仅是具有这几种知识，而且还容易从这些知识之间产生新的知识。在科学技术上有较大贡献的人，他们的知识结构大都带有综合化、整体相关的特征。如果知识元素中有数量的优势，而没有相互的协调、配合，就很难产生知识的整体优势。

（3）动态调整特征。人们的知识结构应是动态的、可变的，能够根据需要经常进行定向调整，以保持最佳状态。所谓定向调整，就是紧紧围绕选定的目标充实和积累知识，调整知识结构。爱因斯坦上大学的时候，常常让同学帮他记数学笔记而草率应付过去，没料到，他攻克广义相对论时发现自己所缺的正是数学这个武器。于是，他下苦功学习了 7 年数学，调整了自己的知识结构，这才取得了辉煌的成就。实践证明，合理的知识结构本身应该具有一种转换能力，它能够根据变化了的客观世界和实际需要不断地对自身进行充实和调整。

以下两种知识结构可供在校大学生选择，有助于形成自己的知识结构：（1）宝塔形：由基础知识、专业基础知识、专业知识构成，强调基础知识要雄厚，由下而上一层比一层狭窄，基础越宽厚，越有发展，即“塔尖”越高。这种结构相对应的大学课程结构是：公共课程、基础课程、专业基础课程，专业课程。（2）工字形：由基础知识、专业知识和跨学科的横向知识构成，除强调宽厚的基础之外，重视跨学科的横向知识。与之相对应的大学课程结构是：公共基础课程、专业基础课程、专业课程、跨学科课程。虽然每个专业开设的课程相同，同样的教师和学习环境，但大学生各有其个性特点，他们在性格、气质、爱好、特长等方面存在的差异，在学习上的努力程度和方式方法不同，抑或选修不同的课程，使最终的知识结构各具特色，功能各异，成为社会所需要的各种类别的专门人才。

【案例五】 中国大学生创新设计大赛创新设计让人耳目一新

11月5日，由美国ADI公司主办，北京工业大学承办的ADI中国大学生创新设计大赛决赛在北京工业大学举行。清华大学代表队的“基于uCLinux系统的PMP平台开发及动作感应游戏设计”获得了专业组的特等奖并赢得了ADI公司颁发的5000美元奖金。全国93所高校的450支团队参与了本次大赛。智能家居保姆、多功能MIDI吉他效果器、车载多媒体娱乐系统等科学性与实用性兼备的创新设计令在场的人耳目一新。华南理工大学、北京工业大学、福州大学、西安电子科技大学的5支代表队获得了专业组一等奖。（资料来源：北京工业大学新闻网）

【思考导向】 校园文化活动是教学计划之外、引导和组织学生开展的各种有意义的、健康的文化活动。大学生积极参加校园文化活动，可以学到许多课堂上无法学到的知识，既有助于大学生知识结构方面的文理交融，拓宽知识面，也有助于激发大学生学习兴趣，积极探讨有关问题。

【案例六】 建立独特的知识结构“特征知识块”

具备了一定的能力之后，就要着手建立好的、有特点的知识结构。

每个创新者最好能建立一些局域性的独特知识结构，可以将它称为“特征知识块”，它往往仍然由大家熟悉的概念组成，但是在解释-证明关系或价值判断上有独到的地方。“特征知识块”能够在很长时间里带来高回报，大师们往往就是因为长期成功使用自己的“特征知识块”而发展出了自己的信念。信念有时也需要进行小幅调整，但是只有在遭遇很强外界影响的情况下才会改变，而通过自己的思考找到的信念往往比通过学习得到的信念更难改变。对于入门者，阅读名著带来的联想往往是建立“特征知识块”重要的第一步。阅读起来过分轻松又缺少问题的书籍会使人不去思考，所以对“特征知识块”的建立缺少帮助。

一名出色的创新者的典型做法是：首先让自己的创新领域很大，这样能在更广的范围内为自己找到具有比较优势的领域，然后，应该通过广泛的知识收集和“想象-判断”过程逐渐使努力集中，首先实现现有知识的变异，建立“特征知识块”，然后围绕“特征知识块”进行创新。只要微观方法正确，这个过程往往是很自然的，因为知识之间具有相互吸引的天性，很容易聚集成块，就像能量之间的万有引力一样。

“特征知识块”还能提高创新结果的正确性，因为“特征知识块”应该是经过长期思考和多次检验的，具有大得多的可靠性，当围绕一个“特征知识块”进行创新出现失败的时候，创新者首先会调整外围的假设，而不会修改“特征知识块”。

出色的创新成果总是建立在一个或几个基本的、有创意的概念上，创新者在这些概念附近具有知识和能力的较大优势，在创新的最后阶段，“特征知识块”决定了创新者的思维特点，能长期带来很多成果，其建立是长期的过程。

创新的劳动生产率就相当于单位时间努力所取得的成果的重要性，难度大就意味着所需的努力多，问题不重要就意味着成果低，这些都会降低劳动生产率。一名创新者也许在很多领域都有很高的能力，但是他应该主要在“特征知识块”附近工作，这类似于经济学中的比较成本优势。创新者即使能力很高，也不应该创造一切，应该寻找自己具有劳动生产率比较优势的领域，也就是比别人的劳动生产率高出最多的领域。（资料来源：创新的正确方法 . http：//www. unifytruth. com/ch20. htm）

【思考导向】 在“特征知识块”，创造过程被大幅简化了，几乎类似于一条生产线：一个事实或理论从一端进入“特征知识块”，从另一端出来的就是有创意的新想法。例如，如果真正理解了连续性的重要意义，社会中的任何结构都可以用连续化进行接近于标准化的处理，如商品交易、就业、股票市场、教育、领导人选举等。

【背景资料】 建立合理的知识结构

成功的因素很多，全面的素质是当今事业成功的重要保证。合理的知识结构又是全面素质的前提条件，因此掌握广泛的知识结构对于赢得社会竞争地位是无比重要的。俗话说：成功只属于有准备的头脑，以丰富的知识结构武装自身，努力掌握了广泛的合理的知识结构，才能有足够的能力实现自己的想法继而实现心中的梦想。

所谓合理的知识结构，就是既有精深的专门知识，又有广博的知识面，具有事业发展实际需要的最合理、最优化的知识体系。李政道博士说：“我是学物理的，不过我不专看物理书，还喜欢看杂七杂八的书。我认为，在年轻的时候，杂七杂八的书多看一些，头脑就能比较灵活。”大学生建立知识结构，一定要防止知识面过窄的单打一偏向。当然，建立合理的知识结构是一个复杂长期的过程，必须注意如下原则：

一、整体性原则，即专博相济，一专多通，广采百家为我所用。

二、层次性原则，即合理知识结构的建立，必须从低到高，在纵向联系中，划分基础层次、中间层次和最高层次，没有基础层次较高层次就会成为空中楼阁，没有高层次，则显示不出水平。因此任何层次都不能忽视。

三、比例性原则，即各种知识在顾全大局时，数量和质量之间合理配比。比例的原则应根据培养目标来定，成才方向不同知识结构的组成就不一样。

四、动态性原则，即所追求的知识结构决不应当处于僵化状态，而必须是能够不断进行自我调节的动态结构。这是适应科技发展知识更新、研究探索新的课题和领域、职业和工作变动等因素的需要，不然跟不上飞速发展的时代步伐。（资料来源：百度百科）

2.1.5 活跃的灵感和直觉

灵感也称顿悟，是指人们在久思某个问题不得其解时，由于受到某种外来信息的刺激或诱导，忽然想出了解决问题的思维过程。创造者对某一既定目标久攻不克之时，偶然受到某种启示而顿开茅塞，从而找到解开关键性问题的症结的新思路，使既定目标最终实现。这种思维就是灵感。激发灵感在我们的学习、生活以及科学研究中都起着极其重要的作用。历史上许多科学家取得创新成果并不一定是运用了逻辑思维的结果，而是得益于灵感。著名物理学家爱因斯坦指出，科学创造首先是灵感，而不是逻辑。灵感具有跳跃性、变通性、瞬时性、创新性、模糊性的特征。

如何激发自己的灵感？首先，需要长期积淀知识和创新思维能力，在其中迸发灵感。其次，需要对一个问题的长时间集中思考。第三，需要外部信息的刺激来激发灵感。第四，需要学会在多元化的思路中迅速捕捉灵感。最后，需要借助某些创新创意获取不期而至的灵气。这样我们便可以激发自己的灵感与直觉，最终形成创新思维。

现在让我们从下面两个案例中体会活跃的灵感与直觉是如何引导大学生创新思维的。

【案例七】响尾蛇导弹的研制

20世纪50年代的一天，一位生物学家哈恩托和一位导弹专家博格纳聚会。交谈中，生物学家说到有一种奇特的蛇，叫响尾蛇，它的眼睛已经退化，但是它的动作却极为敏捷，可以毫不费力地捕捉到老鼠或其他小动物。这是因为它的鼻子和眼睛中间有一个小“颊窝”，这是一个奇特的热敏器官，能够接受小动物身上发出的红外线，对携带能量最多的波段反应最为强烈。说者无心，听者有意。一直在研究追踪导弹的博格纳马上由响尾蛇联想到导弹。他想，飞机在飞行中，尾部要放出高温气流，红外线肯定强烈。如果在导弹的头部装上一个类似响尾蛇“颊窝”的红外线探寻装置，导弹不就有如装上眼睛去主动追寻飞机了吗？不久，一种命名为“响尾蛇”的空对空导弹就研制出来了。（摘自《发明与创新（综合版）》）

【思考导向】“响尾蛇”导弹的研发是由于响尾蛇独特的“颊窝”激发了博格纳的灵感。在学习好自己专业知识的同时，再善于在日常的生活中寻找灵感，你就能发现其实发明创造不是难事。

【案例八】被百万年薪聘请的年轻人

有一个山区，由于交通不便，信息闭塞，经济十分落后。农民们世代以耕作为生，没有其他谋生之道。改革开放后，有两个年轻人最早发现了商机。原来，这个村子什么都缺，唯独丰裕的是石头。两个青年一同开山，一个把石块砸成石子运到路边，卖给建房的人；一个直接把石块运到码头，卖给杭州的花鸟商人。

因为这儿的石头是奇形怪状，他认为卖重量不如卖造型。3 年后，他成为村上第一个盖起瓦房的人。后来，不许开山，只许种树，于是这儿成了果园。每到秋天，漫山遍野的鸭梨招徕八方客商，他们把堆积如山的梨子成筐成筐地运往北京和上海，然后再发往韩国和日本。因为这儿的梨，汁浓肉脆，纯正无比。就在村上的人为鸭梨带来的小康日子欢呼雀跃时，曾卖过石头的那个果农卖掉果树，开始种柳。因为他发现，来这儿的客商不愁挑不到好梨子，只愁买不到盛梨子的筐，5 年后，他成为第一个在城里买房的人。

再后来，一条铁路从这儿贯穿南北，这儿的人上车后，可以北到北京，南抵九龙。小村对外开放，果农也由单一的卖果开始谈论果品加工及市场开发。就在一些人开始集资办厂的时候，一个村民在他的地头砌了一垛 3 米高、百米长的墙。这垛墙面向铁路，背依翠柳，两旁是一望无际的万亩梨园。坐火车经过这儿的人，在欣赏盛开的梨花时，会突然看到四个大字：可口可乐。据说这是五百里山川中唯一的一个广告，那垛墙的主人凭这垛墙，第一个走出了小村，因为他每年有 4 万元的额外收入。

20 世纪 90 年代末，日本丰田公司亚洲区代表山田信一来华考察，当他坐火车路过这个小山村时，听到这个故事，他被主人公罕见的商业化头脑所震惊，当即决定下车寻找这个人。当山田信一找到这个人的时候，他正在自己的店门口与对门的店主吵架，因为他店里的一套西装标价 800 元的时候，同样的西装对门标价 750 元；他标价 750 元的时候，对门就标价 700 元。一月下来，他仅批发出 8 套西装，而对门却批发出 800 套。山田信一看到这种情形，非常失望，以为被讲故事的人欺骗了。

当他弄清真相之后，立即决定以百万年薪聘请他，因为对门的那个店也是他的。

【思考导向】灵感的意义和价值在于想别人之未想，能够领先别人一步。年轻人的灵感来自于他对现实的深刻认识和把握。

2.2 创新思维的四大方式

创新思维并非是少数发明家、天才人物才具有的素质，而是任何一个正常人都具备的一种思维方式。是的，创新不需要天才，创新只在于找出新的改进方法。任何事情的成功，都是因为能找出把事情做得更好的办法。

创新性思维的重要诀窍就在于多角度、多侧面、多方向地看待和处理事物、问题。树立创新思维的关键则在于善于运用各种不同的思维方式具体地进行创新性的思维。这体现在创新思维的四大方式中：逆向思维、侧向思维、类比思维、发散思维。

2.2.1 逆向思维

逆向思维也叫反向思维，是一种创造性思维，它强调要从事物的反面或对立面来思考问题。逆向思维与正向思维相对应。正向思维是指人们运用过去的知识和经验，在已有理论指导下思考问题和解决问题的一种能力或方法。正向思维在人们日常思考和科学研究中起着巨大的作用。但是，由于人们受心理倾向、心理定式的影响，即在思考问题时，采取一次特定的思路，下一次采取同一种思路的可能性就很大。在一连串的思想中，一个个观念之间形成了联系，这种联系紧紧地建立起来，以至于它们的联结很难破坏，这样，就容易导致人们形成一种固定的思维模式，即习惯性思路或思维定式。

逆向思维则需要突破这种习惯性思路或思维定式。当大家都朝着一个固定的思维方向思考问题时，而你却独自朝相反的方向思索，敢于“反其道而思之”，树立新思想，创立新形象，这样的思维方式就是逆向思维。的确，对于某些问题，尤其是一些特殊问题，从结论往回推，倒过来思考，从求解回到已知条件，反过去想或许会使问题简单化，使解决它变得轻而易举，甚至因此而有所发现，创造出惊天动地的奇迹来。

【案例一】 逆向思维发明两向旋转发电机

由我国发明家苏卫星发明的“两向旋转发电机”诞生于1994年，同年8月获中国高新科技杯金奖，并受到联合国TIPS组织的关注。1996年，丹麦某大公司曾想以300万元人民币买断其专利，可见其发明价值之巨大。说到“两向旋转发电机”的发明，也应归功于逆向思维。

翻阅国内外科技文献，发电机共同的构造是各有一个定子和一个转子，定子不动，转子转动。而苏卫星发明的“两向旋转发电机”定子也转动，发电效率比普通发电机提高了四倍。苏卫星说来个逆向思维，让定子也“旋转起来”。这是他得以发明的思维基础，也是他对创造发明思想的一大贡献。（来源：百度百科）

【思考导向】 从相反的方向思考问题，打破思维定式，就会有意想不到的收获。

【案例二】双尖绣花针

双尖绣花针是王帆同学的小发明，他原是湖北省武汉市义烈巷小学的学生，当时年仅十岁。他仔细观察了湘绣绣花过程，看到绣花针刺到布下面，针尖朝下，需要掉转针头，才能再刺到布的上面来，又需要再次掉转针头刺下去，如此反复操作，非常麻烦。王帆同学想，能不能不掉转针头进行刺绣呢？通常的绣花针一端是针尖，另一端是针鼻，显然用针鼻不能代替针尖的功能，反过来针尖也不能代替针鼻的功能，看来绣花针需要改进，但是怎样进行改进呢？他偶然看见渔民织网的梭子，两头是尖的，网线穿在梭子的中间，受到启发，他想：既然不需要掉转绣花针进行刺绣，绣花针必须对称：两端都是针鼻，无法刺透布；两端都是针尖，虽然可以刺透布，但是没有针鼻也不行，针鼻只能在针的中段位置了，这就是双尖绣花针刺绣时绣花针直立时，下面有针尖，可以刺透绣花布，从下面拔出针，上面也有尖，不再需要掉转绣花针就可以继续刺绣了，减少了刺绣操作的步骤，提高了刺绣的速度。双尖绣花针虽然简单，却非常新颖和具有实用性，因而获得第四届全国青少年发明创造比赛一等奖，中国发明协会认为该项作品最能体现创造性思维的特征，特授予专项发明奖。（资料来源：北京科普之窗网）

【思考导向】王帆同学把不对称的绣花针颠倒为对称发明了双尖绣花针，利用的就是颠倒思维方法，实质上是一种逆向思维方法，是一种典型的创造性思维方法，出人意料地使问题得到解决，使他的小发明具有新颖性。

逆向思维的类型：

（1）反转型逆向思维：反转型逆向思维是从已知事物的相反方向进行思考，找到解决问题的途径。从已有的事物的相反功能去设想新的技术、发明或寻求解决问题的新途径。从已有事物的相反结构形式去设想新的技术发明和解决问题的思路。通过颠倒已有事物的因果关系来引发新的创新性设想和解决问题的思路。

【案例三】宋太祖以愚困智

南唐后主李煜派博学善辩的徐铉到大宋进贡。按照惯例，大宋朝廷要派一名官员与徐铉一起入朝。朝中大臣都认为自己辞令比不上徐铉，谁都不敢应战，最后反映到宋太祖那里。

太祖的做法，大大出乎众人意料。他命人找10名不识字的侍卫，把他们的名字写上送进宫，太祖用笔随便圈了个名字，说：“这人可以。”在场的人都很吃惊，但也不敢提出异议，只好让这个还未明白是怎么回事的侍卫前去。

徐铉见了侍卫，滔滔不绝地讲了起来，侍卫根本搭不上话，只好连连点头。徐铉见来人只知点头，猜不出他到底有多大能耐，只好硬着头皮讲。一连几天，

侍卫还是不说话，徐铉也讲累了，于是也不再吭声。这就是历史上有名的宋太祖以愚困智解难题之举。(来源：中国中学生联盟网)

【思考导向】 照一般的做法，对付善辩的人，应该是找一个更善辩的人，但宋太祖偏偏找一个不认识字的人去应对。这一做法，反倒引起了善辩高手的猜疑，使他认为陪伴自己的人，是代表宋朝“国家级水平”的人。对大国猜不透，就不敢放肆。以愚困智，只因智之长处根本无法发挥。

【案例四】 老人智对年轻人

沙克是一个具有犹太血统的老人，退休后，在学校附近买了一间简陋的房子。住下的前几个星期还很安静，不久有三个年轻人开始在附近踢垃圾桶闹着玩。老人受不了这些噪声，出去跟年轻人谈判。

“你们玩得真开心。”他说，“我喜欢看你们玩得这样高兴。如果你们每天都来踢垃圾桶，我将每天给你们每人一块钱。”

三个年轻人很高兴，更加卖力地表演“足下功夫”。不料三天后，老人忧愁地说：“通货膨胀减少了我的收入，从明天起，只能给你们每人五毛钱了。”

年轻人显得不大开心，但还是接受了老人的条件。他们每天继续去踢垃圾桶。一周后，老人又对他们说：“最近没有收到养老金支票，对不起，每天只能给两毛了。”

“两毛钱?”一个年轻人脸色发青，“我们才不会为了区区两毛钱浪费宝贵的时间在这里表演呢，不干了!”

从此以后，老人又过上了安静的日子。(资料来源：新浪网)

【思考导向】 对于血气方刚的年轻人，强制性的命令只会让他们变本加厉适得其反。老人的本意是制止年轻人踢桶，但是他采取反转型逆向思维，从奖励他们踢桶入手，达到了目的。

(2) 转换型逆向思维：转换型逆向思维是在解决问题的某一手段受阻时，及时转换另一种手段，或转换思考角度，从而有效解决问题。

【案例五】“找找看”变身“招招看”

最近小吴在为房子发愁，并非是高昂的房价，其实他已经有了自己的“蜗居”，并且也积攒下了“打扮”居所的费用，可是小吴并不开心——不是烦恼如何装修举棋不定，而是无法找到合适的装修公司。

其实小吴也找过一些装修公司，可都不满意，不是对方要改变自己的装修思路，就是在价格方面差距太大，“好好的房子无法按自己的想法装修，真是烦恼。”

一次偶然的机会，朋友向小吴推荐了招招看网站，在那里小吴的烦恼终于得到了解决：登录网站，填写资料，把自己装修的要求罗列清楚，让装修公司来竞标，挑选自己中意的公司合作。原本很复杂的事情一礼拜时间就解决了。同时网站还有“招友圈”功能，不仅提供给网友互动互助，互相帮助答疑解难，还让小吴避免遭受蒙蔽。

从苦恼的“找找看”，到便捷的“招招看”，“逆向”的消费模式让小吴轻松解决烦恼。

“以往的消费模式下都是消费者拿着钱东奔西跑，消费者往往和商家不对等，因此很容易被商家蒙蔽。消费者作为‘上帝’需要将主动权握在手中，通过省时、省力、省钱的方式找到性价比优质的产品与服务，‘招招看’的出现恰好契合了这个市场需求。”招招看的服务人员这样说。

在目前的招招看网站，可以进行“招标”的项目包罗万象，小到送水送花，大到装修婚庆，从日常服务到公司采购。

“让消费者有机会从大海捞针的‘找找看’转型到主动把握交易的‘招招看’。”中国信息经济学会副理事长吕本富这样分析，“短时间内跟大量企业接触，消费者可以拿跟一家企业谈判时获得的信息去和另一家谈判，以此来解决‘信息不对称’的交易模式所带给消费者的无助感。”

从“找”到“招”，这其实打开了电子商务市场“消费者对企业（C2B）”营销对话的新模式，这种逆向的创新消费模式也让“招招看”拥有了广阔的市场前景。目前，我国电子商务市场以B2B（企业对企业，如阿里巴巴）、B2C（企业对消费者，如当当网）、C2C（消费者对消费者，如淘宝）等三种模式为主。招招看的服务既为消费者招到了优质服务与商品，又为商家提供及时、有效的海量商机，丰富多彩、趣味互动，这是一个让大众享受到互联网优质生活的又一捷径。（资料来源：科技日报，作者：林东，2010年5月17日第12版）

【思考导向】从“找”到“招”，一字之差，实现了思维的一个“逆向”，变被动为主动。生活中有许多的事情期待着“逆向”和“转换”，我们的大脑要随时做好准备。

（3）缺点型逆向思维：缺点型逆向思维是利用事物的缺点，将缺点变为优点，化被动为主动，化不利为有利的逆向思维方式。这种方式不以克服事物的缺点为目的，相反，它是化缺点为优点来解决问题。

【案例六】贾诩逆向思维胜曹军

据记载，建安三年，曹操南征张绣，包围了张绣据守的穰城。此时，曹操获悉袁绍想乘虚袭击许都，迎献帝而号令天下，立即从穰城撤兵。张绣率兵尾随追击曹军，刘表也派荆州军配合，企图与张绣夹击曹军。不想曹操竟出奇兵大败张、刘联军。曹军获胜后，速行北撤。张绣不甘失败，决计率兵追击，贾诩劝阻说："不可追也，追必败。"张绣不听，强行追击，结果被曹兵再次击败。逃回大营，贾诩却对张绣说："促更追之，更战必胜。"张绣说："不用公言，以至于此。今已败，奈何复追?"贾诩说："兵势有变，亟往必利。"张绣听从了贾诩的意见，收集散兵，再行追击，不料竟将曹操后卫部队击溃。(资料来源：北京青年报)

【思考导向】 在张绣看来，用精兵追击退军比败兵追击胜军更容易得到成功，因为曹操料到张绣会在兵败后继续追击。但贾诩计谋之可贵，在于它认清了曹操的思维定式，看穿了其缺陷所在，然后利用这个缺陷，使得张绣军队化被动为主动，化弊为利，以散兵残将追击退军，克敌制胜。贾诩事后坦言，前不可追是因为"军虽新退，曹公必自断后，追兵虽精，将既不敌，彼士亦锐"，后兵而追是由于曹操"力未尽而退，必国内有故"、"纵留诸将断后，诸将虽勇，亦非将军敌"。换言之，贾诩料算曹操解围撤退必有蹊跷，而其退兵必是精兵先行，弱兵在后，这就为张绣以散军击败弱兵创造了基础。

实践证明，逆向思维是一种重要的超越常规的思维方式。个人的逆向思维能力，对于全面提升人才的创造能力及解决问题能力具有非常重大的意义。我们应当自觉地运用逆向思维方法，创造更多的奇迹。

【训练题】

1、现有五顶帽子，三黑二白，有三个人（甲、乙、丙）站在一条直线上，并且三人面朝同一方向，现在第四个人"丁"给这三人发帽子，戴好后，丁问站在最后面的丙："你知不知道自己戴的什么颜色的帽子?"丙说："不知道"；丁问站在中间的乙同样的问题，乙也说不知道；当丁问站在最前面的甲时，甲说："我知道。"请问：甲戴的是什么颜色的帽子？为什么？

2、有四个相同的瓶子，如何摆放才能使其中任意两个瓶口的距离都相等呢？

3、下面这七个人正在争论今天是星期几，但其实他们的回答只有一个人是对的，你知道讲对的是谁吗？今天又是星期几？

A：后天是星期三。

B：不对，今天是星期三。

C：错！明天才是星期三！

D：No！今天不是星期一、星期二，也不是星期三！

E：我明明记得昨天是星期四。

F：乱讲！明天才是星期四！

G：不管怎么说，总之昨天不是星期六！

4、俄国大作家托尔斯泰设计了这样一道题：从前有个农夫，死后留下了一些牛，他在遗书中写道：妻子得全部牛的半数加半头；长子得剩下的牛的半数加半头，正好是妻子所得的一半；次子得还剩下的牛的半数加半头，正好是长子的一半；长女分给最后剩下的半数加半头，正好等于次子所得牛的一半。结果一头牛也没杀，也没剩下，问农夫总共留下多少头牛？

5、对以下成语进行逆向思维的训练

见风使舵、班门弄斧、杞人忧天、我行我素、见异思迁、入乡随俗、弱肉强食、愚公移山

2.2.2 侧向思维

“他山之石，可以攻玉”。不论是在自然界，还是在人类社会中，事物都是十分复杂的。人们在研究和解决问题时，由于种种原因，人的思维并不能一帆风顺地到达目标，总会遇到这样或那样的障碍和挫折，当正面的道路走不通，或从正面突破难度很大，一时难以取得进展时，就有必要考虑采用侧向思维方法了。侧向思维往往通过换一种方式，绕过障碍而达到解决问题的目的。

侧向思维，又叫旁通思维，是沿着正向思维旁侧开拓出新思路解决问题的一种创造性思维，即在思维受阻不畅，或预定目的不能达到的情况下，人们采取避开正面，调换一个思考问题的角度，另选一个被人忽视的方向，从不使对方察觉的侧面迂回过去，从而解决问题，达到原定目标的一种思维方法。有时，人们也将其称为迂回思维[3]。

英国医生德·波诺（FAward De Bono）首先对侧向思维进行了区分。他认为，谨慎地用一种逻辑的直线推理方式进行思考——纵向思维——对创造性解决问题帮助不大。对问题的周围进行思索，利用局外信息，从其他领域的、离得较远的事物中得到启示而产生出新设想的思维方式，即利用貌似无关的信息来发现解决问题途径的思维，他把这种思维同人眼的侧视能力相类比，称之为“侧向思维”。生活中，经常会见到人们在思考问题时“左思右想”，说话时“旁敲侧击”。有人总是死抱正面进攻的方法一味蛮干，丝毫不能解决问题，而有人则采用迂回战术，从侧面去想，在最不打眼的地方，也就是次要的地方多做文章，把它挖掘出来，并把它的价值扩大。这种从旁侧开拓出思路的思维方式就是侧向思维法。它要求思考者尽量利用其他领域的知识和资讯，从别人想不到的角度观察、分析，达到解决问题的目的。

侧向思维的特点是：思路活泼多变，善于联想推导，随机应变。

侧向思维的基本特征：

（1）侧向思维是启发性思维。侧向思维的注意力是分散的，可以接受多维

信息流的启发、诱导，突破固定的思维模式，形成一种启发性思维。

（2）侧向思维是跳跃性思维。思维过程中可以避开主导思想，向空间发展，寻求原本不会注意的其他思路（侧道），激发直觉、灵感、顿悟的产生，获得新的认识。

（3）侧向思维易于获得意外的创新成果。思维主体在实际过程中，旨在多方向探索可能的结果，即或求得的结果可行性只有十分之一，只要有一个是正确的，也是意外的收获。

（4）侧向思维立足于探索最无希望的途径。侧向思维没有严格的逻辑规则，往往会寻求到表面看来没有希望，实质也许是最有价值的途径，因而具有相当程度的主观随意性，从而实现无希望之处的突破。

典型的侧向思维方法如下：

（1）直接定向强方法。在改变思维方向的过程中，思考者可以根据以往的知识和经验或某一指导原则，判断出解决某一问题的方法所在的方向，于是撇开其他方向，敏锐地直接选择这一方向进行思考和研究的思维方法。

（2）无定向探试弱方法。在人类历史的早期或者人类刚刚涉足的领域，人们往往在没有经验指导或者缺乏足够专业知识的条件下，不得不在多种可能性之间反复地比较、分析、试错、修正，最后筛选出解题所需信息的思维方法。这种方法被称为试错方法，也被称为无定向探试弱方法。

（3）趋势外推法。又称为趋势外括法或趋势分析法，是一种属于探索性预测的思维方法。趋势外推法有两个方面：首先，趋势外推一般从横向联系来预测事物发展的趋势；其次，要更好地实现侧向思维，要通过寻求诱因，即以某种信息为媒介，从而刺激、启发大脑而产生灵感的创造性思维方法。

（4）寻求诱因法。该法往往以某个偶然事件（信息）为媒介，通过刺激大脑而产生联想，豁然开朗，迸发出创造性的新设想而解决问题[13]。

【案例七】直升机尾桨的发明

在直升机的改进史上，有一个尾桨发明的故事。大家知道直升机机顶有旋翼旋转，它转动时会产生反扭矩。怎样才能克服它？常规思维是加一个反方向的旋转桨。通过实验，并不成功。一位叫西科斯的美国人想到一个办法，他巧妙地设计了一个尾桨，用一个部件就消除了这种派生现象。（来源：南昌市人事局编委办网）

【思考导向】此方法不仅简单轻巧，而且功率损耗量低。尾桨的发明妙就妙在从侧面思维入手，解决了一个大难题。

【案例八】创意促销广告显奇效

毛姆是英国著名作家。在他未成名前，生活很困窘，写的书卖不出去。后来，他想了一个办法，在一家最有名的报纸上登了一则广告："本人是一位年轻、有教养、爱好广泛的百万富翁，希望找一位与毛姆小说中的女主角一样的女性结婚。"结果，毛姆的小说很快就被抢购一空。[4]

【思考导向】 书卖不出去，直接宣传书本身的价值，是正面的做法，但很可能费力不讨好。那么就从侧面做文章：通过一个百万富翁征婚的广告，来刺激人们的兴奋点——究竟毛姆的小说有多大的吸引力，使得这位年轻的百万富翁竟要把其中的人物作为择偶标准？于是，在好奇心的驱使下，大家纷纷购买毛姆的小说。本来是卖书的广告，结果却通过一则征婚广告来实现。这就是运用侧向思维方法的魅力！

【案例九】 周总理妙答记者

在周恩来总理的政治生涯中，思路活泼多变的事例不胜枚举。20世纪50年代，在一次中外记者招待会上，一个外国记者问周总理中国的人民币有多少。

周总理采取迂回的方法从容不迫地回答："十八元八角八分。"当时人民币票面值是十元、五元、二元、一元、五角、二角、一角、五分、二分、一分，加起来共十八元八角八分。(资料来源：百度百科)

【思考导向】 显然这是一个带挑衅、嘲讽性的问题，讽刺我国发行的人民币没有黄金储备。如果直接说我们的黄金储备不多，有失国人、国家的尊严；如果硬说我们有充足的黄金储备，又不符合事实。回答好这个问题，周总理巧妙运用了侧向思维。

侧向思维的具体运用方式有以下三种：

(1) 侧向移入。这是指跳出本专业、本行业的范围，摆脱习惯性思维，侧视其他方向，将注意力引向更广阔的领域或者将其他领域已成熟的、较好的技术方法、原理等直接移植过来加以利用；或者从其他领域事物的特征、属性、机理中得到启发，导致对原来思考问题的创新设想。侧向移入是解决技术难题或进行管理创新、产品创新的基本的思维方式，大量的事例说明，从其他领域借鉴或受启发是创新发明的一条捷径。

【案例十】 侧向思维为减少摩擦打开新思路

为了减少摩擦，人们一直在不断地改进着轴承。但正常思路无非是改变滚珠形状、轴承结构或润滑剂等，都不能带来大的突破。后来，有人把视野转到其他方向，想到高压空气可以使气垫船漂浮，相同磁性材料会相互排斥并保持一定的距离。于是，将这些新设想移入轴承中，发明了不用滚珠和润滑剂，只需向轴套

中吹入高压空气，使旋转轴呈悬浮状的空气轴承，或用磁性材料制成的磁性轴承。（资料来源：百度百科）

【思考导向】 在改变滚珠形状等习惯思维无法改进轴承时，侧视其他方向，把其他领域较好的技术方法移植过来就很好地解决了轴承改进的技术难题。

（2）侧向转换。这是指不按最初设想或常规直接解决问题，而是将问题转换成为它的侧面的其他问题，或将解决问题的手段转为侧面的其他手段等等。

【案例十一】 思路转换创造不朽名画

达·芬奇创作《最后的晚餐》时，出卖基督的叛徒犹大的形象一直没有合适的构思。他循着正常的思路苦思冥想，始终没有找到理想的犹大原型。直到一天修道院院长前来警告画家，再不动手画就要扣他的酬金。达·芬奇本来就对这个院长的贪婪和丑恶感到憎恶，此刻看到他，达·芬奇转念一想何不以他作为犹大的原型呢？于是他立即动笔把修道院院长画了下来，使这幅不朽名作中每个人都具有准确而鲜明的形象。（资料来源：百度百科）

【思考导向】 在视觉艺术思维中，如果只是顺着某一思路思考，往往找不到最佳的感觉而始终不能进入最好的创作状态。修道院院长的形象促成了达·芬奇视觉艺术思维的完善和创作的成功。可见，在一定的情况下，侧向思维能够起到拓宽和启发创作思路的重要作用。

（3）侧向移出。与侧向移入相反，侧向移出是指将现有的设想、已取得的发明、已有的感兴趣的技术和产品，从现有的使用领域、使用对象中摆脱出来，将其外推到其他意想不到的领域或对象上。这也是一种立足于跳出本领域，克服线性思维的思考方式。

【案例十二】 拉链的诞生

拉链曾被誉为影响现代生活的十项最重大的发明之一。它的发明人贾德森是为了解除系鞋带的麻烦而想到发明拉链的，并于1905年取得了专利权。这项发明吸引了一个叫霍克的军官，他决定建厂生产拉链。但是，专利本身只是一种“可行”技术，并不是一种“成熟”的技术。拉链虽好，但需要特殊的机器才能批量生产。霍克经过19年的时间才研制出拉链机，可有了拉链却没有人用这个东西代替鞋带。他用了很大的努力仍然找不到销路。后来，一个服装店老板将思路引向了鞋带以外，生产出带拉链的钱包，赚了一大笔钱。从那以后，半个世纪以来，拉链几乎渗透到人类社会生产、日常生活的每一个角落如衣服、枕套、笔盒等等。（资料来源：中国机床网）

【思考导向】 为解除系鞋带的麻烦而发明了拉链，但在拉链发明后并没有代替鞋带。当跳出本领域，把它用在钱包、衣服等其他领域时却得到了广泛的应用。只有克服了惯性思维，才能有所突破。

总之，不论是利用侧向移入、侧向转换还是侧向移出，关键的窍门是要善于观察，特别是留心那些表面上似乎与思考问题无关的事物与现象。这就需要在注意研究对象的同时，间接注意其他一些偶然看到的或事先预料不到的现象。也许这种偶然并非是偶然，可能是侧向移入、移出或转换的重要对象或线索。

【案例十三】 电子手风琴的发明

电子手风琴沿用传统手风琴的外形及演奏形式，但用电路产生音阶、音色和发声。它是由北京市宣武区青少年科技馆杨涛同学发明的，荣获第四届全国青少年发明创造比赛一等奖、首届北京国际发明展览会铜牌。手风琴是普及最广的一种常规键盘乐器，但音色单调。如何改进以丰富它的音色呢？杨涛同学把电子音乐技术引入到手风琴中来，实现传统手风琴的创新，这种思考方法就叫做侧向移植。杨涛同学发明的电子手风琴，不仅保留了传统手风琴演奏灵活方便，特别是强劲的各种低音和弦的特点，还吸收了电子琴音色优美多变，特别是自动电子打击乐伴奏的优点，并能够像传统手风琴一样利用风箱控制音量，成功地解决了电子乐器力度控制这一世界性难题。（资料来源：北京科普之窗网）

【思考导向】 电子手风琴的发明确实是一项侧向思维。要想改进传统手风琴音色单一的缺点，就要把注意力转向手风琴的外面，即侧向移植电子琴音色优美多变的优点，把手风琴和电子琴两者的优点组合起来，发明一种创新电子乐器。

侧向思维不是与生俱来的，而是后天学习来的，它使人更具有创新性。当今世界上许多发明创造是利用侧向思维的组合发明。因此，对大学生进行侧向思维的培养和训练，不但能够促进我们侧向思维能力的发展，而且对我们的实际操作、动手能力等方面的锻炼都有很大的帮助。

【训练题】

1、请你在 15 分钟内剪下大小不一的 30 个实心圆圈。

2、机械工厂的精密零件大部分都需要人手加工。为了防止工作物生锈，工人必须整天戴手套。为了使手指更加灵活，手套做得很紧束，所以不但戴上脱下很麻烦，而且容易腐蚀或破烂，所以这一笔经费负担非常庞大。你觉得怎样来改进这种手套呢？

3、请用 6 根火柴组成 4 个正三角形。

2.2.3 类比思维

类比思维是一种很有创造性的思维方法，在创新和解决问题时，具有很大的指引作用。巧妙的类比法，是君主统治时代臣子既能尽忠进谏，又能明哲保身的高明招数。

【案例十四】邹忌巧妙进谏

战国时代的邹忌是齐国的宰相，他早就有向齐王进言的念头，但是没有找到适当的方式，因此不敢冒险行动。后来他从一次自己与徐公比美的经历中找到了进谏途径和根据，现身说法，推己及人，用类比法进谏，启发诱导齐威王认识到自己受蒙蔽的严重性，使他懂得纳谏的重要性，果然生效，使齐威王达到了在朝廷上战胜敌人的政治目的。(资料来源：语文轩网)

【思考导向】邹忌若强行进谏，轻则受辱，重则灭族。他从“妻私他，妾畏他，客有求于他”与齐王的“宫妇左右私王，朝廷之臣畏王，四境之内有求于王”中找到了相同的属性。邹忌的成功，让我们看到了类比法的无穷魅力和巨大价值。

所谓类比，就是从两个或两类对象具有某些相似或相同属性的事实出发，推出其中一个对象可能具有另一个或另一类对象已经具有的其他属性的思维方法。类比思维是一种间接的推理，它让我们充分开拓自己的思路，运用已有的知识、经验，将陌生的、不熟悉的问题与已经解决了的熟悉的问题或其他相似事物进行类比，将人们带入完全陌生的领域，从而创造性地解决问题。其解决问题的程度取决于前提中所确认的事物的性质、特征的数量和可靠程度以及这些性质、特征与类推所得结论的关系是否密切等等。

【案例十五】迎新会上巧做类比演讲

一个高年级同学在迎新会上做演讲，她说：我们94级同学进校时，人文学院刚刚成立，我们是第一届本科生，我们在学校的位置只是小小的一个点，这个点在理工大学那么不起眼。95级的同学进校时，他们又是一个点，这个点和我们那个点连成了一条线，成为理工大学一道独特的人文风景线。96级同学进校时，他们的那个点和94级的点、95级的点组成了一个稳固的三角形，从此人文学院在理工大学有了一定的地位。现在你们97级的同学进校了，你们这个点和前面的三个点可以形成一个圆了，我们就是一个完满的、父母和兄弟姐妹俱全的大家庭了，人文学院新的一页开始了！演讲者一边讲还一边在黑板上画了一幅图。(资料来源：中国口才网远程教育学院网)

【评析】演讲者选择了“点”作为核心类比物，引发出“线”、“三角形”、

"圆"等系列类比物，围绕人文学院的发展壮大进行了系列类比和推理，自然、贴切，给人直观的感受和丰富的联想。

在日常生活中，我们也常常会不自觉地运用到类比的方法。最简单的就是买东西时的"货比三家"，从商品的价格、功能状况、使用价值和经久耐用的程度等方面进行比较，然后确定是否买下。类比法不仅以这样的方式帮助我们解决实际问题，它更多地被运用到各种发明中去。科学史上很多重大发现、发明，往往发端于类比思维方法，该方法被誉为科学活动中的"伟大的引路人"。

【案例十六】 听诊器的发明

一次，法国著名医生雷内克瓦带着女儿到公园玩跷跷板。玩了一会儿，医生觉得有点累，就将半边脸贴在跷跷板的一端，假装睡着了。女儿看着父亲的样子，觉得十分开心。突然，医生听到一声清脆的响声。他睁眼一看，原来是女儿用小木棒在敲跷跷板的另一端。这一现象，立即使医生联想到自己在工作中遇到的一个问题：当时医生听诊，采用的方式是将耳朵直接贴在患者有病部位，既不方便也不科学。医生想：既然敲跷跷板的一端，另一端就能清晰听到，那么，是不是也可以通过某样东西，使病人身体某个部位的声响让医生能够清楚地听见呢？

雷内克瓦用硬纸卷了一个长喇叭筒，大的一头靠在病人胸口，小的一端塞在自己耳朵里，结果听到的心音十分清楚。世界上的第一个听诊器就这样产生了。后来，他又用木料代替了硬纸做成了单耳式的木制听诊器，后人又在此基础上研制了现代广泛应用的双耳听诊器。(资料来源：重庆装修网)

【案例十七】 自行车轮胎的改进

世界上诞生的第一辆自行车，轮子是木头做的，没有轮胎，骑起来颠簸厉害，一不留神就摔跤。

大约70年后，苏格兰有一个名叫邓禄普的医生，因为一天儿子骑自行车摔得头破血流，于是萌发了改进自行车的念头，但是却苦于一直找不到合适的方式。

一天，他握着橡胶水管给花草浇水。

水管因为有水通过而鼓胀起来，他握紧又松开，觉得水管很有弹性。突然，他心中一动：把灌了水的橡皮管安在自行车的轱辘上，这样轮子就有了弹性，就不容易颠簸了。

于是他把儿子的自行车推到花园里，拆下轮子，配上橡胶管，灌上水。经过一遍遍的实验后，终于安好了。儿子骑上去，感觉棒极了。

医生用橡胶水管制成了世界上第一个轮胎。后来，充气的轮胎代替了灌水的轮胎。“邓禄普轮胎”很快就风靡了整个世界。[15]

【思考导向】在上面的两个案例中，雷内克瓦把要创造的听诊器与女儿敲跷跷板的一端另一端就能清晰听到的现象类比，邓禄普把自行车的轱辘与灌了水的橡皮管类比，终于获得了创意设计听诊器和自行车轮胎的方案，从中我们可以看到类比思维在指引创新研究方面的重要作用。经常有这样的情况：当创造者感到思维阻滞时，由于某种机缘的触发，使人一下就具有“仿效这种方式，不是正好吗?”的恍然大悟，往往一个好的创新项目即因此而产生。

类比思维主要有以下几种方法：

（1）形式类比。两者之间形式上相似。形式类比包括形象特征、结构特征和运动特征等几个方面的类比。如从猫想到虎，从儿子想到父亲，从照片想到本人，从鸟儿想到飞机，从鱼想到潜艇等等，这些都是由形状或结构所引起的类比。

（2）功能类比。两者之间存在功能的相似。近代发明家贝尔发明电话机的灵感就是来源于把人的耳骨的薄膜与电话膜片直接类比。他不无自豪地回想起自己是如何应用类比思维技巧而获得成功的。他说：“我注意到，与控制耳骨的灵敏的薄膜相比，人的耳骨的确很大。这使我想到，如果一种薄膜也是这样灵敏以致能够摇动几倍于它的很大骨状物。这就是较厚而又粗糙的膜片不能使我的钢片振动的原因。电话就这样被构想出来了。”

（3）对称类比。世上的事物，几乎无一例外都具有对称关系。英国物理学家狄拉克把相对论原理引进量子力学中，建立了描述自由电子运动的方程。在解这个方程时，得到了正负对称的两个能量解。正的能量对应着电子，那么，负的能量对应着什么呢？人们知道电荷有正电荷与负电荷的对称性，既然存在带负电荷的电子，那么，是否存在带正电荷的电子呢？为了解释上述方程解，狄拉克运用了对称类比法，认为对应于负能量的粒子可能是带正电荷的电子，成功地预见了正电子的存在。狄拉克正是依据了两个能量解正负之间的对称关系进行了类比，才在理论上预见了正电子的存在。

（4）原理类比。由某种事物具有某种原理而体现出某种功能，通过类比而得出同类的事物也具有某种原理并体现某种功能。伽利略在威尼斯一所大学教书。一天他在给学生做实验时，看到水加热特别是到沸点的时候，水在罐子里就会上升。于是他想起不久前，一位医生请求他制造出一种能测出病人体温的仪器。他想：“水的温度上升，体积就会增大膨胀上升，反过来，体积就会缩小下降，能不能根据这个原理来测量病人的温度?”于是他开始认真地实验，终于做出了世界上第一支体温表[15]。

在现代社会，随着日常创造的增加，类比的作用尤其得到重视。如日本学者大鹿让认为："创造联想的心理机制首先是类比……即使人们已经了解到了创造的心理过程，也不可从外面进入类似的心理状态……因此，为了给创造活动创造一个良好的心理状态，得采用一个特殊的方法，就是使用类比。"

总之，类比思维是一种古老又极富生命力的科学思维方法。著名数学家开普勒曾说过："我珍视类比胜于任何别的东西，它是我最信赖的老师，它能揭示自然界的秘密……"因此，我们在平时学习中，要有意识地、经常性地训练自己的类比思维能力，提高自己的创造力。

【训练题】

1、读故事，回答问题。

据传苏东坡在当翰林学士的时候，经常与佛印禅师交往。

有一次,他来到大相国寺,与佛印禅师一起品茶。席间,苏东坡向佛印禅师谈及自己近日来诗思衰竭,没有了弄文舞墨的意趣,不知为何缘由,请佛印禅师指点迷津。

谁知，佛印禅师含笑不语，只顾给苏东坡斟茶。但见茶杯已满，茶水外溢。苏东坡想要去阻止，却见禅师神秘地看着他，还在一个劲儿地往茶杯中倒。苏东坡仔细思考了一下，恍然大悟，赶紧谢过佛印禅师，乘兴归去。

不久，苏东坡便佳篇迭出，新诗泉涌，一发不可收拾。你知道这是怎么回事吗？

2、空气是无形的，你知道用什么简便的办法称出空气的质量吗？

3、某商品 76 件，出售给 33 位顾客，每位最多买 3 件，买 1 件按定价，买 2 件降价 10%，买 3 件降价 20%。最后结算，平均每件恰好按原价的 85% 出售，那么买 3 件的顾客有多少人？

2.2.4 发散思维

发散思维是一种在创新性思维过程中常用的思维形式，是提高创造性的最重要的思维方式之一，甚至一度被当作创造性的代名词。

发散思维也叫多向思维、开放思维、求异思维、分散思维、辐射思维或扩散思维，是指对某一问题或事物的思考过程中，不拘泥于一点或一条线索，而是从仅有的信息中以某一问题为中心，尽可能向多方向扩展，从多种角度去思考探索问题，并且从这种扩散的思考中求得常规的和非常规的多种设想的思维方式，如图 2-1 所示。

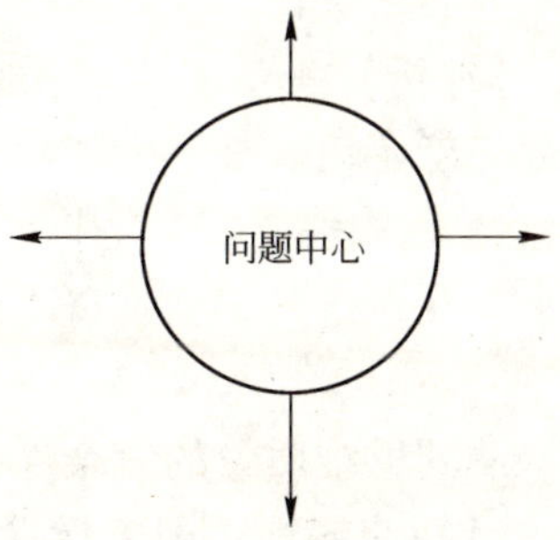

图 2-1 发散思维

美国心理学家吉尔福特在“智力结构的三维模式”中，明确地提出了发散性思维。他认为，发散思维是一种推测、发散、想象和创造的思维过程，是从给定的信息中产生信息。

它的特点是以某些已知信息为思维起点，然后充分利用已有的知识、经验，采取推测、想象等方式，让思维沿各种不同的方向任意发散，重组记忆中的信息和眼前的信息，以产生出新的信息。发散思维是一种寻求多种答案的思维，它不满足于唯一的答案，而指向于多种可能的答案，是多方向、多角度展开的。这种思维方法不受过去知识的束缚，不受已有经验的影响，从各个不同甚至是不合常规的思路去思考问题。

【案例十八】 白炽灯的发明

白炽电灯是爱迪生发明的。研究白炽电灯必须解决灯丝材料的问题。爱迪生先后试验了1600多种耐热材料和6000多种植物纤维，甚至连头发和朋友的胡子都试验到了，但还是没有成功。1879年10月21日，他用棉绒烧成碳丝，再将碳丝装进灯泡，小心地抽成真空，当电灯通上电流时，灯丝发出明亮的光辉，而且持续了45个小时。爱迪生并未满足，经过一次又一次的反复试验，发现竹纤维在碳化后可以做灯丝，灯的寿命长达1200小时。（资料来源：青少年创意馆网）

【思考导向】 爱迪生以做灯丝的材料为发散点，设想出解决问题的多种可能的材料，最终达到创新的目的。

【案例十九】 冰箱用途的延伸

很长时期，电冰箱市场一直为美国人所垄断，几乎每个家庭都有，这种高度成熟的产品竞争激烈，利润率很低，美国的厂商显得束手无策，而日本人却异军突起，发明创造了微型冰箱。人们发现除了可以在办公室使用外，还可安装在野营车、娱乐车上。于是，全家人外出旅游，舒适条件全部具备。微型冰箱改变了一些人的生活方式，也改变了它进入市场初期默默无闻的命运。（资料来源：青少年科技之家网）

【评析】 微型电冰箱与家用冰箱在工作原理上没有区别，其差别只是产品所处的环境不同。日本人把冰箱的使用方向由家居转换到了办公室、汽车、旅游等其他侧翼方向，有意识地改变了产品的使用环境，引导和开发了人们潜在的消费需求，从而达到了创造需求、开发新市场的目的。

从其思维质量的复杂性来看，发散思维具有如下几个层次：

（1）流畅性，即多样性，是指一共可以想出多少个答案。流畅性是发散性思维的最低一个层次的特征，它体现了发散思维在数量方面的特点，也就是把对某一问题用发散思维做出的答案的多少作为衡量其高低的标志。流畅依赖一个人记忆信息和认知的多少，它反映了一个人知识面的广博程度。

【案例二十】 选出一种与众不同的物品

A. 一面镜子　B. 一本卡通画册　C. 漂亮窗帘　D. 一台电脑

请开动脑筋，从上述四种物品当中选出一种与众不同的物品。

学生1：我选一面镜子。镜子是忠实的伙伴，它不但可以反映一个人的面貌，更能映照一个人的内心世界。它从不掩饰真相，“以铜为镜，可以正衣冠；以人为镜，可以明得失。”

学生2：我也选一面镜子。卡通太幼稚，窗帘没必要太漂亮，干净即可，电脑太昂贵了。镜子让我认识自己。开心时对着镜子，扮个鬼脸，告诉自己，快乐是属于自己的；烦恼时对着镜子笑笑，烦恼就会烟消云散；镜中的我告诉镜外的我，宽容别人，快快乐乐度过每一天。

老师：宽容是一种美德，在镜子的鼓励下，你的生活一定会充满阳光的。

学生3：我选电脑。因为电脑是高科技产品，推动了社会的发展，在世界上广泛应用，为人们提供了方便。电脑既带给我们知识，又带给我们快乐。查阅资料，陶冶情操，让我们的知识不断提升，但如果使用不当，也可让人误入歧途。

学生4：我选卡通画册。虽然它小，但它里面拥有丰富的知识，只有书可以让人们在精神上得到给养，看到我喜欢的画册，我就快乐，就好像回到了童年。

学生5：我选窗帘。因为窗帘是美丽的，它可以给房子增加无限的情趣，给房间增添新的气息，它默默地为家庭奉献自己的美。(资料来源：百度空间)

【思考导向】 同学们突破了思维的枷锁，用发散思维的方法选出了自己心中认为与众不同的物品，并给出了充分的理由。

(2) 变通性，即灵活性，是指对一个问题从几个方面去考虑答案，这些答案有多少个类别。它是发散性思维较高层次的特征，要求思维者能思路开阔，善于随机应变，从而为思维开拓新的思路，寻找新的方法，为创新的成功开辟新的道路。

【案例二十一】 红砖的用途

建筑材料：盖房子（包括盖大楼、宾馆、教室、仓库、猪圈、厕所……）、铺路面、修烟囱等；

从砖头的重量：压纸、腌菜、凶器、砝码、哑铃锻炼身体等；

从砖头的固定形状：尺子、多米诺骨牌、垫脚等；

从砖头的颜色：水泥地上当笔、画画，压碎成红粉做指示牌，磨碎掺进水泥做颜料等；

从砖的硬度：凳子、锤子、支书架、磨刀等；

还可以从红砖的化学性质（如吸水）：刻成一颗红心献给心爱的人，在砖上制成自己的手、脚印变成工艺品留念。（资料来源：青少年科技之家网）

【思考导向】 一般会列举砖可以盖房子、铺路面、修烟囱等等用途来回答，但是这些用途都是沿着用做“建筑材料”这一方向发散思维出来的，几乎没有变通性。相反，如果列举盖房子、压纸、画画、作凳子等等用途，那么，对砖头的用途不仅可从建筑材料考虑，还可以从它的重量、形状、颜色、硬度等方面考虑，这样的发散性思维的变通性就好。

（3）独创性，即创造的程度。它常常突破常规和经验的束缚，产生不同寻常的新念头和新思想，是发散思维中最高层次的特性。这一能力可以使思维突破常规和经验的束缚，获得新颖独特的创新成果。在人类创新发明史上，科学家、文艺巨匠和能工巧匠们之所以能为人类做出巨大的贡献，无疑都得益于有较强的独创性发散思维能力。一旦离开了思维的独创性，就会使自己禁锢于世俗的常规之中，难以获得创新性的成果。

【案例二十二】 剃须刀的别样功能

1901年，美国吉列发明了世界上第一副安全剃须刀架和刀片。

1973年，吉列剃须刀的年销售额突破10亿美元大关。安全剃须刀多年来为男人所使用。此时，吉列公司经过周密的市场调查，发现仅在美国就有6490万名妇女为了保持美好形象需要定期剃除腿毛和腋毛。

除了使用电动剃须刀和脱毛剂之外，至少有2300多万名妇女使用男性剃须刀架，年花费7500万美元。

于是，吉列公司更新开发了女性专用剃毛刀架。刀架选用了色彩鲜艳和多样的塑料，并且把握柄改为弧曲形，又压印了一朵雏菊，既吸引女性心理，又便于女性使用，投放市场后一举走红。

1980年，全公司年销售额高达23亿美元，利润达1.2亿美元[15]。

【思考导向】 在一般人的印象中，好像剃须刀只是男人用的。但吉列公司却突破常规束缚，将男性剃须刀架拓展到女性中，并产生了明显的效果。

在这三个层次中，流畅性是基础，独创性是目的，变通性是关键因素。想出来的可能性越多越好，但是纯粹的多样性往往不够，因为它很可能是在同一类别中重复，假如变通性也强，那就意味着涉及的领域越广，为创造性开辟的空间越大。

由此可见，发散思维可以使人的思路活跃、思维敏捷，不仅办法多，而且新颖，考虑问题周全，能提出许多可供选择的方案、办法及建议，特别能提出一些别出心裁、一语惊人或完全出乎人们意料的见解，使问题奇迹般地得到解决，所以发散思维在创新中常常起着举足轻重的作用[3]。

吉尔福特认为，训练人的发散思维能力是培养创造力的一种重要方法。而人的发散性思维能力是可以通过锻炼而提高的，其要点是：首先遇事要大胆地敞开思路，不要仅仅考虑实际不实际、可行不可行。这正如一个著名的科学家所说："你考虑的可能性越多，也就越容易找到真正的诀窍。"

【案例二十三】 把鸡蛋竖起来[15]

当哥伦布航行发现美洲大陆后，一些人不服，说这有什么了不起，任何人只要去做，都能做得到。

当时哥伦布就要大家做一个实验：将一只鸡蛋竖立起来，所有人都做不到。这时，哥伦布便抓起鸡蛋，轻轻磕破鸡蛋皮。鸡蛋就竖立起来了。

一些人不服，说："这样做谁也做得到。"

哥伦布回答说："不错，谁都能做到。但是在我之前，你做到了吗？"

哥伦布的思维是一种创新思维，由于他打破了人们的思维惯性，以创新的角度阐述和解决问题，让刁难他的人都哑口无言。而现在我们要根据发散思维的要求，提出更进一步的要求：

除了"磕破鸡蛋皮"之外，你是否还有别的方法，把一只鸡蛋竖立在桌面上？

通过仔细的分析，还可以有如下方式：

(1) 在桌面上挖一个小坑；

(2) 使用"万能胶"；

(3) 在天花板上拴一根绳，吊着鸡蛋；

(4) 让桌子躺倒，鸡蛋放在地板上贴着桌面；

(5) 桌子放在水里，鸡蛋因一端有气室而浮在桌面上；

(6) 使鸡蛋高速旋转而立在桌面上；

(7) 把桌子倒吊起来，鸡蛋竖着塞在桌面与地板之间

……

【思考导向】 许多种方式都可以使鸡蛋竖立在桌面上。当你发现还有这么多的答案时，你是否觉得你的思路开阔多了？

其次，坚持思维的独特性是提高发散思维质量的前提，重复自己脑子里传统的或定型的东西是不会发散出独特性的思维的。只有在思考时尽可能多地为自己

提出一些“假如……”、“假设……”、“假定……”等，才能从新的角度想自己或他人从未想到过的东西。

的确，发散性思维使我们的心灵更加开放，使我们的思路更加开阔，使我们的选择更加多样。

【训练题】

1、尽可能多地设想利用红颜色可以做什么或办什么事?

2、选择一个故事，运用发散思维，写出故事的三种发展过程和结局。

3、从某个改变现实的愿望切入，描述将来（10 年后、100 年后、500 年后）可能实现的最好的情景。

一位诺贝尔奖获得者说过，科学史上的每一项重大突破，总是由某些杰出的科学家完成最关键或最后一步的，他们之所以能超过前人和同时代人，作出划时代的贡献，并不在于他们比别人的知识更渊博，重要的是他们富于科学革命精神和高度的创造性思维。拿破仑 · 希尔也指出，人的可贵之处在于创造性的思维。

创造性思维对我们大学生来说更是必须的。当前，我们建设创新型国家需要每一个人的参与。常言道，“天机云锦用在我，剪裁妙处非刀尺。”这就要求思维主体——创造型人才真正把各种不同的思维方式融会贯通，提高分析问题和解决问题的能力，努力形成尊崇创新、勇于创新、善于创新的良好氛围，从而推动创新实践。

3 创新精神的培养

大学生创新精神培养的主渠道是高等学校的教学，尤其是创新教学。每一个大学生都蕴藏着丰富的创造潜能，这一潜能的开发和利用需要创新精神的指引和统领。

创造力研究的著名专家斯坦（Stein）认为，创新精神可以激发，唯需适当的教育。格纳塞尔（Glaser）对教学是否可以发展学生创新精神的问题进行研究，结论也是肯定的。他认为，我们希望学生获得丰富的知识，但对于所获得的知识要求能运用。菲尔德豪森（Feldhnseu）的研究结论是，教学的重要任务在于教会学生如何应用所获得的知识来解决问题，以培养他们的创新精神。

培养大学生的创新精神，一方面，不能顺其自然，要通过创新教学进行专门的培养激发，使之勤于推理，善于概括，精于解决问题；另一方面，具体到各学科的教学中，教师要根据所讲授的课程安排创造性的情境，提出引发思考的问题，使整个课堂充满着主动积极的气氛，从而激发学生的创新意识，培养学生的创新精神。

创新精神主要表现在以下四个方面：独立精神、探索精神、批判精神和献身精神。

3.1 独立精神

3.1.1 独立精神的释义

独立精神是指不以他人意志为转移而具有独立自主的思想和意识，在行为上表现为不随波逐流，不盲从或依赖他人，当在现实中遇到问题和困难时，能够从自己的角度出发进行独立思考和判断，并在多种行为可能中作出带有明确自主倾向的选择。

独立精神就像面孔和空气，既是维系一个人存在的精神基础，也是一个人的基本权利，它是一个人实现客观存在和主观发展的可靠保证，是一个人立足于社会的良好品质之一。一个具有独立精神的人必定有着不依赖他人而独立存在的精神世界。

独立精神意味着更多的自由发展空间和更广泛的自主选择权，也是实现创新的基础和前提。许多新的思想和新的文明就是在独立精神的指引下形成和发展起来的。

【案例一】 大学生就业意向调查显示独立精神缺乏

调查显示，大学生就业意向的首选目标，比例最高的仍是国家党政机关和国有大中型企业，即使有越来越多的学生对三资企业和个体企业表示兴趣，但吸引他们的主要是这类企业的高待遇、高收入，而不是那种灵活的用人制度。一些学生缺乏独立精神，对社会竞争和独立生活存在畏惧心理，他们渴望依附一条看得见、摸得着的人生“安全通道”，无论自己关于未来的设想曾经多么绚丽多姿和令人振奋，在所谓“安全”面前统统止步，独立似乎成了绕远路、吃苦和犯傻的代名词。

【思考导向】 当我们真正进入了市场经济时代，一个人的职业、角色、收入、地位、待遇乃至工作与生活空间都会产生变动，个体行为充满了各种变数和不确定性。大学生作为年轻人中最具活力的一个群体，对可能发生的变化应当以积极的态度予以接纳，在变化中锻炼自己独立应对各种挑战的能力，培养自身独立精神，只有不断增强独立自主意识和应变能力，才能在市场化时代赢得主动，最大限度地发现和把握发展机遇，实现自我的人生理想和社会价值。

【案例二】 美国高中的中国妈妈

在美国高中校园尤其是华人学生集中的高中，流行“中国妈妈”（Chinese Mom）一词。华裔家庭的高中生对这个词的理解和感受是：“中国妈妈”特别爱攀比，人家的孩子去学钢琴，自己的妈妈也要孩子去学钢琴。人家的孩子考上了哈佛、耶鲁，“中国妈妈”就会说，看看人家，你也要考哈佛、耶鲁。总之，在对孩子的教育上，“中国妈妈”永远是以别人为标杆，然后让子女去达成妈妈心中的目标。一些华裔高中生为此与母亲产生矛盾，他们的理由很简单，为什么“中国妈妈”总要比这比那，我就是我，为什么不能按我自己的情况来设计人生呢。主流社会或者说是美国家庭的高中生对“中国妈妈”的理解是：华裔家庭的同学缺少独立性和自主性，什么事都要妈妈说了算。妈妈就像一只老母鸡，华裔的同学就如小鸡，总要靠老母鸡的翅膀来保护。“中国妈妈”在美国中学生中是一句讽刺语，而不少华裔学生为此感到烦恼。

【思考导向】 攀比的背后隐藏着一种盲目性，一种与独立精神相违背的依附性。对于父辈深受计划经济特征影响、自小接受集体主义教育的中国学生来说，在思想、学习和生活上要想实现真正的独立始终存在着一些障碍。真正独立的显著标志之一就是尊重“我”，尊重个体特征和个体话语权，而不是像生产线制造产品一样一个模子出来。

【案例三】 时长建自力更生读大学

“中国大学生自强之星”称号提名奖获得者时长建，入学报到时背着家人借来的1000元和仅有的几条被褥来到学校，多次婉拒来自各方的经济援助，并主动将减免学费的机会让给同学。从在宿舍区收集废品开始，他每个月的生活费全部源自课余时间的家教和打工，学费也是借助国家助学贷款缴纳。他组建了深受广大经济困难学生欢迎的“大学生创业联盟”，不但自己顺利完成了学业，而且帮助许多有困难的同学找到了合适的勤工俭学岗位。

有句话叫做“穷人的孩子早当家”，要当家就必须独自面对柴米油盐的压力，这样的压力可以促使一个原本衣食无忧的孩子迅速成长。面对困境他毅然选择了独自面对，走出困境后他又选择了帮助他人。

【思考导向】 现在的大学生虽然都已成人，但绝大多数都还在依靠父母的供养，即使认识到自己需要锻炼独自面对生活的能力，也几乎没有这样的机会（或者说父母不给这样的机会）。我们在时长建身上也许暂时看不到什么物质基础，但是毫无疑问，他超出常人的精神财富、独立精神以及由此而生的自立能力使得他可以不必求助他人即能轻松应对人生难题。

3.1.2 独立精神的理性思考

独立精神是一种独立而理性的思考，就是借由解剖和认识自己进而建立自己的过程。这个“自己”，是一个大写的“人”字！思考的过程，包含着探索、解剖和认识——对时代的探索，对自己的解剖和认识。

（1）独立精神是人的基本权利之一。

从根本上说，只有拥有独立精神的人才真正拥有独立的生命。对于有着较强思考能力和较高学识水平的青年学生而言，追求“独立之精神，自由之思想”的内在诉求历来是非常强烈的，历史上每一次进步思想的萌芽和传播几乎都有着青年学生活跃的身影。这两句出自陈寅恪先生墓志铭的话，曾经激励了无数的后来人。在追求独立的道路上，无论付出多么高的代价，总有后来者源源不断地作出新的尝试。当我们的社会发生历史性的变化，当“独立之精神，自由之思想”不再是一个难以企及的权利时，它就由一个终极目标变成了一种手段，一种思维方式，一种思考习惯。在信息爆炸、资讯漫天的现实生活中，集约化、程序化的生活模式日益侵蚀着我们仅剩不多的自主愿望，一个人的精神和思想已经饱受外部舆论的影响，媒介传递给大众的更多的是如何不用独立思考即能解决问题，独立思考的成本似乎越来越高。我们在这里提出、倡导、鼓励广大青年学生培养自己的独立精神，就是希望唤醒大家不要忘记这一人的最基本权利，不要将这个宝贵的精神财富轻易丧失，无论“别人的”看起来多么华丽多么美好，都要有“自己的”，哪怕是原始的粗陋的也因其独有而应加倍珍惜。

（2）独立精神的养成不是一日之功，也没有捷径可走。

真正具有了独立精神的人必定经历十分艰辛的自我修炼和内化过程。儒家曾经说过每日三省吾身、反求诸己之类的话，说出了独立思考的表面流程，在形式上我们可以轻松地完成这一流程。但是如果期望将独立精神化为内在的“魂”，由“形”转为“神”，就是一个相当吃力的过程。能够将这一过程坚持到底的人，必须有着解剖和认识自己的勇气和途径，必须真诚地面对自己。

【案例四】硕士论文抄袭遭处罚

东北财经大学2005级统计学专业研究生袁新的硕士学位论文《山东省PEEEP协调度研究》，系抄袭南京财经大学研究生曾康宁的硕士学位论文《江苏省PEEEP协调度研究》。袁新的抄袭行为违反了国家和学校的相关规定。为此，东北财经大学学位评定委员会于5月27日召开全体会议，根据《中华人民共和国学位条例》“第十七条”和《东北财经大学学位授予工作实施细则》“第五章第24条”的规定，决定撤销2007年第四次校学位评定委员会授予袁新经济学硕士学位的决议，并收回已发放的硕士学位证书。

在当今世界更新速度最为迅猛的科学技术领域，所有的研究和探索都是在前人成果的基础上进行的，但任何一项影响深远的科研成果都有着明显的、区别于已有成果的独立性特征。对待科学研究的态度，应该首先通过自己思考，而不能首先想到别人是怎么做的。一味考虑别人的想法和做法只会禁锢自己的思想，停滞不前。

【思考导向】独立精神并不排斥理性的参考和借鉴。独立精神这一科学研究最基本的良好品质一旦被轻易放弃，所有的研究也就成为他人的附庸而变得毫无意义，更不用谈什么成果。

（3）培养独立精神的几个必要条件。

一是要有独立生存的自信心。这里的“生存”，不是指一个人自然生命的存在与延续，而是指具有主体意识的人独立开辟生活道路并自主创造人生价值的能力。现代人格强调生命独立自主，有独立面对生活、迎接挑战的勇气和信心，其中包括在不同环境中从事不同职业、遇到各种情况时的人际交往能力，应对和处理问题的能力。而我国社会的生产力发展水平及公民受教育程度不高等诸多因素造成了传统依附性人格的形成，因此在培养自身独立精神的过程中势必要和这一根深蒂固的传统进行交锋。没有足够的自信心，就会输在起跑线上。

二是要有广泛关怀的责任心。具有独立精神的人，不应当是信奉个人主义的自私自利者，相反，他应当具有广泛的人文关怀，充分表现出个人对社会、对国家、对他人的道义责任和法律责任，并自觉履行这种责任，在社会生活中自觉把握和促进人与自然、人与社会的和谐发展。独立精神鼓励带有明显个性化特征的思考，但否定过度自我化，换句话说，发展独立精神在强调主观意愿的同时必须结合客观现实，避免走入极端。

三是对环境的主动适应能力，也就是良好的自我调适能力。“物竞天择，适者生存”，具有独立精神的现代人，必然具有较强的环境适应能力，在人与环境的互动过程中，个体能够以前瞻性思维与眼光作出预测与判断，并及时调整自己的人生目标和行动方案，以保持与变化着的环境的协调统一，而不是消极被动地等待和忍耐。这一点也是独立精神在实际行为中体现最明显的特征之一。

3.1.3 独立精神的培养训练

【训练题】

1、回忆自己的成长历程，小到穿什么衣服吃什么饭，大到学理学文、高考志愿，我们或多或少都曾有过与父母、老师以及周围的人们不一致的想法，在这些想法中，有些是一时性起，有些却是大有道理（至少我们在当时是这样认为的）。现在，请你选取一个这样的例子，分析一下当时为什么会有那样的想法，如果换作今天遇到同样的情况，你又会做出怎样的选择呢？

【思考导向】独立的一个重要标志就是自主权，当你的想法和别人（哪怕是大多数人）不一样的时候，不要轻易放弃自己的观点，有些时候这种“不一样”恰恰是独立精神萌芽的最初雏形，最终的结果是谁正确也许并没有想象的那么重要，重要的是我们从中意识到了自我的存在，并且开始通过思考和选择学会了如何尊重自己。

2、甘地、马丁·路德·金是我们熟知的独立运动战士。在你看来，称得上“独立精神领袖”的人应该具有的品质有哪些？请至少列举三项。在培养自己独立精神的同时如何避免走入个人主义的误区？

【思考导向】在理解独立精神的内涵时，需要与个人主义相区别。个人主义者一切从个人出发，追逐个人利益的最大化；而独立精神强调主观思考的同时更加关注群体利益需要。即使是在市场经济时代，真正接受高等教育和大学文化熏陶的人，也应当超越现实功利，树立崇高的人生目标，不仅知道“何以为生”——掌握生存的知识和技能，而且更要理解“为何而生”——认识生存的意义和价值，始终坚持真、善、美的价值原则。

3、“近朱者赤，近墨者黑”说的是环境对人的影响之深刻。在你踏入大学校门的那一刻，一定会把现实中的这所校园和自己想象中的那个神圣的象牙塔进行比较。请列举在你看来落差最大的两个方面，然后谈谈这两个方面对你的大学生活产生了怎样的影响，你又是经历了怎样的心理和行为调整才适应了（或者还没适应）这个现实。

【思考导向】 曾经有一个著名的辩题就是在“近朱者”“赤”与“未必赤”之间展开的，其本质就是在探讨人与环境的互动关系。独立精神要求我们不可人云亦云，更不可因外部环境的不如意而一味消极埋怨。当周围的环境不利于我们人生目标的达成时，真正的适应并不是放弃，而是根据环境的变化对自己的目标和行为作出及时的调整，以期实现与环境的动态和谐。

3.2 探索精神

3.2.1 探索精神的释义

探索精神是以求知为目的，以实践为方式，能引发人们不满足于已知领域从而对未知世界进行探究与摸索，结果往往带来新的发现。

实践是探索精神的行为体现，也是检验探索结果的唯一标准。正是人类勇敢顽强、不屈不挠的无数次探索实践，才创造出了一个五彩缤纷、丰富多样的美丽世界。探索精神带领着我们走向未知的世界，带领我们走向真理。

探索精神具有主动性和开放性特征，是实现创新的动力所在。

【案例一】 征服太空是值得冒险的

1967 年 1 月 27 日，充满纯氧的美国阿波罗 4 号飞船正在发射台上进行登月飞船的地面试验，突如其来的导线短路引燃了舱内在正常空气中不易燃烧的塑料制品，等救援人员打开舱门时，3 名航天员已被活活烧死。1986 年，美国挑战者号航天飞机在升空 73 秒后因助推器某部件故障而引发爆炸，爆炸后的碎片在发射台东南方 30 公里处散落了 1 小时之久，7 名机组人员全部遇难，价值 12 亿美元的航天飞机顷刻化为乌有，全世界为此震惊，各国领导人纷纷致电表示哀悼。

在“阿波罗”4 号飞船失事中遇难的格里索姆，生前曾说过一段感人的话：“要是我们死亡，大家要把它当作一件寻常的普通事情，我们从事的是一种冒险的事业。万一发生意外，不要耽搁计划的进展。征服太空是值得冒险的。”

【思考导向】 人类的探索之路始终荆棘满布，胜利的鲜花在血汗中绽放，荣誉的桂冠用荆棘编成。探索中有迂回曲折的坎坷，有无可奈何的挫折，更有无可挽回的遗憾。面对求知路上付出的惨痛代价，人们在悲痛之余，对科学事业的不懈探索并没有停止。

【案例二】 色盲的道尔顿发现色盲

几百年前，一个小男孩拿着母亲买给他的袜子对着自己的弟弟说道：“妈妈给我买了一双灰袜子。”弟弟闻言，仔细看了看他手中的袜子后，满脸疑惑地说道：“这明明是一双红色的袜子啊?”小男孩听到后，也是满脸疑问，随后拿着这双袜子问遍了所有的人，然而他得到的答案却是：这是双红色的袜子。“为什么自己看见的颜色和其他人不一样呢?”带着这样的疑问，他开始了漫长而又艰苦的探索之路。最后经过一番研究之后，他终于发现了色盲这一症状，并最终发表了第一篇有关色盲的论文。这个小男孩就是道尔顿。

【思考】 一件微小的事情，却使道尔顿对其产生了十分好奇的心态，想要探究到底，正是他的这种探索精神使得他终于查清了事情的真相，为人类医学史上揭开了新的一章，他自己也以严谨求实的态度成为近代化学之父。

3.2.2 探索精神的培养

培养探索精神，要求我们尊重事实、尊重规律，树立科学的世界观及踏实认真的科学态度，明确探索的方向，运用正确的方法。

培养探索精神，就要不怕失败与挫折，培养自己的勇气和信心，培养坚强的意志和坚忍的毅力。探索未知世界不可能一帆风顺，必定会伴随着坎坷、失败与挫折，那种锁定目标锲而不舍的顽强精神，与科学探索的远大理想和崇高信念一样，是获得成功的最重要因素之一。

培养探索精神，还要善于总结经验，养成读书和思考问题的习惯，学会归纳总结，不断改进方法。在科学探索、开拓创新中，不仅要有不怕失败的精神和抗挫折能力，更要有善于从失败中总结经验教训的智慧。“吃一堑长一智”，认真从失败中获取教训，在探索中改进方法，不断走出失败、超越失败，最终才能获得成功。

培养探索精神，一个民主、平等、宽松、和谐的外部环境将促进探索精神的萌芽和发展。海森堡曾说：“科学扎根于交流，起源于讨论。”波普尔指出：在思想世界中，最重要的因素是“讨论状态”。而探索精神是维系这一状态的重要基础。交流讨论、争论或辩论，让不同的看法和观点相互碰撞、相互借鉴和启发，是营造良好的学习氛围和使知识不断增值的必要条件。

【训练题】

1、安腾百福把自己的发明戏称为“饥饿催生的灵感”。一切起源于旅行途中让他倍感头疼的饮食问题，怀着解决这个问题的心态，安腾最终获得了成功，而他那种积极探索的精神更是驱动着他走向了成功。

让我们回想一下自己或者身边人们的生活场景，一定存在使我们感到不便的情形，请你选择一个作为你的“新发现”，并想想如何解决这一不便，也许你现在提出的解决方案并非完美，要想实现它看起来也没那么简单，但是至少，你的大脑中已经有了一个模糊的思考方向，接下来的就是运用你的想象力和创造力去思考如何让这一完美的解决方案真正实现吧！

【思考导向】发现问题、思考问题、解决问题的过程也是探索精神体现的过程。大到一种新的工程施工方法，小到一个简单的发明创造，探索精神引领人类不断进步和发展。需要注意的是保持认真与专注是解决问题所必须具备的重要条件。

2、2005 年 11 月 14 日，山东省高校首届结构设计大赛进入最后一天的决赛，一个自重仅 28.98g 的纸质作品“水晶石”由于质量最轻而引起了所有人的注意。当 10kg 的荷载逐级完成，它几乎纹丝未动，现场顿时沸腾了，大赛的冠军诞生了！“水晶石”同时还获得了最佳造型奖。为了使模型既保证受力合理，又能够突破塔形的传统造型模式，牛磊等三名大学生大胆想象，勇于探索，经历了数以百计的摸索和实验，不断总结失败原因，寻找新的思路，终于从自然界水晶的形体特征中找到灵感，赋予了作品全新的概念。

请你为自己制订一个小小的计划，在大学剩余的时间里，无论是在你的专业之内还是之外，无论是第一课堂还是第二课堂，当遇到一个没有固定答案的问题时，先列出通常的做法，然后开始尝试“非常”之道，记住培养探索精神的必要条件，哪怕最终没有结果也不要否定自己的努力。

【思考导向】在大学校园的各种比赛中，有许多情况下是鼓励推陈出新的，但是真正有新意的却不多，其原因往往就是缺乏探索精神，不肯投入精力，发现问题宁愿让别人告诉答案也不愿去一探究竟。人如果没有探索精神，就如同车里没有发动机，少了创新的动力。

3.3 批判精神

3.3.1 批判精神的释义

批判精神是人类文明的重要标志之一。自人类拥有了批判精神，就仿佛掌握了普罗米修斯盗来的生命之火。正是这把熊熊燃起的火，有力推动着人类社会的不断进步。

批判精神是一种独立的怀疑精神，它不承认任何对、永恒、神圣的东西，它对观念、事物以及人们的行为发出疑问、进行反思，并在此基础上寻求解决问题的合理途径。批判精神要求积极地对可以求证的结论进行思考求证，对无法求证的论据和结论始终持一定的怀疑态度，同时不轻易下结论。批判精神中还包括不卑不亢的人格态度。总的来说，批判精神是一种表现为行为倾向的人格特征，可从以下三个方面认识批判精神：（1）批判性精神是一种人格特征；（2）批判性精神与心理的情感及态度有关；（3）批判性精神是批判性思维的内在动力[16]。

批判精神是社会发展的助力器，也是思想进步的活水。只有批判，才能促进社会、经济、学术和科技达到更深层的自由王国。

批判精神的最终目的是为了更好地发展，其着眼点是广阔的未来。批判精神的充分必要条件是思想、人格和精神的独立，因此由批判而引申出来的丰富内涵和积极意义，便远远地大于批判本身。

科学的批判精神并非否定一切，而是辩证的否定，是继承与扬弃的统一。批判不仅仅是一种认识的手段和形式，更包含一种对待认识的态度，这种对待认识的态度最终会影响到人的日常行为方式和世界观，并进而形成批判精神。

【案例一】李正风：中国需要培养怀疑的精神和批判的态度

“2010·中国新视角高峰论坛”于2010年2月3日在北京隆重召开。以1949为起点，置身于人类历史长河，站在2049回望新中国。中国人，将一个什么样的新中国带向历史，或者未来？清华大学人文学院科技与社会研究所教授李正风这样说。

总体上来讲，我觉得人类对技术的态度是信任多于怀疑、依赖多于批判、拥抱多于排斥。我们把技术看做是幸福之源、力量之源，所以我们追逐技术的王冠，希望在竞争世界中依靠技术的优势来呼风唤雨，这样，就走进了技术为王的时代。但是，当我们把它看做是人类智慧的胜利和理性的胜利的时候，我们也看到它带来很多问题。如果没有批判的精神、怀疑的态度和人文的关怀，我想这种智慧是不健全的，是盲目的。

面向2049，面向更长远的未来，中国实际上面临着双重挑战，一个是提高自主创新能力，另一个是要培养人文精神，培养怀疑的精神，培养批判的一种态度。技术为王的时代，我们需要更加智慧的人类，也需要更加智慧的中国。（资料来源：搜狐网，http：//business. sohu. com/20100203/n270030358. shtml）

【思考】由此反思我们的大学课堂，不应仅仅是知识的传递场所，更应当是思想交流的对撞场所：在这里，学生可以“肆无忌惮”地对老师的观点提出质疑，甚至否定；同样，老师也可以对学生的质疑“毫不客气”地进行反驳，一切都应该是自然的、顺理成章的。这样的课堂需要师生共同的努力。

3.3.2　批判精神的培养

美国学者提出，社会成员批判性思维能力的发展“将决定美国的生活质量乃至整个世界的未来”。美国政府要求美国大学优先发展大学生的批判思维能力，并提出到2000年，要使“具有高级思维能力、有效交流和解决问题能力的大学生的比例有显著性增加”。

大学课堂不应仅仅是知识的传递场所，更应当是思想交流的对撞场所：在这里，学生可以“肆无忌惮”地对老师的观点提出质疑，甚至否定；同样，老师也可以对学生的质疑“毫不客气”地进行反驳。一切都应该是自然的、顺理成章的。必须强调的是，质疑的本质是探究问题，目的是明辨真理，而非无原则否定或人身攻击。

【训练题】

1、在一些社会现象和突发事件发生之后，总会出现一些激进分子，通过网络隐藏身份进而大肆挑起言论事端。有些人宁愿相信毫无根据的传言也不愿了解事情的真正面目；也有些人把批判他人当成“万能洗衣机”，似乎一旦批判别人就洗清了自己。中国式的网络愤青们，往往存在选择性失明的通病。所谓选择性失明，表现为毫不负责地以非理性的方式对自己未曾了解、或不能理解的事物，无论知与不知、懂与不懂，即随意口诛笔伐，大力鞭挞。有的人把愤青当成很光荣的称号，有的人认为愤青很不明智，你怎么看这个问题？愤青的存在有它的合理性吗？它与真正的批判精神区别又在哪里？

【思考导向】大学生社会化的特征决定了大学生更容易产生批判意识。换一个角度讲，面对各种价值观、道德观、审美观，大学生产生批判意识才是正常的和有利于个人发展与社会发展的。青年阶段本应是最渴求知识、最愿意思考、最习惯去怀疑的年龄。深入思考社会现存的种种观念和事物，形成健康的心理和科学的态度，才可能真正融于社会，而不是屈从于社会或者被社会所孤立。无论你的个人主张是什么，分清主流和非主流是必须具备的一种能力。

2、美国作者布朗和基利的知名著作《学会提问——批判性思维指南》，在美国被誉为指导批判性思维“最成功的”书籍之一。其中提到了“海绵式”与“淘金式”思维——海绵，吸收，知识储备，相对被动；淘金，筛选，知识互动，提问的态度；两种思维在应用上要对立统一。对于我们大多数人来说，似乎只被教了前一种，小学中学老师都说“要像海绵吸水一样对知识渴求”云云，而没有哪个老师教学生对已知和未知的领域进行批判式的提问，批判精神的培养也只好被迫延迟到了大学。学校只教我们去回答有正确答案的问题，生活中更多的问题却只有参考答案，只有可行解而非最优解。请你结合自身经历谈一下批判精神在现实生活中的意义。

【思考导向】批判精神的培养需要淘金式的思维模式，仅有怀疑和批评是远远不够的，批判精神的最高境界还包括了批判能力，也就是必须具备从纷乱的批判对象中遴选出真正的金子。

3.4 献身精神

3.4.1 献身精神的释义

献身精神，是指把自己的全部精力或生命献给祖国、人民的事业，鞠躬尽瘁，死而后已。它是我们民族发展、科技进步过程中必不可少的一种精神，是创新精神中最具人性光辉的部分。有时，要取得一项创新，不知要经过多长时间持之以恒的努力奋斗，不知需要克服多少意想不到的艰难险阻，不知要经受多少次的挫折和失败的打击。因此在创新的过程中需要献身精神。

南极科考、沙漠考古、冰山探险、太空飞行……人类文明的每一次飞跃都离不开勇敢者的献身精神。没有冒险的勇气，没有献身的精神，人们的视野就得不到延伸，人的生活区域就得不到拓展。人一旦有了献身精神，就会不畏艰险、勇往直前，去追求真理和个人价值，并对社会和他人作出贡献。

创新精神中所需要的献身精神并不是鼓励不顾危险、一味蛮干，而是要进行必要的防护，做到尽可能地周密安排，危险的发生只是由于太多复杂的因素和变数的存在，而无法完全避免罢了。我们所提倡的献身精神与英雄主义和悲情主义有着本质的区别，献身精神的出发点是对全人类以及对祖国和人民无尽的热爱和崇高的责任感，忘我奉献，不求回报，而英雄主义和悲情主义则往往凭借雄心壮志丰富着个人体验，具有一定的盲目性。

【案例一】 医德高尚的白求恩

抗日战争爆发后，在中华民族处于民族危亡的关键时刻，中国人民最可敬的国际友人——白求恩同志率领医疗队不远万里来到中国抗日战争的最前线。来到中国后，白求恩以其崇高的国际主义精神和高尚的献身精神，用精湛的医技、高尚的医德和宝贵的生命为中国人民的民族解放事业作出了重大贡献。同时，他还结合中国实际做出了许多创新之举，他在一个农村常用的荆篮的基础上设计了一种换药篮子，极大地方便了医疗队到村内巡回治疗伤员。他还从当地群众驮在毛驴背上的粪驮子那里受到启发，经过精心研究反复琢磨，设计出能驮在马背上的手术台。他撰写医疗小册，培养医护人员，制定医疗制度，使饱受灾难的战时中国一度有着较为完善的医疗体制。他把对中国人民真诚的爱转化为源源不断的动力，在一切没有前人可以依照的情况下，以惊人的忠诚、决心、勇气和技能完成了自己的心愿，他给中国乃至世界留下了一笔宝贵的精神财富。

【思考导向】 白求恩的一生是不断探索和追求真理的一生，他在追求真理中不断成长，又为追求真理而慷慨献身。他的高尚道德和献身精神使他忘记了一切个人利益，全身心投入到中国人民的解放事业中，并且为中国医疗事业的发展创新作出了重要贡献。

【案例二】献身科学事业的王选

王选（1937~2006年）是享誉海内外的著名科学家，中国计算机汉字激光照排技术创始人，中国科学院院士，中国工程院院士，北京大学教授。工作上孜孜不倦、精益求精，在科研第一线默默奉献，引发了我国印刷业“告别铅与火，迈入光与电”的一场技术革命。他淡泊名利、献身科学，他常说：科学研究本身带来的愉快是最大的报酬，是一种高级享受。他把全部精力都奉献给了自己热爱的科学事业，即使患病期间也未停止。

他从小对自然科学情有独钟，他树立的人生理想是成为一名为祖国、为人民贡献才智的科学工作者。1975年春，王选开始着手汉字精密照排系统的研究。当时，他只是北大一位38岁的助教，8年疾病的折磨没有阻断他前进的脚步。他敏锐地意识到这一项目的研究成功将引起我国报业和出版印刷业的深刻革命，项目的巨大价值和技术难度激起了他攀登科技高峰的豪情。他拖着病体查阅资料，在充分研究国际技术发展方向后，大胆提出了跳过正在攻关的第二代、第三代照排机，直接研制尚无商品的第四代激光照排系统。这在当时是一个令世人震惊的大胆决策，充满了创新精神，许多人很难理解他的抉择。

1979年到1984年，是王选科研道路最艰难的时期。随着改革开放的逐步发展，英、美、日等国的著名厂商大举进入中国，争夺汉字照排印刷领域这块巨大市场。用户和业内人士大多不看好王选及其团队的国产系统，几家大报和一批出版社、印刷厂先后购买了国外产品。与此同时，一些参与这个项目的研发人员面临写论文、评职称、出国进修等多方面的压力，而激光照排项目从事的又是繁重的软、硬件工程任务，开发条件很差，看不到任何名和利，研发人员骤减，协作单位退缩，专家论证会也作出了主张引进国外产品的论断。这时，几乎身临绝境的王选毅然作出了决战市场的选择。他和同事们排除干扰，不分昼夜，埋头苦干。1979年7月，汉字激光照排系统的原理性样机研制成功。

王选曾在一次接受采访时说：“从1975年到1993年这18年中，我一直有种‘逆潮流而上’的感觉，这个过程是九死一生的，哪怕松一口气都不会有今天的成功。”

人们很难想象，从1975年到1993年长达18年的科研道路上，病痛缠身的王选和负责照排软件系统总体设计的陈堃銶过着怎样的生活！宵衣旰食，席不暇暖，夫妇俩没有寒暑假，没有星期天，甚至没有白天和夜晚。但是，正是因为这种敢为人先、筚路蓝缕的勇气，锲而不舍、顽强拼搏的精神，王选和他的团队才有了一连串的自主创新，才有了汉字激光照排系统、方正彩色出版系统的相继推出和大规模应用，从而实现了中国出版印刷行业“告别铅与火、迎来光与电”的技术革命，成为我国自主创新和用高新技术改造传统产业的杰出典范。

【思考导向】王选在遗愿中表示：“我将尽我最大努力，像当年攻克科研难关那样，顽强地与疾病斗争，为国家做一些力所能及的事情。”如果能够献身一项事业，不去计较功名利禄，就能走向成功的彼岸。

3.4.2 献身精神的培养

献身精神蕴藏于每个人的内心深处，可以通过自我实现和自我激励两种手段来提升自身的献身精神。

（1）通过自我实现来培养献身精神。现实生活中，没有什么比实现自己的梦想、发挥潜力并获得成功更强烈的需要了，自我实现的过程其实也是发挥献身精神的过程。

一是把职业当事业看待。每个人都在特定的岗位上工作，都是社会坐标上的一个点。然而，人们延伸坐标方位的轨迹却千差万别：那些具有献身精神的人，注重培养服从的意识、诚实的态度和敬业的精神。犯了错误不是推卸责任，而是想办法弥补过失，完成任务。说到底，这是一种针对职业的道德判断，这种判断具有强烈而质朴的情感意义。

二是提高自身的自制性。要自觉控制和调节自己的行动，时刻提醒自己模范地执行已经获准的决定。顽强的自制力不是与生俱来的，而是在实践活动中养成的，尤其是在克服困难的过程中培育起来的。富于献身精神的人，具有强烈的追求“卓越”的信念，因而工作有着更高的标准，并且会不断地用这样的标准激励自己。在这个过程中，他们能逐渐发现工作中存在的种种问题，及时地寻找应对办法，不断地调整自己的策略，取得阶段性成果后继续努力，朝着目标坚定自信地前进。

三是培养良好的行为习惯。行为习惯决定一个人的品行，因为行为在多次重复之后就会变得习以为常，于是形成了品行。人的品行多种多样，无所事事令人退化，贪图安逸使人堕落，只有保持良好的工作状态才是最高尚的。工作本身并不能体现价值，也没有贵贱之分。从事正当合法的工作都有其独特的价值，只要诚实地劳动和创造，没有人能贬低我们创造的价值。对工作要培养的态度是，以锲而不舍的精神关照好由事业形成的事物链条中的每一个环节。

（2）自我激励。一是要实践由“美德”、“勤奋”到“成功”的发展路向。“美德”和“成功”是人们的两种终身受用的财富，只有拥有前者，才能获得后者，而“勤奋”是自“美德”起程通向成功的必由之路。有时“勤奋”未必能给我们带来看得见的报酬，然而通过勤奋付出，可以获得许多意想不到的收获，如机会、信任、褒奖等。从这个意义上讲，付出的越多，收获也就越多。勤奋的人，会有意识地为自己增加压力，善于在工作中寻找突破：在一项活动结束后，及时地梳理相关材料，做好进一步分析预测工作。这样，极有可能得出前人未曾发现的结论，从而创造出为人称道的价值。

二是要持续进行努力积累。成功是一种努力的积累。在工作中展示超乎寻常的工作效率的最好办法，莫过于不断地培育和强化超人的智慧和判断能力。其实那些在岗位上做出一定成就的人在获得成功之前，早已默默无闻地工作了很长时间。如果渴望成功，就应长久地保持一种献身精神，纵使面对的是缺乏挑战和毫无乐趣的工作，也要秉持积极向上的努力理念[17]。

【训练题】

邓稼先是中国知识分子的优秀代表，为了祖国的强盛，为了国防科研事业的发展，他甘当无名英雄，默默无闻地奋斗了数十年。他常常在关键时刻不顾个人安危，出现在最危险的岗位上，充分体现了他崇高无私的奉献精神。他在中国核武器的研制方面作出了卓越的贡献，却甘于奉献，不求回报。大学生是从事科学研究的后备力量，在这一人类最高尚、最有趣、最伟大的精神冒险中，应当具备高尚的道德品质和献身精神。请以你身边的事情，谈谈当今社会对于献身精神有哪些解释，创新精神中所需要的献身精神与你潜意识中的献身精神有何区别。

【思考导向】大学是培养高尚品格的地方，而高尚的品格会激励人们创造性地探索和忘我地工作。献身精神一定要和崇高的理想信念相结合，要不畏艰辛、磨炼意志、砥砺品格，把自己锻炼成为一个高尚的人。要立志献身祖国，献身科学事业，为祖国的繁荣昌盛、人类的进步贡献自己的力量。

4 创新人格的培养

人格泛指一个人具有一定倾向性的心理特征的总和，这些特征通常表现为个性特质。人格是个体的一种本质的存在状态，是人的尊严、价值和品质的体现，也是一个人在社会或集体的地位和作用的统一。

中外的大量研究表明，创新不仅是一个能力开发，也是一个特质培养。换言之，要提高一个人的创新能力，也需要培养与创新有关的个性特质，创新人格的培养是培养与创新有关的个性特质的一个重要途径。创新人格主要包括意志、观察、乐观、独立、幽默、富于社会责任感等人格品质。创新人格是当代大学生必须具备的基本心理素质。

心理学研究表明，在智力因素相近的情况下，人格因素可能成为创新能力的关键因素。美国心理学家托伦斯在对创造性学生行为特征的研究中也发现，他们的特征是：好奇，不断地提问；思维和行动的创造性；思维和行为的独立性，个人主义；想象力丰富，喜欢叙述；不随大流，不过多依赖集体的意志；主意多；喜欢搞试验，顽强、坚韧；喜欢虚构，富于幻想。一些调查研究显示，我国大学生较为忽视创新中的幽默和审美品质，带来的影响是：对创新的概念认知和价值判断重社会性而轻独创性，重实用性而轻审美性。此外，我国大学生还大多将创新代表人物与学界、政界、商界的名人联系起来，缺乏对创新的大众化认识。由此可见，完善创新人格需要加强对创新中幽默、审美特质的认同及对大众化创新表现的追求。

4.1 培养良好的心理素质

人各种各样的活动处处充满着丰富的心理内容，通过心理反应作用于人的机体，靠人的心理平衡与心理活动来维持。而心理平衡与心理健康有直接关系，所以良好心理素质的培养是人心理健康的必然需要。随着科学技术的发展，行业和用人单位对人才的素质提出了更高的要求，不仅需要从业人员具备良好的心理品质和文化素养，而且需要他们具备精湛的专业技术水平和勇于创新的精神，需要他们具有善于合作、真诚待人、团结奉献、热心公益、诚实守信等超常的人格修养。

良好的心理素质是培养创新人格的必备条件。具有良好的心理素质的人，能使身心向健康方向发展，拥有保持平静的情绪、敏锐的智能、适应社会环境的行为和愉快的气质，使人的智力正常、情绪稳定、行为协调、人际关系和谐、反应适度。

美国学者巴伦于1969年归纳了科学家共同的人格特征：高度的自我坚定力以及稳定的情绪；对于独立与自治有强烈的需要，自我满足，自我领导；有效地控制冲动；超常的能力；喜欢做抽象思考，并有求知和赞美欲望；具有高度的自我控制力及强烈的意识等等。所有这些人格特征都是以良好的心理素质为前提的。

大学生培养良好的心理素质，一般分三个方面进行。第一是加强智力因素的培养；第二是培养非智力因素；第三是培养良好的抗挫折能力。

4.1.1 智力因素的培养

智力因素的培养包括观察力、记忆力、想象力的培养等等。

4.1.1.1 敏锐的观察力

观察是一种受思维影响，比较有系统的、主动的、有意的知觉活动。观察是人们认识世界和增长知识的重要途径，观察在人们的日常生活中扮演着极其重要的角色。善于观察的人会不断发现生活中的乐趣和美，善于观察的人会为周围人们的点滴祝福而感到幸福，善于观察的人更容易把握稍纵即逝的成功机会。因此，培养好的观察力会为每一位成功者创造良好的条件。世界球王贝利在总结自己的足球生涯时说："我踢球的最大特点是善于观察。"著名科学家巴甫洛夫从长期的科学研究中总结出一条重要的经验就是"观察，观察，再观察"，这条经验充分肯定了观察在科研活动中的重要性。

培养精确的观察能力可尝试以下几种方法：

(1) 回忆法：这是达·芬奇常用的一种方法。他曾让学生先注意某个物体，然后闭目回想它的所有细节，之后重新看这个物体，检查一下头脑中的表象有多少和原物符合，有多少不符合。做这种练习，可以自我检索，简便易行。如果有几个人一起互相问答，切磋琢磨，效果更好。

(2) 程序法：程序法指的是按一定顺序观察。有人做过一个试验，让小学四年级学生分两组观察一只小乌龟。甲组不做任何提示，然后让他们描述，结果只能说出四条腿、一个硬壳、脖子能伸缩等最粗略的特征，很不细致，也不准确。乙组让他们按头、躯干、四脚、正反面的顺序进行观察，结果大不相同，单是头部就能按顺序说出：头呈三角形、眼睛黑亮像一粒米大小、鼻孔细小像两个小针眼、嘴紧闭着像一条线一样……这种顺序，可按空间部位的不同排出观察者或被观察物体的观察顺序，也可以按时间，排出时间先后或情况变化的顺序。

（3）做记录：记录有利于收集和整理资料，也能促进观察的细致和准确，同时表达能力也受到训练。具体方法很多可以灵活掌握，如做卡片、写摘要、记日记、整理分析材料等。

【案例一】 伽利略和钟摆

一天，伽利略坐在教室里，看到一盏灯悬挂在长绳子上。他正在注意这盏灯时，一个孩子走了过来，把灯点亮了。等孩子走后，灯还在来回摆动。这原是一件平常的事，千百年来都是这样：悬挂在绳子上的物体是经常要摆动的。但伽利略却感到好奇："真奇怪！怎么每次摆动的时间都一样?"他走上去故意推一下灯，再仔细观察。开始灯摆动的幅度很大，后来逐渐变小，但摆动的幅度不论大小，所需要的时间都相同。为了肯定自己的观察，伽利略一面数着自己的脉搏，一面观察灯的摆动。真的，每次摆动所需的时间完全相同！回家后，伽利略找来两根同样长的绳索，每根绳子坠上一块相同重量的铅块，然后分别将两条绳头系在房子的横梁上，构成两个铅摆。再手拿两个铅摆，将一个拉到垂直直线四手掌宽的位置，另一个拉到两手掌宽的位置，同时松手。他和他的教父分别数了两根绳索的来回次数，然后加以比较。结果发现，两根绳索的起点大不相同，但在同样的时间内摆动的次数却是一样的。就这样，伽利略终于发现了自然的节奏原则——"等时性原理"。今天这个原理已经广泛应用于时钟计时、日食计算和星辰运动的推算等方面。

【思考导向】 好奇促使伽利略对"灯摆"的观察，加之他强烈求知的探索精神，总以不寻常的态度和方法去审视常人所不注意的事物等，使"等时性原理"最终被发现。可见，观察在一定程度上被好奇发动，观察效率因好奇心而加强。在日常生活中，只要我们善于观察一些习以为常的事情，善于问几个为什么，也许我们也会有所发现。

4.1.1.2 超强的记忆力

记忆是过去经历过的事物在人脑中的反映。记忆是积累知识的基本手段，也是高级心理过程形成的基础。记忆在人的生活中、在科学实验和生产实践中、在学习过程中都有重要意义。应有计划地按学科系统整理出需要记忆的知识和记忆方法。

怎样增强自己的记忆力呢?

（1）积极暗示法。

许多人之所以记忆力不佳，是由于对自己的记忆力缺乏自信。在面对一个要记的材料时，这些人常常想："多难记啊!"，"这么多，我能记住吗?"这些想法是提高记忆力的最大障碍。美国心理学家胡德华说："凡是记忆力强的人，都必须对自己的记忆充满信心。"要想树立起这种信心就要进行积极的自我暗示，经常在心中默念："我一定能记住！"当你对能否记住缺乏信心时，也可以回忆自己过去的成功经验，如"我的各科考试成绩在全班排前五名"、"我几岁的时候就能背许多唐诗"。当这些过去良好的记忆形象再次浮现时，会增强你"一定能记住"的信心。

（2）精细回忆法。

我们在平时的学习和生活中，识记了很多东西，却很少去回忆。识记和回忆之间的不平衡，使我们的记忆变得十分模糊。经常回忆、回忆得尽可能精细是锻炼记忆力的好方法。比如：回忆一间你非常熟悉的房间，想一想房间里都有什么，门窗朝哪开，家具都摆放在哪里，墙上挂有哪些装饰品，暖气片和电灯开关在什么地方，等等。要回忆得尽量完整无缺。当你再次回到房间时，检查一下你遗漏了什么。想一想一小时前你在做什么，你在哪里，和什么人在一起，你们在一起都说了什么，那个人长得什么样，你如何向别人描述他的长相。回忆一下你最近看过的电影，电影里都有哪些主要人物，发生了什么事，他们都做了什么，结局如何。要尽可能回想电影中每一个镜头。回忆一下你童年的伙伴，你们在一起都做过什么，还能记起他们的名字吗，他们的家都在什么地方。

（3）奇特联想法。

联想是促进记忆的一种方式。比如，我们遇到一个生字："咩"，该字由口和羊组成，口即嘴，羊的嘴，除了吃草，还会叫。羊怎么叫？"咩……"，字义出来了，字音也知道。咩，羊叫之声，读"miē"。

奇特联想是联想的一种，即将要记的东西在头脑中人为地形成一种稀奇古怪的联想，从而帮助记忆。比如，要想记住"狗-自行车"这对词，我们可以想象"狗骑着自行车在马路上逛来逛去"。有人要记"火车、河流、风筝、大炮、鸭梨、黄狗、闪电、街道、松树、高粱"共十个词，他形成如下奇特联想：一个人登上了高速的火车，火车在河流上奔驰，河流上飘来一个大风筝，风筝上架着一门大炮，大炮的炮筒里打出来一只鸭梨，鸭梨打进黄狗的嘴里，黄狗像一道闪电，迅速地路过街道，爬上一棵老松树，咬住了老松树上长着的一棵高粱。

（4）限时强记法。

在规定的时间里去背诵一些数字、人名、单词等等，可以锻炼博闻强记的能力。比如：在 3 分钟内背诵圆周率 π 小数点后 30 位数字：3. 141592653589793238462643383279；在 2 分钟内背诵十个陌生的人名；在 10 分钟内背诵十个外文生词。

（5）记忆保健操。

在头颈后部找到“天柱”、“风池”二穴，将两手交叉于脑后，用拇指的指腹腔按压这两个穴位，每次按压5秒钟，突然加压，然后将拇指移开，按压5~10次后，会感到头脑清醒。

4.1.1.3 丰富的想象力

想象就是人在感知客观事物和已有知识经验基础上，在头脑中形成和创造新形象的心理过程。有人生活的地方，都离不开想象。爱因斯坦说：“想象力比知识更重要，是知识进化的源泉。”黑格尔在《美学》一书中指出：“最杰出的艺术本身就是想象。”

一个音乐家在作曲时，要在头脑中不断地将音符进行组合，直到形成一段美妙的旋律。而画家在创作时，要在头脑中模拟各种色彩的搭配，还要模拟图画中各个图景的布局。销售人员在会面一个客户时，他需要在头脑中预演见面的情况，当对方不耐烦该怎么办，当对方秘书挡驾该怎么办，当对方提出一个刁钻的问题该怎么办，并且针对不同情况要考虑自己该说什么话，该有怎样的行为举止。这些都需见面前在头脑中进行模拟。这些都是想象力的表现方式。

一个年轻人在工程队中从事道路施工的工作，当工程队挖坑修路时需要一个红灯泡来提醒路人。但是不巧，正在修路时却发现红灯泡没了，只有普通的灯泡。在别人不知该怎么办时，这个年轻人想出了一个主意，他找了一块红布将灯泡裹上，这样就起到了红灯泡的作用。这个年轻人显然很有想象力，他最后发展得很不错，受到了提拔重用，从一个普通的员工变成一个独当一面的领导者。

想象的真实依赖于真实的想象，真实的想象奠基于已有的知识。巴甫洛夫曾做过这样的比喻：“无论羽翼是多么完美，如果不凭借空气，它是永远不会飞翔高空的。事实就是科学家的空气。你们如果不凭借事实，就永远也不能飞腾起来。”想象与事实是科学展翅高翔的羽翼和空气，想象使科学突破狭隘的现实，飞向广阔无垠的宇宙。

“人类失去联想，世界将会怎样?”这是著名的计算机集团——联想集团的广告词。认真地品味一下这句脍炙人口的广告词，我们是否会对自己的学习、生活和未来产生更为开阔的“联想”和“想象”呢? 它是否会激发我们对更美好事物的追求呢?[18]

4.1.2 非智力因素的培养

长期以来，我国学校一直强调智力教育。主观上虽注重学生的全面培养，但对学生的非智力教育尚未给予高度重视。传统学科的专业教育大多考虑的是知识、学科、智力等方面素质的培养，对能力的、非智力的、综合性的素质缺乏关注。很多教育工作者错误地认为雄厚的基础知识和精深博大的专业技能就是创新能力的全部内涵，其实不然。比如，通过无数次考试进入同一学校的学生，他们智力因素的差异并不明显，为什么离校时能力差别却十分明显，其中的原因，就在于智力以外的因素——非智力因素。目前众多教育主管部门已开始重视非智力教育并采取了一些措施，但由于受传统教育的影响，人们对非智力教育的认识仍存在许多盲点和误区。有的人认为实施素质教育，倡导创新教育，加强非智力因素的培养是教育部门的事、学校的事，这就导致应有的家庭教育、社会教育严重缺乏；有的人认为非智力教育在城市中用得着，在农村实在没有必要，只要教给知识、技术就可以了；有的人认为搞非智力素质教育就是以智力、文化学习以外的活动为主，甚至更简单地认为就是蹦蹦跳跳、唱唱演演等，进而认为这样会荒废学业，影响育人质量，从而贬低非智力教育；还有的人认为加强非智力素质教育就是否定乃至最终取消考试这一评估手段。这些看法都是错误的，最终会导致学生学习失去压力、动力。[19]

非智力因素的培养包括培养学生正确的道德观，积极向上的学习兴趣，良好的性格、气质、能力，使学生能正确认识周围世界，有良好的适应能力；有自制力，能经受挫折，战胜自身和外部的各种困难；有自信心，善于与人相处，乐于助人，以积极的态度对待生活。学习兴趣的培养、抗挫折能力的锻炼以及团结协作的能力等在后面专门阐述。

4.1.3 培养良好的抗挫折能力

人生的道路不可能一帆风顺，总会遇到坎坷，就像晴朗的天空会出现乌云，美丽的草原会跑来狼群，平静的海面会掀起巨浪一样。挫折是人生活的一部分，具有不可避免性；挫折是令人不快的，但它又是可以控制的；挫折是一所学校，能教人们学会生活。挫折是指人的意志行为受到无法克服的干扰或阻碍，预定目标不能实现时所产生的一种紧张状态和情绪反应。挫折包含了三层含义：挫折情景、挫折认知、挫折反应。当挫折情景、挫折认知、挫折反应同时存在时，人们便体验到了心理挫折。

挫折对人有弊也有利。挫折对于抵御挫折能力强的人来说是一种动力，它可以激发个体的意志，使其更坚定地朝着自己预定的目标奋力前进，直至达到目标。在这个过程中，他们可以面对现实社会，不断调整自己，不断战胜困难，体验成功的喜悦，积累成功的经验，不断增强自信心，提升人生价值感。但对抵御挫折能力弱的人来说，挫折是毁灭，会把人压折了腰，他们通常表现为不能正视现实，经常采取逃避行为来应付自己所处的环境，当遇到实力强大的外部矛盾对立面时，就会把攻击的矛头指向自己，自虐自残。

那么，如何应对我们面临的各种挫折，提高我们的抗挫折能力呢？

首先，我们要坦然接受不可避免的事实。在漫长的人生路上，我们总会遇到各种挫折，面对挫折，我们要正视、接受，切不可逃避。正视与接受挫折是提高抗挫折能力的关键性一步。荷兰人有一句名言：事情既然已经是这样，就不会成为别的样子。勇于承认事情就是这样的情况，平心静气地接受已经发生的事情是克服更多不幸的第一步。逃避有百害而无一益，逃避不等于主动放弃，主动放弃是个体通过审时度势，承认自己“不能”。因为并非所有的挫折我们都能够战胜。面对无法克服的障碍我们主动放弃，就等于在前进的道路上又多了一种选择。正所谓“退一步海阔天高”。

其次，要学会心理调适，主要是学会克服消极不健康情绪的方法。可以采用情绪宣泄、目标转移等调适方法，尽快把挫折带来的忧虑、悲伤、痛苦等不良情绪排遣掉。比如，当遇到挫折时适度地排泄心中的不快，或是向朋友倾诉，或是唱歌、打球，通过心理调适，减轻挫折对个体的压力，最大限度地降低挫折带来的心理压力。

最后，还要树立正确的人生观。心理问题并非都是思想问题，但是，正确的人生观有利于个体正确看待人生的挫折。人生本身就不是一帆风顺的。求学阶段的挫折为磨炼人生提供了难得的机遇，这是人生的一笔财富。所以，大学生一定要有正确的人生态度，只有人生观正确了，才能正确对待求学过程中遇到的各种挫折。

那么如何培养学生的抗挫折能力呢？

（1）对学生的培养既不能庇护，也不能轻视。怕学生遭受挫折而处处替学生做事，剥夺了学生体验挫折的机会，他们自然就没有战胜挫折的经验。当他们一旦失去保护，必须自己面对挫折时，比起早已经受过挫折考验的人，对于挫折的感受将是更大的。而那些从来没得到过支持的学生，在长期孤立无援中学会了冷漠，扼杀了学生的创造积极性。

（2）要认识到，挫折是每个人生活中的组成部分，经受挫折考验是健康成长的基石，是必经之路。面对挫折要有较充分的心理准备。把挫折看做是迈向成功的起点。

（3）在遇到挫折时，学会分析总结经验教训，鼓励自己学会采取积极行动来弥补挫折带来的结果，从而修补心理创伤。

（4）对即将发生的事件作出成功或失败的正确评价，以面对即将发生的结果。不至于感受到太大的心理落差。

（5）调节自己的抱负水平，不过高地估计自己的能力，导致过大的失落感；也不过低地估计自己的能力，错失成功的机会，体验不到成就感。

（6）建立和谐的人际关系，在同学和老师中取得更多的支持和帮助。与同学间的相互倾诉可以减轻内心的压力，同学间的相互接纳使学生满足被他人尊重的需要，体现自我价值，减少了一个挫折源，建立了一个良好的社会支持体系。

【训练题】

1、自我确认法：写出一系列正向的代表人格的词或句，如“积极乐观”、“有毅力”、“自信”、“热情”、“我是一个有用的有能力的人”等，每个词或句都是你对自己的期望。每天朗读这些词或句十遍以上，以此来激励自己。

2、积极的自我暗示：当遇到问题、困难和挫折时，立即用积极自我暗示来鼓励自己，如“我相信自己有能力做好”、“我一定能行”等等。同时也可以经常对着镜子中的自己说一些正面的、积极的、肯定自我的话语来增强自己的信心。

3、耐挫力训练：比赛蹲马步，考验自己的意志力、耐挫能力。

4、十天的心理挑战：积极改变负面心态。“十天的心理挑战”主要包括这样一些游戏规则：(1) 在随后一连十天里，心里不可有任何一刻的消极或负面念头、情绪、问话。(2) 当你一有消极或负面的反应时，就要立即提问自己积极的问题，以促使自己往好的方向想。(3) 当你清晨醒来，对自己进行“清晨能力之问”，如“今天我如何让自己更快乐一些”、“我给他人一些怎样的帮助”；晚上就寝前，对自己进行“夜晚能力之问”，如“我今天学到些什么”、“我为明天做了哪些投资”，并对提问以明确回答，这些会神奇地提高你的生活能力。(4) 在这一连十天之中，你始终把注意焦点放在解决办法上，而不是在问题本身上。(5) 如果你发现自己不小心已掉进了消极或负面念头、情绪或问话上，可别恼火，要赶快改变这种情况。若是处于这种情况超过五分钟以上，先前的努力就一律勾销，第二天早上就得从头做起，接连做上十天。十天的心理挑战的神奇效能在于会让你看见拖住你一切的内心习惯，会帮助你寻找出有利的解决方法。当你看见自己改变了，就会建立起无比的自信。会使你养成新的习惯、建立新的标准、产生新的愿望，每天不断成长，更加享受人生。

【小贴士】

心理专家认为，健康的心理标准为以下几点：

(1) 充分的适应力。

(2) 充分了解自己并对自己的能力作适当的评价。

(3) 生活的目标能切合实际。

(4) 与现实环境保持接触。

(5) 能保持人格的完整与和谐。

(6) 具有从经验中学习的能力。

(7) 能良好地适应人际关系。

(8) 适当的情绪发泄与控制。
(9) 能做有限度的个性发挥。
(10) 在不违背社会规范的情况下，对个人基本要求作恰当的满足。

4.2 广泛的兴趣和专一的控制力

兴趣是人们积极探索新奇事物的一种自然倾向。当外界事物发生某种新奇变化时，每个人都会情不自禁地进行探求。新奇的知识、新奇的结构、新奇的功能、新奇的方法都会引起人们的兴趣，进而诱发人们对新奇的事物进行创造革新。兴趣表现为个体对某种事物或从事某项活动的选择性态度和积极的情绪反应。因为有兴趣，就急于要探索物质世界的奥秘，比如搞物理实验；因为有兴趣，就可以两天两夜，甚至三天三夜待在实验室里，守在仪器旁，并急切地希望发现要探索的东西。人的兴趣是在需要的基础上，在活动中发生、发展起来的，需要的对象也就是兴趣的对象[20]。

创新人格的培养需要广泛的兴趣，同时也要有专一的兴趣。仅靠广泛的兴趣是无法完成对新事物的创造的，只有在广泛的兴趣基础上进行专一深入的研究和探索，才能真正取得成就，获得成功。相对来说，广泛的兴趣易于培养，专一的兴趣很难做到。在困难面前我们往往选择逃避，这就需要有独立坚强的控制力。

4.2.1 培养广泛的兴趣

一般认为，兴趣的产生有三个方面：模仿、遗传和正强化。其中，遗传是无法改变的，而它仅占一小部分。

模仿，与后天的生活环境、接触的人或事都有紧密关系。司马迁生活在汉武帝时期，他的父亲司马谈担任太史令，是一个很有学问的人。受父亲影响，司马迁十来岁起到长安学习古文。由于勤奋好学，文化功底相当扎实。父亲在临危时，拉着司马迁的手说："我们家的祖先在周朝就当太史，我死后，你要接替我的位置，继承祖先的事业，自从孔子死后，至今四百多年了，没有一部像样的史书，我身为太史，没能做成这件事，真担心天下史籍文化从此断绝了。你一定要把这事搁在心里啊！"三年后，司马迁子承父业，被任命为太史令。后来，他蒙受冤屈，遭到"宫刑"，但只要想到父亲临终遗言，他就有一股力量。父亲的影响、父亲的嘱托使他勤奋撰写，到五十多岁时完成了《史记》这部巨著。可见，模仿是产生兴趣的来源之一。

产生兴趣的正强化又有两种，一种是外部强化，一种是内部强化。贝多芬的父亲一心要把儿子培养成一个音乐神童，因此，对小贝多芬管教十分苛严。从贝多芬四岁起，就要他在羽管键琴上练习，经常是一练几个小时，儿子稍有不顺，轻则遭叱，重则遭打。贝多芬在这样的高压下天天练琴，几年过后，终于弹得一手好琴。外部强化，也还指在一个行为发生之后，由外界对行为的主体施予奖励，使其因该行为而获得精神或物质的奖赏。如有的学生学习好，获得奖励，领到奖学金，尝到认真学习的甜头，就越是认真学习，将自己无意识的行为变成了有意识的行为。内部强化来自其本身。就是在一个行为发生之后，行为施行者本身的需要得到一定的满足。聂耳童年时受云南地方戏曲和民间音乐艺术的熏陶，对音乐十分感兴趣。在上小学时，他跟邻居一位老木匠师傅学吹笛子，后来，他还学会了弹三弦、拉二胡和小提琴。在求实小学的学生音乐团里，聂耳能演奏各种乐器，还担任指挥。两个哥哥受他的影响，也学会了不少乐器的演奏法。有一段时间，聂耳和他的哥哥还有一些会乐器的小伙伴，在自家临街的阁楼用各种乐器合奏《梅花三弄》、《苏武牧羊》、《木兰辞》等民间乐曲，吸引了成群路人的驻足欣赏。内部强化实质是施行者感到自我实现的需要得到了满足，为了这种满足，他们又延续了这种行为，浓厚的兴趣也由此产生。

爱因斯坦说过，“兴趣是最好的老师”。兴趣对学生的创造活动起着积极的促进作用，它能引导学生自觉地攻读，去研究、去探索、去发现、去创新。要激发广泛的兴趣，奠定创新的基础。广泛的兴趣是创造性活动成功的保证。个人兴趣越广泛，知识越丰富，就越容易在事业上取得成就。因此只有具备了广泛的兴趣，才能获得各方面的知识，为以后的创新打下坚实的基础。列奥纳多·达·芬奇是意大利文艺复兴的三杰之一，也是整个欧洲文艺复兴时期最完美的代表。他是一位思想深邃、学识渊博、多才多艺的画家、寓言家、雕塑家、发明家、哲学家、音乐家、医学家、生物学家、地理学家、建筑工程师和军事工程师。他是一位天才。他一面热心于艺术创作和理论研究，研究如何用线条与立体造型去表现形体的各种问题；另一方面他也同时研究自然科学，为了真实感人的艺术形象，广泛地研究与绘画有关的光学、数学、地质学、生物学等多种学科。他的艺术实践和科学探索精神对后代产生了重大而深远的影响。我国著名的科学家钱学森对空气力学、铁道机械工程学、工程控制论、物理力学、系统工程学等学科都有研究，对小提琴、绘画也有兴趣。他正是在拥有广泛知识的基础上，利用了事物之间的多种联系，数十年如一日，潜心研究，从而在航天工程中有重大突破的。诺贝尔化学奖获得者美国化学家尤里从一开始的研究就进入了物理和化学的最新交叉领域，这为他发现氚并获 1934 年诺贝尔化学奖打下了坚实的基础。他的研究还涉猎地质、生物、天文等领域，并在这些学科交叉的渗透中进行了新的探索，开创了核天体物理学、宇宙化学等新学科分支，在化学进化以及太阳系、生命和元素的起源等重大科学问题上树起了一座座里程碑。尤里当之无愧地被称为 20 世纪既具广博知识、又具有创新才干的科学家。

【训练题】

兴趣培养法之一：设定一个目标或一项任务，订好计划，试着用几天或几个星期来解决问题，记录下在完成任务的过程中遇到的问题，又是如何解决的，中间涉猎了哪些资料，最后写下自己的感想和收获，这样就会平添一个过去没有的兴趣。有了这样的体验之后，就感到更自信了。

兴趣培养法之二：自我欣赏。对自己某一个领域的学习和努力，对自己的某一种聪明的方法、某一种进步要欣赏。对自己的某一次好的课外活动、某一点创造要欣赏。善于欣赏自己的作品、善于欣赏自己的兴趣、善于欣赏自己的劳动是使自己整个活动有兴趣的一个重要方法。自我欣赏是培养自己兴趣的一个方法；欣赏他人是培养他人兴趣的一个方法。

兴趣培养法之三：激将法。当我们遇到自己不感兴趣的事情，但是因为竞争对手的出现而受到激励时，就这样激励自己："既然这件事情他能做好，为什么我不能做好呢？他能够把这个难题解了，我为什么不能解决呢？"激将自己是培养兴趣的一个方法。激将法也是培养别人兴趣的一个方法。

【小贴士】 培养兴趣的重要性

培养自己的兴趣，是一个好学生的重要法宝。

培养孩子的兴趣，是一个家长的重要能力。

培养同学们的兴趣，是一个有组织能力的同学的重要素质。

能够培养周边所有人对学习、对工作兴趣的人就是一个天才的社会活动家。

如果你善于使自己、使别人提高兴趣、扩大兴趣，你就非常了不起。

4.2.2 培养专一的兴趣需要独立坚强的控制力

自我控制能力（简称自控能力）是自我意识的重要成分，是个人对自身心理和行为的主动掌握，是个体自觉地选择目标，在没有外界监督的情况下，适当地控制、调节自己的行为，抑制冲动，抵制诱惑，延迟满足，坚持不懈地保证目标实现的一种综合能力，表现在认知、情感、行为等方面。良好的自控能力是21世纪所需要的创新型人才的必备素质。一个人只有正确地认识和评价自己，才能提高自我控制的动机水平。一个有顽强毅力的人在受到挫折时不会垂头丧气，在成功时不会趾高气扬，在冲动时不会横冲直撞。

自控行为的多次重复就可形成良好的习惯，从而降低自控行为引起的紧张感，使自控行为容易完成和保持。美国东海岸的一位商人知道自己喝酒太多，这是因为他从事的是一项很烦人的工作，而在进餐前喝几杯葡萄酒似乎能让人紧张的心情得到放松。可酒和累人的活又使得他昏昏欲睡，因此常常一喝完酒便呼呼大睡。有一天，这位商人意识到自己是在借酒消愁，浪费时光，于是他决定不再贪杯，而是把更多的时间用于儿女身上。刚开始时很不容易，常常想起那香气四溢的葡萄酒，但他告诫自己现在所做的事将有所得而不是有所失。后来的事实证明，他越是关心家庭和子女，工作起来的干劲也就越大。

普罗斯教授曾经研究过一组打算从元旦起改变自己行为的实验对象，结果发现最成功的是那些目标最具体、明确的人。其中一名男子决心每天做到对妻子和颜悦色、平等相待。后来，他果真办到了。而另一个人只是笼统地表示要对家里的人更好一些，结果没几天又是老样子，照样吵架。不要说诸如此类空空洞洞的话："我打算多进行一些体育锻炼"或"我计划多读一点书"，而应该具体、明确地表示——"我打算每天早晨步行 45 分钟"或"我计划一周中一、三、五的晚上读一个小时的书"。

要提高自己独立坚强的控制力，就需要在自身八个方面下苦工夫：

第一，加强思想修养。人的自制力在一定程度上取决于他们的思想素质。一般来说，具有崇高理想抱负的人决不会为区区小事而感情冲动产生不良行为。因此，要提高自制力最根本的方法是树立正确的人生观、世界观，保持乐观向上的健康情绪。

第二，提高文化素养。一般来说，一个人的文化素养同其承受能力和自控能力成正比。文化素质比较高的人往往能够比较全面正确认识事物，认识自我和他人的关系，自觉地进行自我控制、自我完善。

第三，稳定情绪。用合理发泄、注意力转移、迁移环境等方法，把将要引发冲动的情绪宣泄和释放出来，保持情绪稳定，避免冲动。

第四，要强化自我意识。遇事要沉着冷静，自己开动脑筋，排除外界干扰或暗示，学会自主决断。要彻底摆脱那种依赖别人的心理，克服自卑，培养自信心和独立性。

第五，要强化实践锻炼。一方面要加强学习，积累知识，开阔视野，用知识来武装和充实自己，提高自己分析问题和解决问题的水平，并通过学习别人的经验来扩展自己决断事情的能力；另一方面，要积极投身到生活实践中去，刻苦锻炼，不断丰富经验，提高自己的适应能力。

第六，要强化意志力量。要培养自己性格中意志独立性的良好品质。对自己奋斗的目标要有高度的自觉。只要你经过自己的实践认准的事，就应义无反顾地走下去，想方设法达到预期目的。不必追求任何事情都做得十全十美，不必苛求自己没有一点失败，不必过多地注意别人怎样议论你。

第七，调整好需要结构。当需要不能同时兼顾时，抑制一些不可能实现的需要。如古人所云："鱼我所欲也，熊掌亦我所欲也，两者不能兼得，舍鱼而取熊掌也。"

第八，要强化积极思维。俗话说："凡事预则立，不预则废。"平时注意经常思考问题，增强预见性，关键时刻才能及时、果断、准确地作出选择。

【案例一】 诸葛亮的羽扇

三国人物中，最为突出而奇特者，首推诸葛亮。他素衣纶巾，手摇羽扇，足智多谋。为什么诸葛亮每一次出场都手摇羽扇？羽扇是谁送给他的？是他的太太黄硕。黄硕非常有才，又因为长相极丑，所以也叫阿丑。当初诸葛亮听说了阿丑的才学，便自报家门去找阿丑的爸爸黄承彦说："想娶阿丑作妻子。"阿丑送诸葛亮出去的时候，送了诸葛亮一把羽扇，阿丑说："诸葛先生，你可知道我送你这把扇子有什么用意？"诸葛亮想起中国的成语，说："重于泰山，轻于鸿毛，意思是礼轻情义重。"阿丑说："还有个原因。"诸葛亮不明白便请教阿丑。阿丑说："诸葛先生，你刚才跟家父在畅谈天下大事，提到刘备先生请你出山，眉飞色舞，讲到你的胸怀大计，气宇昂轩，但是，你每次一讲到曹操，眉头深锁，一讲到孙权就忧心于中，这有碍于你成大事，我送你这把扇子的另一用途是给你遮脸的，你要小心控制好你的情绪，方可成就自己的事业。"从那以后，这把羽扇就一直伴随诸葛亮。当他布阵行兵遇到难题，心里烦躁不安的时候，只要看到羽扇，就会想起阿丑的忠告。最后他审时度势，运筹帷幄，辅佐刘备成就了一方霸业。

【思考导向】 诸葛亮的羽扇让他时刻记得阿丑的忠告，才能运筹帷幄。我们平时在学习工作中，遇到困难和阻碍时，是否也有退缩不前的时候？寻求一把属于自己的"羽扇"，可以更好地控制自己的情绪，调整自己的心态，积极地去面对一切。

【案例二】 一个脾气很坏的男孩

从前，有一个脾气很坏的男孩，他的爸爸给了他一袋钉子，告诉他，每次发脾气或者跟人吵架的时候，就在院子的篱笆上钉一颗钉子。第一天，男孩钉了37颗钉子，后面的几天他学会了控制自己的脾气，每天钉的钉子也逐渐减少了。他发现，控制自己的脾气，实际上比钉钉子要容易得多。终于有一天，他一颗钉子都没有钉，他高兴地把这件事告诉了爸爸。

爸爸说："从今以后，如果你一天都没有发脾气，就可以在这天拔掉一颗钉子。"日子一天一天地过去，最后，钉子全被拔光了。爸爸带他来到篱笆边上，对他说："儿子，你做得很好，可是看看篱笆上的钉子洞，这些洞永远也不可能恢复了。就像你和一个人吵架，说了些难听的话，你就在他心里留下了一个伤口，像这个钉子洞一样。"插一把刀子在一个人的身体里，再拔出来，伤口就难以愈合了，无论你怎么道歉，伤口总是在那儿。要知道，身体上的伤口和心灵上的伤口一样都难以恢复。你的朋友是你宝贵的财产，他们让你开怀，让你更勇敢。他们总是随时倾听你的忧伤。你需要他们的时候，他们会支持你，向你敞开心扉。

【思考导向】钉子就是我们的不良情绪，如何在困难挫折面前，调整好自己的情绪非常重要。每个人都有不顺心的时候，这时是选择对人宣泄还是对物宣泄？伤害自己还是伤害他人？是否有更好的处理方式？

【小贴士】如何进行自我控制？

1、培养自己乐观自信的性格：同一事物，不同的人看待会有不同的结果。我们心情的不同往往不是由事物本身引起的，而是取决于我们看待事物的不同方式。乐观自信的性格可以使我们充满热情地投入工作学习，使我们心胸宽阔，诚恳接受善意的批评，以达观态度对待不如意的事；也可以使我们更加明辨是非，与思想积极、乐观爽朗的人交往，形成相互的积极影响。

2、寻找主观原因：我们在成长过程中遭遇坎坷不顺是正常的。对于困难，我们要正确面对，不能逃避。遇到困难不怨天尤人，积极寻找主观原因，找到问题症结所在，集中精力解决问题。每一次战胜困难，我们就会给自己一次成长的机会和成本，在困难的历练中我们可以更加成熟和出色。

3、接近大自然：自然界的花草林木、鸟语花香、青山碧水有助于心情愉快开朗。当我们学习或工作劳累的时候，即使走到窗前眺望一下青草绿树，对我们的心情也大有裨益。

4、经常参加健身运动：健身运动的对我们百利而无一害。心情不好的时候可以打打球，跑跑步，哪怕我们每天只是散步十分钟，对克服坏心情都能收到立竿见影的效果。

4.3 高效的团队合作和敢为人先的冒险精神

人类正跨入信息化时代，科技进步日新月异。社会生活的信息化和经济生活的全球化使国际合作交往日益频繁。适应全球化的格局，团队合作能力是现代高素质人才必须具备的。团队精神能推动团队运作和发展。在团队精神的作用下，团队成员产生了互相关心、互相帮助的交互行为，显示出关心团队的主人翁责任感，并努力自觉地维护团队的集体荣誉，自觉地以团队的整体声誉为重来约束自己的行为，从而使团队精神成为公司自由而全面发展的动力。

仅有团队精神是否就能成功呢？大家都畏缩不前，抱成一团隔岸观望，永远也不会取得成功。心理学上有个术语叫“从众心理”，是说别人做什么自己不加思考也跟着去做，不去考虑是否符合自己。还有一个有趣的心理实验，一名被试和七名“伪被试”（主试安排的人员用来干扰被试）一起对A、B两个线条做长短判断，实际情况是A线条长于B线条，但是七名“伪被试”均选择错误答案，最后被试也服从了大家的错误选择。盲目的顺从团队，没有敢为人先的冒险精神，是不会取得成功的。

4.3.1 高效的团队合作

团队早期出现的一个明显的例子是体育比赛中的球队。队员在追求赢得比赛目标的基础上，各自有不同的技术专长。因此彼此要了解其他个体的需求和专长，共同遵守为实现目标所设定的程序和策略，以避免不必要的错误，发挥各自的个体优势，形成协调良好的团队，实现团队的共同目标。一支优秀的团队都有自己的团队精神，团队精神所反映的就是一个人与别人合作的精神和能力。

高效团队的特征：

（1）清晰的目标。高效的团队对要达到的目标有清楚的理解，并坚信这一目标包含重大的意义和价值。而且，这种目标的重要性还激励着团队成员把个人目标升华到群体目标。在有效的团队中，成员愿意为团队目标做出承诺，清楚地知道希望他们做什么工作，以及他们怎样共同工作并实现目标。

（2）相互的信任。成员间相互信任是有效团队的显著特征。也就是说，每个成员对其他人的品行和能力都确信不疑。我们在日常的人际关系中都能够体会到，信任这种东西是相当脆弱的。它需要花大量的时间去培养而又很容易被破坏。而且，只有信任他人才能换来他人的信任，不信任只能导致不信任。所以，维持群体内的相互信任，还需要引起管理层足够的重视。

（3）相关的技能。高效的团队是由一群有能力的成员组成的。他们具备实现目标所必需的技术和能力，而且相互之间有良好合作的个人品质，从而能出色完成任务。后者尤为重要，但却常常被人们忽视。有精湛技术能力的人并不一定就有处理群体内关系的高超技巧，而高效团队的成员则往往兼而有之。

（4）一致的承诺。高效的团队成员对团队表现出高度的忠诚和承诺，为了能使群体获得成功，他们愿意去做任何事情，我们把这种忠诚和奉献称为一致承诺。对成功团队的研究发现，团队成员对他们的群体具有认同感，他们把自己属于该群体的身份看做是自我的一个重要方面。因此，承诺一致的特征表现为对群体目标的奉献精神，愿意为实现这一目标而调动和发挥自己的最大潜能。

（5）良好的沟通。毋庸置疑，这是高效团队的一个必不可少的特点。群体成员通过畅通的渠道交流信息，包括各种言语和非言语交流。此外，管理层与团队成员之间健康的信息反馈也是良好沟通的重要特征，它有助于管理者指导团队成员的行动，消除误解。就像一对已经共同生活多年、感情深厚的夫妇那样，高效团队中的成员能迅速而准确地了解彼此的想法和情感。

（6）谈判技能。以个体为基础进行工作设计时，学生的角色有工作说明、工作纪律、工作程序及其他一些正式或非正式文件明确规定。但对高效的团队来说，其成员角色具有灵活多变性，总在不断进行调整。这就需要成员具备充分的谈判技能。由于团队中的问题和关系时常变换，成员必须能面对和应付这种情况。

（7）内部和外部的支持。要成为高效团队的最后一个必需条件就是它的支持环境。从内部条件来看，团队应拥有一个合理的基础结构。这包括适当的培训、一套易于理解并用以评估学生总体绩效的测量系统以及一个起支持作用的人力资源系统。恰当的基础结构应能够支持并强化成员行为以取得高绩效水平。从外部条件来看，管理层应给团队提供完成工作所必需的各种资源。

（8）恰当的领导。有效的领导者能够让团队跟随自己共同渡过最艰难的时期，因为他能为团队指明前途所在，他们向成员阐明变革的可能性，鼓舞团队成员的自信心，帮助他们更充分地了解自己的潜力。优秀的领导者不一定非得指示或控制，高效团队的领导者往往担任的是教练和后盾的角色，他们对团队提供指导和支持，但并不试图去控制它。这不仅适用于自我管理团队，当授权给小组成员时，也适用于任务小组、交叉职能型的团队。对于那些习惯于传统方式的管理者来说，这种从上司到后盾的角色变换，即从发号施令到为团队服务实在是一种困难的转变。当前很多管理者已开始发现这种新型的权力共享方式的好处，或通过领导培训逐渐意识到它的益处。但现实中仍然有些脑筋死板、习惯于专制方式的管理者无法接受这种新观念，这些人应当尽快转换自己的老观念，否则就将被取代。

【案例一】囚徒困境

“囚徒困境”说的是两个囚犯的故事。这两个囚徒一起做坏事，结果被警察发现抓了起来，分别关在两个独立的不能互通信息的牢房里进行审讯。在这种情形下，两个囚犯都可以做出自己的选择：或者供出他的同伙（即与警察合作，从而背叛他的同伙），或者保持沉默（也就是与他的同伙合作，而不是与警察合作）。这两个囚犯都知道，如果他俩都能保持沉默的话，就都会被释放，因为只要他们拒不承认，警方无法给他们定罪。但警方也明白这一点，所以他们就给了这两个囚犯一点儿刺激：如果他们中的一个人背叛，即告发他的同伙，那么他就可以被无罪释放，同时还可以得到一笔奖金。而他的同伙就会被按照最重的罪来判决，并且为了加重惩罚，还要对他施以罚款，作为对告发者的奖赏。当然，如果这两个囚犯互相背叛的话，两个人都会被按照最重的罪来判决，谁也不会得到奖赏。

那么，这两个囚犯该怎么办呢？是选择互相合作还是互相背叛？从表面上看，他们应该互相合作，保持沉默，因为这样他们俩都能得到最好的结果——自由。但他们不得不仔细考虑对方可能采取什么选择。A犯不是个傻子，他马上意识到，他根本无法相信他的同伙不会向警方提供对他不利的证据，然后带着一笔丰厚的奖赏出狱而去，让他独自坐牢。这种想法的诱惑力实在太大了。但他也意识到，他的同伙也不是傻子，也会这样来设想他。所以A犯的结论是，唯一理性的选择就是背叛同伙，把一切都告诉警方，因为如果他的同伙笨得只会保持沉默，那么他就会是那个带奖赏出狱的幸运者了。而如果他的同伙也根据这个逻辑向警方交代了，那么，A犯反正也得服刑，起码他不必在这之上再被罚款。所以其结果就是，这两个囚犯得到了最糟糕的报应——坐牢。

【思考导向】在与团队合作的过程中，我们不可避免地也会遇到类似的两难境地，这个时候需要相互之间有足够的了解与信任，没有起码的信任做基础，切不可贸然合作。在对对方有了足够的信任之后，诚意也是必不可少的，如果没有诚意或者太过贪婪，就可能闹到双方都没有好处的糟糕境地。

【案例二】天鹅、狗鱼和虾的故事

有一次，天鹅、狗鱼和虾一起想拉动一辆装东西的货车。三个家伙套上车索，拼命用力拉，可车子还是拉不动。车上装的东西不算重，只是天鹅拼命向云里冲，虾尽是向后倒拖，狗鱼直向水里拉动。究竟哪个错哪个对用不着我们多讲，只是车子还停留在老地方。团队成员之间不协调，工作就施展不好，只会把事情弄糟，引起痛苦烦恼。

【思考导向】团队合作最重要的是向心力，只有心往一处想，劲往一处使，才能实现团队的目标。领导者的智慧所在，即能妥善分配团队成员的工作，并协调他们之间的合作。

【小贴士】如果我是孙悟空

“如果我是孙悟空，那该有多好！”也许每个人心中都曾经这样幻想过。一双火眼金睛，可以识破每一张面具下包藏的祸心。七十二般变化，可以让自己随心所欲地去寻找解决各种困难的有效办法。一个筋斗十万八千里，行动迅速，统御全局。一条如意金箍棒，无敌力量，无人能挡。

孙悟空的故事，可以说是一个由个人奋斗失败后转向团队成功，最终实现个人价值的经典案例。

孙悟空成长的故事，告诉我们这样一个道理：当我们学会了做人后，自然就会懂得如何与人为善，懂得如何建立一种互相帮助的人际关系。所谓“心生则种种魔生，心灭则种种魔灭”，反观诸己，所有的困难都源于我们的性格和观念。战胜困难的过程，就是战胜自我的过程，就是融入团队的过程，也就是生命成长的过程。团队的成长是一个艰难的过程，因为组成团队的每一分子都是人，而做人似乎从来就不是一件容易的事。人们之所以喜欢看《西游记》，多半是因为里面有一个神通广大的孙悟空。在21世纪的今天重读这部文学名著，你会发现孙悟空身上闪烁着的那种历久弥新的个性和魅力。在花果山占山为王的孙悟空精力充沛、意志坚决、行动果敢、酷好变化、干劲十足、越挫越勇，俨然是一个天生的创业者。而在去西天取经的路上，他也表现出了一个团队成员的优秀特质，目标明确、行动迅速、无惧困难，总是能够找到有效的解决方法。

4.3.2 敢为人先的冒险精神

创新是人类的本质特征之一，它不仅是人的理性思维活动的产物，而且同人的欲望、需要、热情、意志、冒险等非理性因素密切相关。创新就是要打破常规，具有独创性。对创新而言，不论是自然科学、社会科学的创新，还是技术、制度、实践的创新，都需要承担风险。创新者，不论从事何种工作，都需要有不怕失败勇于承担风险的大无畏精神。创新者要勇于承担失败的风险。人的认识是一个复杂的、曲折的过程。任何一个新的认识都需要有由实践到认识、再由认识到实践的多次反复才能完成。

冒险精神是指不墨守成规，敢于开创和反叛的精神。它是创造的孪生兄弟，是创造者必不可少的一个素质。古今中外，凡是有所创造的人，都有敢于冒险的精神。老诺贝尔曾对儿子说："要是怕危险，大家都不去干，那就永远不会有人类的进步。"这句话印在了诺贝尔的心里，从而使得诺贝尔敢冒危险，上百次地做炸药实验，终于研制成功了雷汞炸药。富兰克林不畏宗教势力的淫威，不怕触电身亡，揭开了雷电之谜。

冒险精神包括：勇敢，不怕风险，敢于标新立异，逾越常规；敢于言别人所未言，为别人所未为；自信，独立性强，坚信其创造活动的价值，轻易不改变信念；善于独立思考，独立发现问题、分析和解决问题，不随波逐流；刻苦勤奋，进取心强，埋头事业，殚精竭虑；对创造活动充满激情，富有幽默感；联想灵活，思维大胆；做事持之以恒，锲而不舍；严谨认真，一丝不苟；不满足现成答案，决不牵强附会；不放过任何疑点和含糊不清的地方。

因研究氟而获 1906 年诺贝尔化学奖的穆瓦桑明知氟的毒性很大，仍不顾危险，反复实验，终于制得了单质氟，但其本人因受氟的毒害而英年早逝。第三届诺贝尔化学奖获得者瑞典化学家阿仑尼乌斯创建了电离理论，当他将自己的研究成果公布于众时，却受到了冷嘲热讽，说他的理论是"奇谈怪论"，但他仍坚定自信、持之以恒，用更多的事实证明了电离理论的正确性，从而阐明了化学反应的本质。

【案例三】蚍蜉撼动大树，冒险精神成就电池大王

原是一文不名的农家子弟，26 岁时便成为高级工程师、副教授；在短短 7 年时间里，将镍镉电池产销量做到全球第一、镍氢电池排名第二、锂电池排名第

三，成为饮誉全球的“电池大王”，坐拥3.38亿美元的财富。他就是比亚迪股份有限公司董事局主席兼总裁王传福。是什么成就了他青年创业的神话，成为商界奇才的呢？很多人认为答案是智慧、精练和汗水，而他自己则认为，“最关键的是要有冒险精神”。

冒险创业，最年轻的处长搞单干

1966年2月15日，王传福出生在安徽无为县一户再寻常不过的农民家庭，在父母的关爱下度过了无忧无虑的童年。然而，在他读初中时家里发生的变故，让他经受了心灵的创伤并从此沉默寡言。为了忘掉痛苦，年纪尚小的王传福便两耳不闻窗外事，一心苦读，形成了坚强忍耐的性格。1987年7月，21岁的王传福从中南工业大学冶金物理化学系毕业进入北京有色金属研究院。在研究生期间，他更加刻苦，把全部的精力投入到电池研究中去。仅仅过了5年的时间，26岁的王传福被破格委以研究院301室副主任的重任，成为当时全国最年轻的处长。而更让他意想不到的是，一个促使他从专家向企业家转变的机遇从天而降。1993年，研究院在深圳成立比格电池有限公司，由于和王传福的研究领域密切相关，王传福顺理成章成为公司总经理。

在有了一定的企业经营和电池生产的实际经验后，王传福发现，作为自己研究领域之一的电池行业里，要花2万~3万元才能买到一部大哥大，国内电池产业随着移动电话的“井喷”方兴未艾。作为研究方面的专家，眼光敏锐独到的王传福心动眼热，他坚信，技术不是什么问题，只要能够上规模，就能干出大事业。于是，他做出了一个大胆的决定——脱离比格电池有限公司单干。脱离具有强大背景的比格电池有限公司，辞去已有的总经理职务，这在一般人看来太冒险。但王传福相信一点：最灿烂的风景总在悬崖峭壁，富贵总在险境中凸现。1995年2月，深圳乍暖还寒，王传福向做投资管理的表哥吕向阳借了250万元钱，注册成立了比亚迪科技有限公司，领着20多个人在深圳莲塘的旧车间里扬帆起航了。

冲破牢笼，“蚍蜉”撼动了大树

成立一个公司并不难，生产一个产品也不难，难的是如何将尽可能小的投入演变为尽可能大的产出。这就需要眼光，需要冒险。很多人创业失败不在于缺乏资金，而在于缺乏眼光和冒险精神。王传福拥有的最大的资本，就是战略眼光和冒险精神。回想起当时的情形，王传福都有些不敢相信自己哪来这么大的勇气。在当时，日本充电电池一统天下，国内的厂家多是买来电芯搞组装，利润少，几乎没有竞争力。如何打开局面？经过认真思考，王传福决定依靠自身技术研究优势，从一开始就把目光投向技术含量最高、利润最丰厚的充电电池核心部件——电芯的生产。事实证明，王传福这一招可真是后发制人、一招致命的关键所在。

此后，王传福把目光放到了欧美和日本市场。1998~2000年，比亚迪欧洲分公司、美国分公司先后成立，日本厂商后院起火。1999 ~ 2000 年，比亚迪公司在这些市场势如破竹，大客户名单上出现了松下、索尼、GE、AT&T 和业界老大 TTI 等。2000 年，王传福投入大量资金开始了锂电池的研发，很快拥有了自己的核心技术，并成为摩托罗拉的第一个中国锂电池供应商。2001 年，比亚迪公司锂电池市场份额上升到世界第四位，而镍镉和镍氢电池上升到了第二和第三位，实现了 13.65 亿元的销售额，纯利润高达 2.56 亿元。（资料来源：今日科技报道，2005 年 8 月）

【思考导向】王传福的故事不是一个个案，它告诉我们在现实生活中没有万事俱备的时刻，冒险精神在创业时尤为重要。犹犹豫豫、瞻前顾后，机会永远不能到手中，只有当机立断，敢于冒险，才能取得事业的成功。当然，冒险精神也需要坚实的基础，就像王传福如果没有雄厚的专业知识和丰富的实践经验，单靠冒险精神，他的行为就只能称之为莽撞行事。

【训练题】

1、相信自己——告诉自己“我能行”，对于自己以前不敢做的事情，比如在陌生人面前唱歌等，要尝试去做。这样的事情多是开头难，克服第一次，以后就方便多了。

2、结交陌生人——陌生人可以使你有防备心理，就好比一个陌生的人遇到你一样。同时也可以学习揣测对方的心理等。

3、坚定信心——人最大的动力就是信心，这个是必须的，每做成功一件事情，都要给自己加油。

4、主宰自己——天命不要相信，任何一个人的成功都是靠自己的努力。主宰自己的行动，让一切皆有可能。

5 创新知识的储备

知识包括自然科学知识和社会科学知识，是人们对客观事物现象和过程的反映，是人们运用自己的智力和能力认识客观世界的结果。知识是智力的基础，智力又是创新能力的基础，所以知识也是创新能力的基础。首先，从知识本身来看：知识为创新提供基础，而创新结果又成为新的知识，知识的不断发展和充实为创新提供了必要的支持，所以会出现新知识呈几何级数增长的现象，才会出现知识爆炸的时代。知识与创新互为前提，由知识而产生创新，在创新之后而产生新的知识，如此循环往复向前发展。其次，从创新的个体看：在个体的知识背景中，优势内容会给个体产生在某一方面较强的创新灵感。个体不同的知识背景使得他们面对同一环境时，思考的内容也不相同，即所谓的仁者见仁，智者见智。同样面对一个美景，音乐家的脑海里浮现出优美的旋律，摄影师的眼中是美好的瞬间，画家则想到的是精妙的构图，诗人则已吟起了佳句。系统化知识体系，形成专业知识深、相关知识博的知识结构，有利于学生创新能力的形成与发展。

一般来说，一个人的知识越丰富，就越能解释新情况，吸收新信息，解决新问题。设想一下，一个没有知识或者知识贫乏的人，是很难进行创新活动的。纵观历史，许多人几乎是在进行着一种简单的重复，而所有的发明都是在知识特别是相关知识积累到一定程度时才得以形成。因此，作为创新型人才，必须具备渊博的知识，需要掌握知识与经验。

作为基础因素的知识，包括吸收知识的能力、记忆知识的能力和理解知识的能力。吸收知识、巩固知识、掌握专业知识、积累实践经验、扩大知识面、运用知识分析问题，是创造力的基础。任何创造都离不开知识，知识丰富有利于更多、更好地提出创造性设想，对设想进行科学的分析、鉴别与简化、调整、修正；既利于创造方案的实施与检验，又利于克服自卑心理，增强自信心。这是创造力的重要内容[18]。

5.1 知识量的层面

知识属于认识的范畴，是人们对自然界和社会观察、认识及实践而获得的感知的总结。知识量的多少制约着一个人的创新层次和水平，知识量的积累为创新形成背景。

知识量的增加是一个积累的过程，没有任何捷径可以使知识量瞬间海量地增加。增加知识量的关键是持之以恒。在日常的学习与生活中了解与掌握各个方面的知识，每天保证用一定的时间去看书，不要一扫而过，有些是需要去记忆的；同时，生活中留意身边的小知识，做个有心人。长期的积累会让你发现自己在不断地充实，掌握的知识量也在一点点增长。人的潜意识存储的知识量是人们言语表达的主要来源。当一个人面对众人谈论话题时，会表达出他内心对这件事情的看法及定义，而内心的看法来源于他们自身大脑存储知识量的大小。人存储知识量越多，他们的表达能力及说服力越强，因为在他们的大脑之中有许多与之相关的信息存在。

5.1.1 掌握从事创新活动领域的基础知识

创新能力与知识、经验关系密切，因为任何发明创造都要有许多相关的知识或经验作为"媒介"才能诞生。丰富的知识、经验，会聚变成透析的洞察问题的能力，在复杂多变的环境中进行快速的思考和准确的判断，甚至在一些常人以为微不足道或者熟视无睹的情境的触发下产生灵感，迸发智慧的火花，表现出主体的能动性和创造性。我们所掌握的知识与经验越丰富，往往越能提高我们的创新性活动水平，越有利于充分发挥潜在的创新能力。所以，在其他条件相同的情况下，创新者的知识、经验越丰富，产生创新设想的可能性也就越大。一个有所创新，有所创造的人，即使并未受过专门系统教育训练，在实践活动中经过自己的钻研和探索，也会掌握一定的知识和经验。美国发明家爱迪生虽然在学校只接受了不到5年的教育，但他博览群书，勤于实践，掌握了许多知识和经验，并且能够创造性地运用自己所学到的知识，从而创造出远超过常人的成果。

培养创新人才的过程中，积聚其所从事活动领域的基础知识是必要的，而且是不可或缺的。知识为能力奠定基础，扎实的基础知识为创新能力提供支撑。如果基础不好，人就成为无源之水，无本之木，无法顺利地开展工作，发现问题也想不出解决的办法。对一项复杂的高科技产品的研制工作，研究者如果没有足够精深的基础知识，就谈不上创新。我们今天所面临的创新挑战，大多是属于高科技领域的科学实践和生产实践，揭示出未知的东西，研究的深度和广度，探索过程的复杂性和艰难性，都远远超过以往的研究。

事实证明，多掌握一些基础知识，就多一条思路。具有丰富知识经验的人能从其他学科中吸取养料，得到借鉴，比只有较少知识和经验的人更容易产生新的联想和独到的见解。一个有较多空间结构知识、熟悉各种空间几何图形的人，比一个只能看懂平面图形、只有两面知识结构的人，空间想象力会强得多。美国的诺贝尔物理学奖获得者格拉肖就说，"涉猎多方面的学问可以开阔思路，多抽时间读读小说，逛逛动物园都有好处，可以帮助提高想象力，这同理解力和记忆力一样重要。假如你从未见过大象，你能凭空想象得出这种奇形怪状的东西吗?”许多有独创性贡献的科学家，大都兴趣广泛，具有宽阔的知识面。只限于钻研一个狭窄领域，让知识局限在一点上，就难以把自己的思维延伸到其他领域。

但是，知识多并不等于创新能力就高，知识与创新能力只能相辅相成，而不能互相替代：(1) 知识与创新能力的作用不同，知识只能迁移应用到与其内容相吻合的场所，当与其适用领域不吻合时，知识的作用就荡然无存。而创新能力一旦成为个人的思维属性，就可以迁移并应用到不同场合中去，在极其广阔的范围内发挥作用。(2) 知识丰富固然能增进人们的评判能力和思维能力，但在应用不当的情况下，他们也容易成为禁锢人们思想的枷锁，阻碍创新能力的开发。(3) 知识是人类共同的财富，一经公开，人人都有权享用，但在当今知识经济爆炸的社会里，最先运用新知识的人，往往因市场变化、信息过时、知识陈旧而落后。因此，知识的公开既有长处，也有短处，人们一旦不能照搬知识或照搬不灵时，就会陷入进退维谷的境地。具有创新能力则不会受制于人，因为人们可以在原有知识的基础上充分利用创新能力的能动性，使知识得到突破和提高。无数成功的创造实践表明：开发创新能力，既不能忽视知识的重要性，也不能把知识视为僵化的东西，而是要灵活地运用知识，主动地驾驭知识，科学地组合知识，以别人想象不到的方式利用知识。

在大学本科教学中，基础知识可分为两大类，一类是理论知识，另一类是实践知识。理论知识又包括专业基础知识和专业理论知识。专业基础知识在适应经济建设的发展中，会发生深刻的变化。产品或工程项目，随着经济建设的发展和社会的改革进步，无论在规模上、形式上、功能上、构造上，都会产生整体的或局部的变化，解决专业问题所需要的知识就要适应这种新的变化、新的问题、新的要求，基础知识就会在原有的基础上衍生出新的知识。因此，要有良好的专业知识基础，包括所从事活动领域的公共基础课、专业基础课。应该在打下宽厚的专业知识基础的前提下，及时了解学科前沿的新理论和新知识。这样，在创新实践时，才可以融会贯通地运用所学的、最新的专业理论和实践知识，寻找创新的突破点，进行高水平的创新实践。

【案例一】25 岁女孩百日拿下百万项目

黄洁芳，出身机械设计专业，时下是一家设计公司的经理，领导着十几名员工。

读书时期，黄洁芳就有一个梦想：当一名建筑设计师。毕业后，带着一腔对建筑设计的热情和对“设计师天堂”的向往，她瞒着家人，只身前往迪拜工作，成为迪拜 fusion 设计室的助理工程师。在那里，她接触到了不少世界顶级设计师，参与了中东地区多个项目的室内设计装修工程，包括迪拜皇冠假日酒店、迪拜皇家国际饭店等，学习了许多先进的设计知识和经验。

2009年5月，黄洁芳从报纸上看到，政府出台了支持大学生创业的政策，大学生创业可以给予“零注册资本”的优惠。出国时办了暂缓就业的她，马上到越秀区工商局办理了相关手续，成为广州市第一批享受大学生创业优惠政策的人。依靠业内人脉的积累和口碑，黄洁芳的设计室逐渐走上了正轨，先后接下了上海香薇玫瑰园、顺德保利百合花园、广州雅思儿童培训中心等项目，其中最大的一单生意合同金额达到100多万元。

黄洁芳认为，创业不要赶时髦，要“钻空子”：经常把目光瞄准人们都以为“不起眼”而又确实具有发展前景和良好销路的项目，瞄准目标后就要主动学习所需的知识，努力充实自己，打好创业的基础。（资料来源：信息时报）

【案例二】机遇垂青有准备的人

王风刚，2008年7月毕业于山东农业大学种子科学与工程专业，毕业时选择了自主创业，在济南建立了自己的公司——山东地康生物肥业有限公司。之后，又在临沂市河东区刘店子乡建立分公司，建成了年产能力3万吨的肥料厂，并生产出地康生物有机肥，市场上供不应求。

在大学期间，王风刚就为创业做着知识和经验储备。他努力学习专业知识，积极参与大学生小麦高产攻关田管理实践活动，研究小麦高产与肥水的关系。除了学好本专业课程之外，他还学习了工商管理专业课程。王风刚还通过竞争，当选了山东农业大学南校区学生会主席。社交能力、学生干部的经历也为他成功创业打下基础。

到2009年春天，大学毕业仅半年多的王风刚，公司注册资金达100多万元，为40余人提供了就业岗位，其中有10名大学生，销售额达到200多万元。（资料来源：大众日报）

【案例三】5个U盘起家　西南林学院学生跻身“创业富豪”

2009年6月24日，知名网站中国校友会网和《21世纪人才报》联合发布“2009中国大学创业富豪榜”，西南林学院毕业生贺靖以30万元资产挤入全国百强。

2005年9月，怀揣着父母卖掉房子凑来的一万多元学费，19岁的贺靖第一次踏进西南林学院大门。想到了4年后就业形势的严峻，贺靖用这样的座右铭告诉自己：在大学期间要通过努力拥有一个属于自己的平台，这样才能在同等条件下比别人有更多的机会。

2008年3月，西南林学院首届大学生创业大赛，让贺靖真正开始了创业之路。有了学生会平台的锻炼，贺靖联合了平时一起做事的几个兄弟开始写创业计划书，内容就是如何利用大学平台进行创业。“在写完之后，大家都激动得睡不着觉。”第二天，拿着计划书，贺靖开始找商家“借钱”。贺靖坦言，“没有营销策略，没有运作方式，现在看来，当时的计划书很幼稚”。但策划出来后，还是得到校方老师的支持。一个月后，整个数码城的人几乎都知道了贺靖这个名字，更多的商家开始给他们供货，他也赚到了“职业生涯”的第一桶金。（资料来源：云南网）

【思考导向】

从这些创业故事中我们看到，要想“一跃而起”，之前必须有一定的积累，包括资金、人脉关系的积累和自身知识的不断完善，三者缺一不可。如果没有对专业的热爱，没有基础知识的积累，就不可能创新创业。没有一个创业项目是轻易就能实现的，每个过程都是一个浩大的工程，需要方方面面的能力和技巧，这需要创业者在创业道路上不断地学习，认清道路，少走弯路。

5.1.2 掌握从事创新活动领域的最新知识

尽管知识和经验对于发展想象力非常重要，但这并不是说知识和经验越多，想象力就会自然而然地发达起来。如果发明创造者缺乏独立思考的态度和能力，满足于已有知识，丧失开拓进取精神，故步自封，也会阻碍想象力的发展。因此，创新型人才要主动摄取最新知识，并对其加工提取，变成自己的发明创造能力。

信息是客观世界的产物。信息作为一种资源，为创新提供了条件，同时，创新必须依赖信息。人在信息社会中居于核心地位，发挥着举足轻重的中心作用。人的大脑通过思维活动对已有的感性信息和理性信息进行加工处理，从而形成新的知识信息。按照思维的加工理论，人的思维活动就是一个特殊的信息和知识的加工过程。创新思维的过程就是获得相关领域充足的信息和知识，并且具备一定的非逻辑思维能力和逻辑思维能力。

英国著名情报学家 B. C. 布鲁克斯曾经建立了信息与知识的关系方程式，布鲁克斯的基本方程式如下：

$$K(S) + \Delta I = K(S + \Delta S)$$

方程式中 $K(S)$ 为原有的知识结构，即一个人的背景知识或图示；ΔI 为吸收的情报量，即能够理解、整合到自己知识结构中的信息；$K(S+\Delta S)$ 为吸收了新的信息后形成的信息知识结构。该方程式表明知识是通过信息利用而增加的，阐明了信息利用与创新的关系。创新主体受到内在因素和社会因素的影响，需要大量的相关信息，进行获取、交流、筛选、吸收，然后与主体原有的知识结构和认知能力结合，从而产生新的信息和思想，并将它们应用于实践活动。

在校大学生应充分认识到获取信息的重要性，努力培养自己掌握最前沿信息的能力。在世界科技高速发展的今天，创新大多是在原有研究基础上的突破，因此，缺乏文献与情报检索能力，就无法了解学科最新的研究与进展情况，就有可能进行低水平的重复性工作，白白浪费有限的人力、财力和物力资源。在信息时代，学会检索、利用文献获取知识，已成为大学生必不可少的求知、创新技能和手段。掌握了检索技术，才能综合运用图书情报理论知识，利用各种现代化的有效手段，迅速、准确、全面地查找和整理文献资料，把握课题的研究状况，了解其最新进展，为科研与论文写作积累丰富的资料，为学术创新找准突破口，最终达到创新的目的。因此，学会把握所从事创新活动领域的最新信息，对于自学能力、创造性思维能力、研究开发能力的培养，有着不可替代的作用。

【背景资料】信息素养

“信息素养”（information literacy）是1974年由美国信息产业协会主席保罗·泽考斯基提出来的，它包括：能够判断什么时候需要信息，并且懂得如何去获取信息，如何去评价和有效利用所需的信息。

信息素养是一种综合能力。信息素养涉及各方面的知识，是一个特殊的、涵盖面很宽的能力，包含人文的、技术的、经济的、法律的诸多因素，和许多学科有着紧密的联系。

信息素养主要表现为以下8个方面的能力：

（1）运用信息工具：能熟练使用各种信息工具，特别是网络传播工具；

（2）获取信息：能根据自己的学习目标有效地收集各种学习资料与信息，能熟练地运用阅读、访问、讨论、参观、实验、检索等获取信息的方法；

（3）处理信息：能对收集的信息进行归纳、分类、存储记忆、鉴别、遴选、分析综合、抽象概括和表达等；

（4）生成信息：在信息收集的基础上，能准确地概述、综合、履行和表达所需要的信息，使之简洁明了，通俗流畅并且富有个性特色；

（5）创造信息：在多种收集信息的交互作用的基础上，迸发创造性思维的火花，产生新信息的生长点，从而创造新信息，达到收集信息的终极目的；

（6）发挥信息的效益：善于运用接收的信息解决问题，让信息发挥最大的社会和经济效益；

（7）信息协作：使信息和信息工具作为跨越时空的、“零距离”的交往和合作中介，使之成为延伸自己的高效手段，同外界建立多种和谐的合作关系；

（8）信息免疫：浩瀚的信息资源往往良莠不齐，需要有正确的人生观、价值观、甄别能力以及自控、自律和自我调节能力，能自觉抵御和消除垃圾信息及有害信息的干扰和侵蚀，并且完善合乎时代的信息伦理素养。

【案例四】先帮人省钱再赚他人钱

“帮人省钱自己赚钱”，北京师范大学珠海校区的几名大二学生想出了这个创意。他们自创了一个主要面对学生群体的折扣网站，以低于市场折扣价的价格销售商品。除了赚取商品的差价，他们的盈利点还来自向顾客收取邮费。网站自2009年6月创建，半年过后，仅商品销售每天的营业额就超过2000元。

该折扣网站的创办人之一——庞良德是北京师范大学金融系的学生。大一时，渴望自主创业的他，和两个同窗伙伴创建了这个省钱网站。庞良德的创意是受到一些购物返利网站的启发。

当前，一些购物网站利用购物返利的模式来吸引顾客，但庞良德的购物经历，让他发现了这种购物返利模式存在的弊端：返利的时间太长。比如购买一件100元的商品，返利10元，商家在一个月之后，才将这10元钱打到顾客的账户上。庞良德想，需要创建一种模式，直接给予顾客折扣，这样对顾客来说更加实惠。

于是，他想到了创建一个折扣网站。这个“51平台网”的经营模式类似“淘宝客”，网站给商家推销商品，商家需给予顾客一个折扣，这个折扣比该商品的网上直销价格还要低。目前，“51平台网”已经和15个知名商家达成合作协议，有当当网、麦包包、凡客诚品、中国鲜花礼品网等一些大企业，商品包括书籍、日用品、饰品、家电等等。（资料来源：信息时报）

【案例五】大学生创业瞄上“企业内部春晚”

卞杭是浙江教育学院人力资源管理专业毕业生，大二时，宿舍里流行看视频，那时网上流行的“电信春晚之四小男天鹅”、“后舍男生版喜刷刷”之类的搞笑段子，他在笑过之后忽然有一种想法：既然大家都想在单位春晚上一鸣惊人，为什么我不能拿这个赚钱呢？

如今很多企业把单位春晚看成宣传企业文化、凝聚团队信心的好机会。不过，一般的公司都是自娱自乐，重头戏多是吃饭、抽奖。大公司嘛，部门多，PK自然激烈，各部门一边赶着年终报告，一边还要想出绝招拼风头，就需要与众不同的创意。所以，刚刚大学毕业的卞杭将目光瞄准了“单位春晚”这块蛋糕。（资料来源：武汉晨报）

【思考导向】“51平台网”的经营模式，“企业内部春晚”的奇特创意，都是把握创新活动信息的最好体现。消费者大多喜新厌旧，新产品能否打开市场，关键在于有没有新意。而大学生的特点就是充满朝气和标新立异，且善于观察、思考，开拓创新能力强，如果有意识地多参加一些社会实践，并请老师进行创业指导，相信会有越来越多的大学生成为成功的创业者。

【训练题】

1、结合案例分析，学习所从事的活动领域的基础知识对创业有什么意义，获取这些基础知识的途径有哪些?

2、结合案例分析，把握创新活动最新信息对创业的积极影响?

3、大学生在把握创新活动最新信息方面的优势有哪些?

5.2 知识结构层面

每个人的知识都不是单一的，而是复合的，是由多种知识构成的。不同的是，有的人的知识结构是合理的，有的人的知识结构是不合理的，或不完全合理的。结构化的知识既便于学习和掌握，又便于运用。一个人有很多的知识，如果不能借助于合理的结构而形成一个有机统一的整体，那么这些知识就没有什么价值，也就没有实际用途[3]。

当代知识理论把知识分为“显性知识”和“隐性知识”。前者指的是能够以书面文字、图表和数字公式加以表述的；后者指的是不可编纂的知识，隐藏在大脑里只能意会不能言传的知识，包括信念、价值观、判断力、激情、良知、承诺、责任心、不可编写的操作程序等。美国国家创业指导基金会创办者史蒂夫·马若提出了12种被普遍认为是创业者需要具备的能力和素质：适应能力、竞争性、自信、纪律、动力、诚实、组织、毅力、说服力、冒险、理解和视野。这些能力和素质可以说基本上属于“隐性知识”。而这些“默会知识”在主要以传递、理解和掌握“显性知识”为主的课堂教学中是学不到的，只能在“做中学”、“干中学”中，在实践中才能真正掌握。也可以说，创业能力不是教出来的，而是练出来的。所以，创新型人才的培养不仅要学习足够的可应用的知识，还必须强调实践，即对知识的应用，仅有知识而不应用就不能创新，唯有知识与实践相结合才能作出创新的成果。

我国著名的科学家、中国科学院和中国工程院的资深院士钱学森教授说：“一个有科学创新能力的人，不但要有科学知识，还要有文化艺术修养，没有这些是不行的。”由钱学森教授首创的大成智慧学是一门引导我们如何尽快获得聪明才智与创新能力的学问，其目的在于使我们面对浩瀚的宇宙和神秘的微观世界，面对新世纪各种飞速发展、变幻莫测而又错综复杂的事物时，能够迅速做出科学、准确而又灵活、明智的判断与决策，并能不断有所发现、有所创新。大成智慧，是以科学的哲学为指导，把理、工、文、艺结合起来走向大成智慧的过程。简要而通俗地说，就是“集大成，得智慧”。它是以辩证唯物论为指导，利用现代信息网络、人机结合、以人为主的方式，集古今中外有关信息、经验、知识、智慧之大成。“大成智慧”的特点是沉浸在广阔的信息空间里所形成的网络智慧。“大成智慧”是在知识爆炸、信息如潮的时代里，所需要的新型的思维方式和思维体系。它要求我们必须构建合理的知识结构，注重科学与艺术的结合、逻辑思维与形象思维的结合、思维的整体观和系统观的结合等。

诺贝尔物理学奖得主杨振宁教授认为，中国人绝对不笨，每30万美籍华人中就有一个人得诺贝尔奖，关键是我们的知识结构存在问题，只强调智力，缺乏艺术的熏陶、意志的锻炼和人类同情心的培养。要把文化艺术知识纳入培养创新人才的知识结构中，开发和促进大脑右半球的形象思维，提高想象力和直觉、顿悟，是非常必要的。一个知识结构不合理，一个只知道自己专业内知识而其他知识知道甚少的人，其创新能力也是难以充分发挥的。

建构创新能力的知识结构，应当侧重改变知识的数量积累与层次分布：(1) 拓宽常识性知识面。形成一个范围较宽的包括人文社会科学、自然科学、思维科学等在内的常识性知识带。(2) 减少熟练性知识的积累。熟练性知识的积累量应与需要上升到深刻性知识的内容相配合，过多地积累熟练性知识，对创新活动不仅无益，反而有害。(3) 精选深刻性知识的内容。形成一个与创新目标及专业创新工作要求相适应的深刻性知识圈[19]。

合理知识结构具有如下特点：

(1) 具有高度准确、着眼于联系的概念。创造离不开概念组合，概念越明确，相互联系越紧密，新观念越容易形成，创造性思维越容易展开。

(2) 具有双重知识结构。包括按照逻辑关系建立的微观结构和在此基础上建立起来的以主题为中心的从一般到特殊的宏观结构，因联系加强而便于再创造。

(3) 具有大容量的知识功能单位。知识功能单位指一组在内容上有必然逻辑联系的信息。知识功能单位容量越大，思维的跨度越大，跳跃性越强，创造的可能性也就越大。

(4) 具有大量程序性而不是陈述性知识。可见，知识结构越合理，知识的质量越高，创新越容易，创造力也就越高。

个人的知识越多，知识面越广，结构越合理，创造力也就越大。建立合理的知识结构，是创新创业的必要条件。

5.2.1 广泛涉猎，精于所在专业、领域的知识

结构化的知识具有良好的整体效应，实用性强，使用价值高。一台彩电的零部件堆积在一起，并不能发挥作用，只有组装成彩电，成为一个有效的整体，才能放映电视节目，产生一堆零部件散放所没有的新的系统功能。获知也是一样，散的知识转化不成智能，一旦所获知识形成系统，层次性强，同一层次异同分

明，不同层次递进有序，就可以形成整体效应，可以转化为智能，或用来获取高层次知识，或用来形成创造能力[3]。

创新是在某个专业领域中的创新，领域是一个广阔的空间，各领域又包括众多的专业门类。培养一个创新人才，专业知识是必要的，而且是不可或缺的。对一项复杂的高科技产品的研制工作，没有足够精深的专业知识，就谈不上创新。

随着经济建设的发展、社会的改革进步，产品或工程项目在规模上、形式上、功能上、构造上都会产生整体的或局部的变化。解决专业问题所需要的知识，就要适应这种新的变化、新的问题和新的要求，因而专业知识就会在原有的基础上衍生出新的知识。进入知识经济时代，专业结构出现了巨大的变化，有资料说：社会对知识的需求，20 世纪 70 年代是 5 年增加一倍，最近 10 年是 3 年翻一番；到 2050 年，我们现在所拥有的知识可能只是那时的 1%。因此，专业结构和专业知识就必须适应这种新的形势和满足解决新问题的要求而进行改革。

解决一个庞大的复杂的科技问题或生产问题，往往不是单一的专业知识所能奏效的，还需要相关领域的多学科知识的结合。创新成果的出现往往是多领域的知识交叉融合的结果，所以创新型人才的培养除掌握所从事的专业领域的知识外，还应通晓或熟悉与其相关的知识。一个创新人才的产生除精通本专业的知识外，还应拓宽知识视野，打破专业的界限。但要想有所创新，仅仅具有本领域的知识还远远不够，还应对相邻专业领域的知识有适度的掌握。例如，机械类专业的学生应该适量地学习应用电子、计算机的专业知识；电子类专业的学生应该适量地学习机械、计算机的专业知识等。对文科、经济等专业的学生，也应依照专业的特点，适量地学习相邻专业领域的知识。这样，在具体创新时就可以融会贯通，较易找到突破口，成果才会显示出综合性、先进性的特点。

【案例一】 专业知识是一笔宝贵的财富

吕晋宇，2001 年毕业于太原理工大学计算机专业，现在是“久创科技”服务公司的年轻 CEO。吕晋宇早在上大学时就十分喜爱自己所学专业。大二暑假，他在校内开设了电脑培训班，当起了老师。之后，又瞅准了电脑市场，帮学生组装电脑，做起了校园生意。大四时，吕晋宇开始在一家企业打工，打工的过程也是学习和实践的过程，他学会了单片机编程与应用，这些对于他的毕业论文《单片机在电力系统中的应用》和后来的创业来说，实践中所积累的这些专业知识是一笔宝贵的财富。（资料来源：大学生创业网）

【案例二】 利用专业巧创业

“六元钱还你洁净的卫生间。”在武汉工程大学流芳校区的宣传栏里贴着这样一则广告，张贴广告的是 2008 级工业催化专业的金涛和杨凯。

大二开学时，两人针对寝室卫生间无人清洁的情况，发挥专业长处，自制洁厕剂，每清洁一个厕所收费六元，开始了校园创业。（资料来源：楚天都市报）

【案例三】 修理工发明节能饮水机

挂在墙上、外观酷似平板电视的即热式饮水机，用“神奇”二字来形容似不为过。它里面装的不是金属内胆，而是二氧化硅纯度接近100%的纯天然石英管发热体；即开即热，按下开关后3到6秒内即可流出滚烫的开水，避免了“千滚水”导致的种种弊害；它比传统的饮水机节电80%以上，是同类产品中第一个通过中国质量认证中心认证的“节能产品”；为防止小孩意外灼伤，其操作界面上还设置了“童锁”按钮……

这种饮水机是国内首创，已获得20项国家专利，其中14项为实用新型专利。发明者是浙江长兴奥利尔家用电器有限公司总经理沈志国，时年35岁。

沈志国出生在浙江省长兴县槐坎乡的农民家庭，职中毕业后到乡里的电容器厂当了一名技术工人。当时家里买的电视机经常出毛病，看到父母辛苦赚来的钱花到电视机修理上，沈志国非常心疼，就萌发了学修电视机的想法。他说服父母，跟亲戚借了500元作学费，白天上班，晚上看书，只用了一年时间就学完了全部课程。

1992年，沈志国到相邻的夹浦镇开了一家电器维修部，开始了人生的第一次创业。喜欢钻研的他边学边做，很快就掌握了彩电、冰箱、空调等多种家用电器的维修技术，成了当地有名的小专家。当时，夹浦镇全镇搞纺织，大家纷纷买了二手的喷水织机和小型柴油发电机。但这两样东西都经常发生故障。沈志国经过刻苦钻研，研制出新型的电路控制板和节能器，装上去后不仅延长了寿命，而且省电、省油，价格又便宜，用户竖起大拇指：这个小沈不简单！

沈志国说，“我就是比较关注细节，喜欢在别人不注意的细节上下工夫。”

2004年，沈志国又把目光转到了饮水机上。他注意到，饮水机已成为城镇家庭的必备品，但传统的饮水机都采用金属内胆，内胆中的水要在75到90摄氏度之间反复加热，不仅浪费电，而且导致水中的营养物质流失，还会产生氧化钙、亚硝酸盐，长期饮用不利人体健康。于是，他查阅了大量资料，经过反复琢磨，对传统饮水机进行彻底改造，终于研制出即热式的健康节能饮水机，并于2008年1月创办了奥利尔家用电器有限公司。（资料来源：人民日报，2010年9月6日，第20版）

【案例四】 专业知识不足导致灾难

20世纪70年代，埃及兴建阿斯旺水坝。水坝的建设竣工，给埃及人带来了廉价的电力，控制了水旱灾害，灌溉了农田，给埃及的工农业生产、经济建设带来了许多好处。但是，由于有关部门领导人缺乏保持生态平衡的专业技术知识，在这个至关重要的问题上，未作好周全的决策，导致了尼罗河流域生态平衡的破坏，遭到一系列始料不及的自然报复。

由于尼罗河的泥沙和有机质沉积到水库底部，尼罗河两岸的绿洲丧失了肥源，土壤日趋盐渍化、贫瘠化；由于尼罗河河口供沙不足，河口三角洲平原由以前的向海中伸展变为后来的朝陆地退缩，工厂、港口、国防工事等有陷入地中海的危险；由于缺乏来自陆上的盐分和有机物，盛产沙丁鱼的渔场毁于一旦；由于大坝的阻隔，尼罗河上游奔流不息的活水变成了相对静止的“湖泊”，为血吸虫和疟蚊的繁殖提供了生存条件，致使水库周边居民的血吸虫发病率达到百分之八十甚至百分之百。这些由于决策者缺乏专业技术知识而带来的损失，使埃及付出了沉重的代价。(资料来源：创业百事通创业网)

【思考导向】了解专业领域技术是创新实践的准备阶段。对于任何领域的创造和创新，都必须首先对前人在这个领域内所积累的知识和经验有比较完全的了解，必须对必要的专业和技术进行深入学习。吕晋宇的“久创科技”的技术服务公司就完全依赖他们自身的计算机专业；金涛和杨凯打出的“六元钱还你洁净的卫生间”的广告，是因为他们就是催化专业的学生。

5.2.2 不断提升对已有知识进行创造性加工整理的能力

知识的加工处理就是指对知识进行分类、分析、整理和提炼，形成有价值的知识。信息加工理论告诉我们，只有通过一定的网络系统贮存知识，才能被有效地提取和利用。具有良好的知识和加工整理能力是创新创业成败的关键。但知识的提炼加工又有它特殊的方式方法。

首先，方法是知识转化为创新能力的“中介”。

知识是提高创造力的基础，但它并不能直接转化为创新能力。在知识到创新创造能力之间有一个不可忽视的中间环节，这就是方法。方法对于知识来说是“消化酶”，对创新能力来说是“催化剂”，对两者之间的关系来说是“杠杆”。一个人尽管满腹经纶，如果没有科学方法，就如同不懂经商之道的商人，有满口袋金钱，却无法赚回一个铜板。可以说，有知识而无方法，知识就无多大用处。正因如此，历史上几乎所有卓有建树的科学家都非常重视方法的研究。巴甫洛夫说：“无怪乎人们常说，科学是随着研究方法获得的成就而前进的。”

方法的重要性体现在以下三个方面：第一，它贯穿在汲取、储存、积累、加工、运用知识的全过程，可以使“死”知识死而复活，也可以把大脑中散在的知识联在一起，组合成不同层次的知识结构，相对增加知识的智能价值。这样的知识又易于向方法转化，使知识与方法之间形成滚雪球般的循环机制。两者相得益彰，促进创造能力的发展。任何一个认识问题和实际问题的解决，都是知识与方法相互作用的结果。当人们创造性地运用知识去探索未知的时候，知识与方法的结合就表现为一种创造力。第二，方法是从理论转化而来的。理论作为内容，通过方法得以表现；方法作为形式是理论的应用或行动中的理论。理论向方法的转化就是理论的社会功能和社会价值的实现过程。理论如果不能转化为方法，就是无用的理论。比如马克思主义哲学原理，如果不转化为思想方法和工作方法，就是僵死的教条；数学定律不转化为解题的方法，就是废纸一堆。第三，方法是实现“两个”飞跃的重要环节，也是实现创造性认识和创新实践的必由之路。从感性认识到理性认识的飞跃表现为创造性思维方法，从理性认识到实践的飞跃表现为创造性实践方法。所谓创造力，就是指创造性思维能力和创造性实践能力。

其次，思维是知识转化为创新能力的“核心”。

知识转化为创新能力，取决于知识本身的智力价值，更取决于人在获取知识的过程中智力参与的程度。思维是智力的中心，创造力是智力的集中表现。知识的智能价值要靠思维去发掘，外在的、书本上的知识要靠思维“内化”和“活化”，散在的知识要靠思维组合建构。因此，思维是使知识转化为创造力的核心要素。

最后，社会实践是知识转化为创新能力的“实验室”。

社会实践将主观认识系统与行为系统有效地连接起来，能够实现知与行的统一，推动认识能力、选择能力的提高，提高社会活动能力、独立工作能力、社会适应能力等。大学生在社会实践中将自己所学知识、创造成果直接应用于社会，能够提高实际工作能力，做好就业创业的准备。通过自己在社会实践中的尝试与摸索，激发创新意识，开发创造能力，并从创业成功者的实践中受到启发和教育，逐步具备创业者所需要的敏锐的观察力、丰富的想象力和远见卓识。

【案例五】 我的发明值2000万

董航，1985年出生，齐齐哈尔大学化工学院大三学生，是“双轴式推拉门”发明者和专利持有者。这项专利由香港国际评估事务所评估，国内转让价值达两千多万元人民币。近日他的专利获得了第七届香港国际专利发明博览会专利发明奖金奖。董航因此拿到了香港特别行政区高级工程师证书。

看似偶然的灵感，往往都是出于瓜熟蒂落的必然。大二寒假，董航在家打开冰箱门拿饮料的时候头脑里闪现出一个想法：“这门如果能够左右双开多方便啊！”有了思路后，他琢磨起来，把“双开门”的草图画了又画，心里一直研究这件事。爱动脑筋的他，设计了一种左右两侧都能打开的“双轴式推拉门”。听说了董航的创意，机械专家、齐齐哈尔大学退休教授许维翰很感兴趣。许维翰当过哈尔滨飞机制造厂研究员，设计过摩托车、装甲车、医院密封式放射门。董航把图纸画给许教授看，这是一种十分巧妙的设计，门的左右方向都可以开启。许教授啧啧赞叹："我研究门一辈子了，从没想过门可以左右双开，年轻人真有想法！"后来许教授帮董航鉴定了此项科研成果，查询的结果是此项科研成果目前国内还没有人研制，董航可以申请国家专利。（资料来源：慧聪网）

【案例六】电子产品不怕水

插着电源的影碟播放器放在水中仍能正常放出图像，手机从水中捞出后能继续通话，插座放在水中但灯泡能继续发亮……"任何用电产品应用上这项防水材料新技术后，在水中都能正常运行，并且不漏电不触电还可以直接拿手摸！"2009年7月29日，在成都郫县青年大学生创业园，从大学里休学回家创业的青年周刚现场演示了这项已入驻郫县青年大学生创业园的防水技术项目。

时年二十三岁的周刚曾就读于南昌理工学院，当时正在读大二的他在学校接到一个开发终端通讯设备防水技术的研发课题，而这个早已小有名气的发明家很快就成功研发出一套防水新技术，即运用防水材料进行防水的新技术，并申请了专利。

据周刚透露，自己的专利发明是一种新型用电产品防水技术，简单地说，就是任何用电产品，不论什么形式也不论用什么技术制造，只要运用防水新技术后，就能在水中正常运行，并且不会漏电触电。"此项技术理论上可以推动用电行业的技术革命，目前我们已接到了十万个防水插座的订单，运用这项技术所生产的防水插座将在三个月后上市。"周刚透露说，虽然这种新型防水插座的市场价格是普通插座两倍，但随着产量增加，不久后新型防水插座的价格将降至普通插座的同等价格。（资料来源：四川新闻网）

【案例七】马化腾的思考成就腾讯

腾讯的最初业务是为一些寻呼台做系统集成，当时的几个合伙人既当销售员，又做工程师。一个偶然的机会，马化腾看到了基于Windows系统的ICQ演示，ICQ在当年已经席卷全球，却没有中文版。马化腾由此开始思考，是否可以在中国推出一种类似ICQ的集寻呼、聊天、电子邮件于一身的软件？就是基于这么简单的一个想法，马化腾和他的同事们开始模仿ICQ的功能和特性，开发出了中文界面的即时通讯工具——"网上中文寻呼机"，简称"OICQ"。马化腾就是这样一步步建立自己的网络帝国，成为新一代企业家中面向全球的中国符号。这就是典型的知识再创造能力的体现，马化腾是软件工程师出身，他将自身所学知识与时代相结合，不断发展更新，才有今天的成就。（资料来源：大众网）

【思考导向】现任比亚迪股份有限公司董事局主席兼总裁的王传福说，走别人的路再和别人竞争是没法竞争的。对于创业的大学生来说，经过对前一阶段专业、领域技术的充分了解后，应该综合整理已有知识，在酝酿、思考之后，产生自己的“顿悟”和创新。“知识创造财富”这一睿智格言的含义是：对知识进行创造加工整理的能力是走向成功的保证。

5.2.3 不断增强创新活动管理控制能力

英国哲学家弗兰西斯·培根有一句名言：“知识就是力量。”知识力量要体现在拥有知识人的能力上，能力反映一个人认识问题、洞察问题、发现问题、分析和解决问题的深度、质量和效率。一个人能想到别人想不到的事，对同一件事物能看到别人看不到的东西，善于处理别人不易处理的复杂而棘手的事物，我们说这个人的能力很强。一个能力很强的人往往是他灵活地掌握了启迪和激发他智慧的知识，同时又是勇于实践的人。

人们的实践活动就是运用知识的过程，而这种实践活动基本可以分为两种形式：机械性的和创新性的。机械性实践活动：即通过掌握一定的知识后，只是简单地使用，而没有新知识产生，以重复、简单、证实为其主要特点。创新性实践活动：即掌握一定的知识后，通过对原有多种知识的组合、结合、融合而转化为新的知识或一种知识通过实践又增加新的内容而形成新的知识，并将这种新知识运用于实际工作或新的学习活动中，以变化、提高为特点。

如果没有知识的运用过程，就不可能有创新的产生。同样，创新能力的培养也离不开知识的运用。对于学生来说，学习便是知识运用的另一种形式，即学习知识的过程也可以理解为在教师的引导下，运用旧知识，通过对知识的综合、转化而向新知识迁移。学生的观察、思维、想象等创新能力在知识的传授中，得到培养和形成，而这同时也形成了创新的基础。只有善于发现问题，通过思维解决问题，发挥丰富的想象力，才能有真正意义上的创新。

培养创新活动管理能力的主要途径：

（1）积极参与实践教学环节。

“干中学”、“学中用”和“学中学”已成为获取隐性知识的关键途径。实践教学是依赖于课堂教学的，并被看成是课堂教学的延伸和补充。同学们对创新活动的掌控能力在很大程度上只能通过实践中的个体摸索和反复训练等途径来获得。杜威曾提出过“从做中学”的思想，这种方式除了能让学生学会显性知识外，还有在实际的“做”中得到难以言传的实践智慧，从而促进学生动手和创新能力的成长。

（2）积极参与科技创新活动。

积极参与科技创新和知识创新活动，利用有效的时间去认真学习基础知识，并在此基础上去创新、去挖掘别人不知道的科学奥秘，为自己正式进入创新创业活动打下良好的基础。通过参加科技创新活动，体味着自己处于知识产生的真实情景中，并通过与专家同伴的互动，学习他们为建构知识应该做的事。同时，包括了与专家之间的联系，也包括了与其他所有作为实践文化组成部分的人品、符号、技能和观点的联系。这有利于激发自我的创造力，增强获取新知识的能力和对书本知识的应用能力，有利于锻炼意志品质，开阔思维。

【案例八】校园里走出来的 CEO

丛跃，中国海洋大学工商管理专业2009届毕业生，毕业时已拥有百万身价。丛跃所经营的点亿传媒与点亿网络于上个月被共青团中央及中国青年企业家协会评为“中国青年成功创业企业案例50佳”。

2005年，刚读大一的丛跃靠3000元起家，经营MP3、电子辞典等数码产品，赚取了本人的第一桶金，陆续开了四家实体店铺。2006年，丛跃用挣得的10万元注册了自己的公司——“蓝海跃龙”文化传播有限公司，那年他刚满18岁，成为当时全省年龄最小的公司法人。2008年2月，整合收购了另外两家传媒公司后，丛跃成立了自己的第二家公司“点亿传媒”，注册资金一下达到150万元。这次“小并购”也成为丛跃创业史上的一个重要转折点。

一年前，21岁的丛跃创办“淘学网”大学生培训折扣联盟这个项目，凭借这一创业项目的成绩，丛跃获得了全球杰出学生企业家大赛中国区冠军，代表中国参加在美国举办的全球青年创业大赛。

从小成本的第三产业入手，以小搏大，从三千元起家，到目前拥有百万身价。丛跃的故事多少有些传奇色彩，但是，这一切的确发生在这个才22岁的小伙子身上。丛跃的团队正在整合多方资源，筹划成立点亿教育培训有限公司，涉足青少年综合素质拓展及能力提升培训领域，为更多的青少年发展贡献一份力量，实现社会效益、经济效益的共赢局面。（资料来源：青岛财经日报，2009年11月25日A3版）

【案例九】一个大四学生要招28个大四学生

为找到一个称心的工作，“准”大学毕业生们纷纷四处赶场。郑州大学数学系大四学生宋井华也忙碌在各大招聘会现场，不过他不是为找工作，而是以“聚焦科技传媒科技有限公司创始人”的身份招纳贤士。

宋井华的公司在深圳，他说，“我们主要做网络推广，目前市面上专业做这个的公司很少，所以前景非常乐观。”

从踏入大学校门的那一刻起，宋井华就开始积累各种实践经验。在学校期间，他和同学一起开过网吧，办过国学讲习社，还在校学生处做了3年的助理，学校财政处、藏书楼也都留下他工作的身影。

“创业选项也和平时的学习实践有关。”从上大学的第一天起，宋井华就开始坚持自学各种软件，精通很多种网络技术，“给学校网站做技术员不单能赚生活费和学费，还能积累各种实战经验，让我对网络有更深刻的认识。”实践中，宋井华逐渐明确了本身的创业目标：做网络推广。（资料来源：郑州晚报，2009年3月26日，A6版）

【案例十】获得九个博士学位的奇才

诺贝尔奖获得者美国的赫伯特·西蒙在20岁时获得文学学士学位，从27岁到63岁的36年间，他先后获得四个学科的九个博士学位（包括两个哲学博士学位，两个科学博士学位，四个法学博士学位，一个经济学博士学位）。1969年，西蒙获得美国心理学会杰出贡献奖；1975年，获得计算机界的最高奖——图灵奖；1978年获得了诺贝尔经济学奖。

可以说，他具有深厚的基础知识，对专业知识也有精深的钻研。后来，他在考察市政管理时，发现经济学、管理学和组织理论没有截然界限，它们的共同主题是人的理性，人是怎样思考的，也就是人类的决策机制问题，于是，他的知识开始从基础知识和专业知识向综合知识飞跃，他已经将其整个知识都集合在研究“人类理性问题”之上，并且开始在许多貌似无关的领域间进行综合开发和创新，取得了辉煌的成就[20]。

【思考导向】有人说，不想当将军的士兵不是一个好士兵。想当将军，没错，但是，必须踏踏实实地从士兵做起。知识的获取并非唯一来源于课堂。要学会在学习的过程中自我发展，注意观察，认真剖析与总结，注意加强管理能力和思维意识的培养，完善自己的知识结构。没有一个成功的企业是可以拷贝的，没有一个成功的企业家是可以模仿的。但是他们的精神是可以发扬的，他们走过的路是可以参照的，他们的成功经验是可以总结的。

可以看到，当代大学生勇于实践、敢于创新的勇气是值得赞许的，他们用自己的智慧去体验社会、接触市场，去开拓自己的事业，创新思路，抓住机遇，争取成功。然而，在创新和创业道路上，人们会碰到各种各样的问题，这也是必须面对的。创业没有捷径，任何成功不但需要智慧的头脑，还需要冷静的分析和艰苦的奋斗过程。不以是否成功作为唯一的衡量标准，敢于尝试、不怕苦难、积极实现自身理想的人，都是成功者。

【训练题】

1、大学毕业生应具备的知识结构有哪些？

2、结合案例阐述专业知识对创新创业的重要作用。

3、结合案例分析知识的再加工能力对提高创新能力的重要作用。

4、提高创新活动管理能力的途径主要有哪些？

6 创新技能的培养

创新，既包括事物发展的过程，又包括事物发展的结果。人类要真正实现创新，既要培养内在的创新意识，形成创新思维，具备创新精神，又要加强外在技能的训练与培养，具备创新性技能。

现代汉语规范词典中指出，技能是指掌握和运用某种技术的能力。创新技能是反映创新主体行为技巧的动作能力，是在创新智能的控制和约束下形成的，属于创新性活动的工作机制。创新技能主要包括信息加工能力、一般的工作能力、动手能力或操作能力以及熟练掌握和运用创新技法的能力、创新成果的表达能力和表现能力及物化能力等[21]。

创新技能的培养是创新教育的核心内容。我国当前学校教育存在着重视学生理论知识传授，忽视学生动手操作实践技能的训练，从而造成了学生整体创新能力缺失、国家创新性人才匮乏的状况。针对这一问题，在借鉴过去创新技能培养研究的基础上，本章将从信息获取与处理能力、知识整合能力、组织管理能力、实践操作技能、成果开发与转化能力等五个方面来实现创新技能的培养。

6.1 信息获取和处理能力

信息获取能力是指根据自身学习、工作和生活的需要，有目的地发现、收集所需信息的能力。面对众多的信息，学会对这些信息进行分析和评价，对经过分析和评价的信息进行综合，并用口头或文字的形式对综合的信息进行表现，这便是信息处理能力。

在大量信息犹如潮水般涌来的时候，难免泥沙俱下、鱼龙混杂，有用的和无用的信息往往同时存在，为此，学生必须掌握“筛选、评判”信息的能力，归纳整理有用的信息。除了强调要与课本所学知识相关、与正确的道德观相连、与正确的伦理观相通之外，还应对信息的收集、整理、发布、运用进行适时的评价。

6.1.1 信息获取能力

信息时代，获取信息的能力是创新的基础。为适应信息社会的发展，大学生要充分认识到信息获取的重要性，产生强烈的搜索欲望和动机，善于捕捉现代科技的最新发展动向，形成较强的信息获取能力。

6.1.1.1 信息获取的意义

尽管“知识爆炸”的现实已摆在每名大学生面前，但陈旧的信息观仍使一些学生对信息没有给予足够的重视。事实上，无论哪个专业的学生，如果在接受知识方面，不能充分开通各种信息流、利用各种信息来源，而只囿于专业范围，三句话不离本行，在未来的社会竞争中将难以有所创造。在荷兰，一位研究小猪营养的研究者，不仅要掌握饲料的化学分析、同位素测定饲料成分、饲料定量与混合的最优化线性规划技术等，还要了解生物学、医学、化学、核物理、数学以及统计学。因此，科学技术和经济的许多领域日趋结合，具有多学科性质，专业化的趋势减弱，尤其是管理人员和科技人员，他们掌握的知识必须是既广又杂。信息流的开通，多种信息来源的接受，是现代人学习的新方式。

【案例一】假期前高校图书借阅成井喷

寒假回家，应该带点什么？记者采访发现，临近寒假，不少高校的图书馆借阅量开始呈现井喷之势。

1月20日一大早，湖北大学材料专业大二学生戴凌青就从学校图书馆里，借出了两本计算机软件制图方面的书。“我在学习专业课程时发现，很多制图需要用到复杂的计算机软件，而我的这块知识又掌握得不算好，所以借两本书回家，正好可以趁假期恶补一下知识缺陷。”他说。

据该校图书馆统计，1月1日至17日，湖大校内学生累计从图书馆借走近15000册图书，其中文学、工业技术、经济学三类图书所占比例最高。“数据显示，考试期间专业书籍的借阅量猛增，而考试结束后，小说类书籍的借阅量就开始居高不下了。”湖大图书馆工作人员告诉记者，基本上每个假期前专业类书籍都会受到“冷落”，大学生们争相借阅的都是休闲类书籍。

湖北大学教育学院副教授叶显发建议大学生们，假期读书可以有所侧重。“大一大二的学生应该注重知识面的广泛，大三、大四的学生可以根据自己是考研还是就业等实际情况，读一些与专业相关、或是有深度的书。”（资料来源：楚天金报）

【思考导向】湖北大学学生寒假前借书情况反映了大学生当前使用图书馆的状况。从中可以看出，当前大学生利用图书馆这一信息资源的能力并不高，在考试期间，短暂利用了图书馆的专业图书资源，而考试一结束，专业书籍的借阅量急剧下降，同学们转而借阅休闲类书籍。在大学里，拥有丰富宝贵的图书资源，科学合理地利用图书资料提高自身素质，将有助于学生在学业上取得成功与突破。

6.1.1.2 信息的来源

一般而言，信息的来源可分为三级：第一级，基本文件（书、杂志、专刊、报告），其中含有原始信息，数量大、内容芜杂。第二级，图书馆的图书目录和索引。这是在第一级基础上的信息，是“有关信息的信息”。二级信息来源，为寻找涉及某一个专门问题的基本信息提供了方便。第三级，图书馆名录，是书目之书目。通过它，可以获得关于第二级信息源的信息。

6.1.1.3 信息获取的方法

大学生要多学习和运用一些获取信息的方法，以缩短自己的成才准备期，并通过学习获取信息的方法，提高捕获信息的敏感力，使自己的终生事业受益。大学生获取信息的方法，首先是上网查询，这是网络时代最便捷的信息获取方式。此外，还应注意利用其他方式：（1）定期到图书馆查阅。要了解图书馆藏书情况，熟悉其分类和检索系统以及检索工具。定期查阅新目录或新书架，偶尔浏览藏书，向图书管理员请教。（2）确定兴趣范围内的中心期刊。定期翻阅，有选择地阅读一些文章、书评栏目和选中的文献的摘要，仔细浏览。（3）选定其他含有与自己主要的或边缘兴趣有关信息的杂志，经常浏览。（4）阅读专刊。主要指与自己兴趣有关的调查报告、专业刊物、论文、文件、内部通报等。（5）关心视听、网络设备上的信息，如录像带、录音带、互联网等。（6）随时了解专业人士和机构的动态，注意自己感兴趣的专业的代表人物、权威机构的活动发展情况。（7）向信息服务中心预订信息，主要通过有关的信息报纸进行联系。（8）重视交际过程中的信息。在与同事同行交谈、接触时，注意信息的收集，尤其在参加展览会、展评会上，多向学者、专家请教。（9）关心属于兴趣范围内的大会、讨论会和展览会的召开日期、地点、内容，浏览会议记录。（10）重视工具书的作用。经常查阅有关词典、百科辞典和手册，了解一些经典的和基础的参考文献[22]。

【案例二】“设计源于生活”——记结构设计大赛中获奖选手感言

近期中国农业大学水利与土木工程学院“第三届结构设计大赛”已落下帷幕，工学院“探索者”队的两名选手机械052班胡生成和机械053班的徐海民凭借自制的4.2克模型夺冠。

当谈起设计灵感来源时，两位获奖选手自豪地说：“其实生活就是我们最好的老师，我们的灵感就来自生活。我们两个都很喜欢运动，当我们看到这次大赛的趣味题目‘用一个模型使鸡蛋从高处掉下而不破’我们就自然而然地想到了经常玩的羽毛球，因为它在空中能保持平衡而这一点正是我们所需要的，鸡蛋在空中只要能保证平衡，那么下落时就能按我们的愿望着地。”

当说到赛后的感受时，他们说：“通过这次比赛我们体会到了‘事事洞察皆学问，人情练达即文章’这句话的真谛，只要我们关心热爱生活我们会有意想不到的收获。同时我们也希望我们工院也能组织一些这方面的竞赛使我们在丰富自己的课余生活的同时，能一展自己的身手。”（资料来源：中国农业大学网）

【思考导向】“设计源于生活”，胡生成和徐海民的成功在于他们具有良好的信息获取能力，他们注意观察并收集身边生活中的信息，并结合比赛对设计进行了认真的研究实践，最终取得了优异的成绩。对于同样是象牙塔内汲取知识养分、渴望成功的其他在校大学生，只要我们善于留心收集生活中的各类有用信息，并能够不懈钻研，相信实现创新、取得成果离我们也就不远了。

6.1.2 信息处理能力

信息处理能力不是仅指对信息加工的能力，而是指在信息的收集、加工和应用过程中对信息的判断、演算、推理和选择的能力。

6.1.2.1 基本内容

基本内容有：

（1）在信息收集过程中的判断甄别能力；（2）信息整理能力；（3）信息资料的计算、比较、分析能力；（4）信息预测能力；（5）信息成果的选择应用能力；（6）对信息的表述能力。从这六个方面看，信息处理能力是人的意识活动能力，是可以通过学习而提高的。

6.1.2.2 我国学生信息处理能力现状

长期以来，我国的教育多是采用灌输的方法传授知识，而且教学的内容都明确无误，学生无论是主动去学知识，还是被动去学知识，对知识（信息）的获得都是现成的，不需要他们过多地进行自我处理。这样，学生养成了对信息的漠视态度，更谈不上进行信息处理了。我国学生知识掌握较好，但创造力较低的现状，与这种对待信息的态度不能说没有关系。

6.1.2.3 培养信息处理能力的途径

学会信息加工的技术方法。由于收集来的信息是原始的、分散的、表象的，绝大多数不能直接使用，需要加工处理后才能使用，需要我们去粗取精、去伪存真地分析信息资料，透过表象看本质。信息加工的方法主要包括：（1）各种统计分析方法，如对比分析，因素分析，综合指数分析，绝对数、相对数和平均数的动态分析，抽样推断分析等等。（2）各种信息预测方法，如专家预测，回归预测，趋势周期预测，相关预测，指数平滑预测，历史类比预测等等。（3）归纳推理、汇集、剔除、阐述等逻辑方法和具体加工技巧。

以研究性学习方式进行实战训练。研究性学习是大学生在教师指导下，从学习生活和社会生活中选择和确定研究专题，主动地获取知识、应用知识、解决问题的学习活动。这种学习方法是主动获取知识信息，并把知识用来解决实际问题的较好途径，体现了收集信息、计算分析整理信息及应用信息的全过程，接近实际，是进行实战训练的好方法，较灵活，对发挥大学生学习的积极性、培养学生的创造力都是有益的。学生在老师的指导下，可把自己在专业学习或生活中感兴趣的问题设计成课题，例如，市场营销专业的学生可以从消费者或商家的角度来探讨信息对消费和经营的影响效果；机电专业的学生可以从机电产品的发展信息来看企业组织的变化；计算机专业的学生可以通过收集信息、整理信息来锻炼自己。当然，学生也可以找一些与专业无关的、自己感兴趣的问题进行训练，独自行动或成立课题组，然后进行信息收集，对收集来的信息进行整理、计算、分析，提取有用的信息成果，通过应用或他人实践的检验、评价，检验自己信息处理工作的效果，不断提高自己信息识别、加工及选择的能力[23]。

【案例三】两大一学生用专业知识成功调解纠纷

2009年6月，华中科技大学文华学院法学专业大一学生廖凯辉到武汉市洪山区法院民十庭旁听一次庭审。庭审过程中，被告某网吧老板既不懂法院的诉讼程序，又未请代理律师，与法官交流困难，对原告代理律师的质疑也无法反驳，官司濒于败诉。

小廖看到这些，悄悄提出要帮其辩护，这让被告顿感思路清晰许多，她当即邀请小廖帮其辩护，小廖也表示愿意免费代理官司。

但小廖毕竟还只是个初学法律的大一学生，他找到班长王一和老师寻求帮助。在老师的指点下，两个小伙子到图书馆借阅了大量相关法律书籍和资料，王一更是打电话向所有认识的律师咨询，并找相关案例进行学习。3个多星期的时间里，他们跑遍律师事务所、工商局和法院等部门进行调查取证，最后花4个多小时写出了一份反诉状。

7月8日第二次开庭时，廖凯辉和王一在法庭上竭力为委托人主张权利，最终原被告双方当庭达成和解。（资料来源：楚天金报）

【思考导向】廖凯辉和王一的难能可贵之处，一方面在于他们勇于尝试与坚持的精神，另一方面也在于他们的信息获取与处理能力。他们通过到图书馆查询相关书籍资料、向律师咨询、学习相关案例，获取了大量的信息，并付诸努力，对所有信息进行处理，最终取得了成功。其实，只要我们同学敢于去尝试，肯于去收集整理学习、工作、生活中的各类信息，我们就能够用自己的力量去服务社会、服务他人，实现自我价值。

【背景资料】 信息处理能力点

信息处理能力点见表6-1。

表6-1 信息处理能力点

活动要素	能力点（概括）	能力点结构分布		
		初 级	中 级	高 级
收集选择信息	定义信息任务	明确所需的信息	明确所需的信息	明确定义信息任务
	确定搜寻策略	确定信息搜寻范围	确定信息搜寻的可能范围，列出信息资源的优先顺序	列出所需信息重要性的先后顺序，比较不同信息来源的优势和限制条件；做出工作计划，分解搜寻任务
	使用搜寻手段	通过阅读法查找信息资源；能在计算机上和网络上查找信息资源	通过阅读法、观察法、询访法查找资源；能通过网络搜索引擎查找信息资源	使用阅读、观察、询访、问卷和检索等多种方法搜索信息；在计算机上选择数据库查询技术、互联网搜索引擎、运算符等技术查找信息
	选择所需信息	掌握不同信息类型（文本、图表、数字）的用途	从信息资源中发现重要信息	收集与任务有关的动态图像信息
整理开发信息	选择收集信息	确定与用途有关的信息，使用裁剪、复印、摘记、标记说明，在计算机上用下载等方法选择收集信息	确定与用途有关的信息，在计算机上使用复制、粘贴或插入文本、图像和数据手段收集信息	选择自己所需要的信息，并能判断信息内容的准确、可靠
	进行信息分类	进行信息分类，按对象、主题、形式、来源、内容以及通用方式进行归类，形成剪报、汇编等资料	进行信息分类，能筛选信息，并通过定量把握，形成目录、索引、文摘、简介类信息	进行信息分类，并能筛选信息，进行定性校核，形成简讯、综述、述评、调查报告类信息
	辨别错误信息	辨别错误信息	辨别错误信息及其原因	辨别错误信息及其原因
	整理生成信息	用一定的格式对文本、数字、表格、图形信息进行编辑，在计算机上以文本、图像和数字的方式扩展生成信息并保存	以文本文件、图像和数字格式加工整理信息；在计算机上生成新的信息	规范地输入收集的信息，生成文本、表格、设计框架结构图、流程图、各种图像和影视资料；使用自动例程进行操作，使用电子表格等软件分析和解读数据资料，生成新信息

续表 6-1

活动要素	能力点（概括）	能力点结构分布		
		初级	中级	高级
展示应用信息	传递所获信息	将整理的信息通过口头汇报、交谈等口语形式、书面形式传递；使用简单电子手段（传真、电子邮件等）传递	将整理的信息通过讲座、会议等口语形式和使用多媒体手段辅助传递	将整理的信息通过新闻发布会形式传递；制作展示板、电子公告版、网页发布信息
	展示多种信息	选择规范的方式，合适的版面编排展示不同类型信息	选择规范的方式，合适的版面编排展示组合的信息	选择最适合自己和任务需要的形式，并利用优化和完善的文本、图像和数字的形式强化展示效果
	有效应用信息	所展示的信息准确、清楚，重点突出	根据任务和信息类型显示相关信息，确保展示的信息清晰和明白，并妥善保存信息	集合不同渠道信息，预测发展，进行新的设计
	评估处理效果	遵守版权和保密规定	遵守版权和保密规定	遵守版权和保密规定，收集反馈信息，评估信息应用效果

（本表依据劳动和社会保障部编写的《国家职业核心能力培训测评模块能力点总汇（参考稿）》，2008年7月）

【训练题】

1、有人养了一些兔子。别人问他有多少只雌兔？多少只雄兔？他答：在他所养的兔子中，每一只雄兔的雌性同伴比它的雄性同伴少一只；而每一只雌兔的雄性同伴比它的雌性同伴的两倍少两只。根据上述回答，可以判断他养了多少只雌兔？多少只雄兔？

A. 8 只雄兔，6 只雌兔　B. 10 只雄兔，8 只雌兔　C. 12 只雄兔，10 只雌兔

D. 14 只雄兔，8 只雌兔　E. 14 只雄兔，12 只雌兔

2、自我实现预言是指我们对他人的期望会影响到对方的行为，使得对方按照我们对他的期望行事。下列属于自我实现预言的是(　　)。

A. 小张本来是一个很普通的孩子，但他的父母望子成龙，于是不惜重金让他读市里最好的高中，但最终小张也只上了一所普通大学。

B. 小张是李老师班上一名普通的学生，可是有一天一位智力测量专家告诉李老师小张很有数学天分，于是以后数学课上李老师对小张格外关注，终于在半年后的考试中小张的数学成绩有了很大的提高。

C. 今天是小红的生日，她希望爸爸下班时能买生日蛋糕回来，果然爸爸在下班的时候买了一大盒生日蛋糕。

D. 小李从小就希望自己能成为一名工程师，当他大学毕业后他终于到一家

公司当上了软件工程师。

3、下列选项中，准确表达“甲和乙不可能都参加考试”含义的是(　　)。

A. 甲和乙都有可能参加考试

B. 甲和乙都没有参加考试

C. 甲和乙都不可能参加考试

D. 甲和乙中至少有一人不参加考试

4、下面是报纸的一篇新闻报道中的一段话：“……失事车辆从斜坡顶一直滑下，由于车所受的惯性越来越大，因此车速越来越快，行人与设施受到越来越大的威胁，这时……”请你对这一段话作一评价，并重新解释车速越来越快的原因。

6.2 知识整合能力

从现代科学的研究来看，资源整合能力的高与低，往往是衡量一位创造者水平的一个非常重要的标志。善于整合资源的创造者，本身并不拥有太多资源，但却具有独到的眼光，能够看出这些资源背后潜藏的价值，能够从这种价值增值中获取自己的收益。

早在两千多年前，大教育家孔子提出的“因材施教”就包含知识整合的要求。自20世纪80年代以来，人类进入到了所谓的“知识爆炸”时代，面对铺天盖地而来的知识信息，人们应接不暇，在这种背景下，知识整合理论的出现成为一种新潮，如何将零散分散的知识系统组合起来，运用于学习、工作和科研创新中，对于创新能力亟待提高的当代大学生来说，显得尤为重要。

6.2.1 整合与知识整合

整合就是把一些零散的东西通过某种方式而彼此衔接，从而实现信息系统的资源共享和协同工作，其主要的精髓在于将零散的要素组合在一起，并最终形成有价值、有效率的一个整体。

不管是普遍意义上好的、坏的事物都有其存在的价值，把它们的价值有机地结合在一起，使本来无意义的事物变得有意义起来，让这些单一看来无意义或意义不大的事物获得超值的效果。

在科学领域，分化和整合是科学发展中两种相辅相成的趋势。分化指在原有的基本学科中细分出一门或几门相对独立的学科；整合指相邻甚至相距很远的学科之间交叉、渗透、融合而形成边缘性、综合性学科。

知识整合能力是一种获取并应用个别知识的能力，这种能力是一种转化与重新组合知识的能力。

清华同方上市三年在促进科技成果转化方面取得了一系列成绩，这不仅为她带来了可观的经济效益，也创造了巨大社会效益。事实上，清华大学每年都有大量的科技成果有待产业化，也有很多企业来清华找项目，清华同方为什么能脱颖而出？“很重要的一点，我们把很大一部分精力放在了孵化的关键环节——科技与产业资源的整合上。”清华同方总裁的这句话可谓意味深远。

应该说，整合能力是成果孵化过程中的关键能力之一。拥有足够的整合能力，才能将不同行业领域、不同技术水平、不同文化氛围以及不同思想内涵的资源整合到一起，并使之发挥最大的作用。

【案例一】 市场更欢迎复合型人才

1月22~28日，山东人才网显示，在各类岗位激烈的竞争中，用人单位普遍对复合型人才、实践型人才趋之若骛，并给予了极大的关注。从企业发布的招聘信息显示，有八成以上的招聘企业对所需人才的综合素质有较高要求。具有较强专业知识、一定工作经验和行业背景的复合型人才成为了招聘企业的首选。如今，许多企事业单位乐意接收复合型人才，这已成为人才市场中的一个热点。

企业为什么对复合型人才情有独钟呢？据山东人才网营销总监介绍，复合型人才给企业带来的收益是无法衡量的。一方面，随着企业的发展壮大，对人才的素质要求会越来越高；另一方面，一些新兴职业如物流管理也要求将不同的学科糅合在一起，因此也要求求职者必须用更新的装备来“武装自己”。

什么是复合型人才？山东人才网人力资源专家指出作为求职者来说，在T型基础上努力向π型人才发展。所谓的π型人才就是在原有的T人才基础上努力发展与自身的兴趣、特长相符合的另一项专业知识与技能，学会两条腿走路，这样才能成为日益变化的职场所需的复合型人才。复合型人才包括知识复合、能力复合、思维复合等多方面。作为求职者来说当今社会的重大特征是学科交叉，知识融合，技术集成。这一特征决定每个人都要提高自身的综合素质，既要拓展知识面又要不断调整心态，变革自己的思维，成为一名适应时代要求的复合型人才。(资料来源：山东人才网)

【思考导向】 市场对复合型人才的需求，为大学人才的培养以及学生成长发展提出了要求，指出了方向。学校要从培养计划等方面进行改革，促进学生的全面发展，而学生也应在学好本专业知识的基础上，有针对性地拓宽知识面。针对在校的各位大学生，把握机会和时光，充分利用大学内丰富的师资、图书和实验室等资源，提高拓展自身知识结构，在未来的就业市场中也会成为企业招聘的“宠儿”。

【案例二】 大学生创业意愿强，创业技能差在对浙江工业大学、杭州电子科技大学、浙江理工大学、浙江工商大学在内的十所高校同步开展的大学生自主创业联合问卷调查中发现，3200 名接受调查的大学生中，有超过半数的学生对自主创业兴趣浓厚，其中又有 84% 的学生希望能够创办一家公司或开创一份事业。

不过调查也显示，大学生们对于独立创业所必须了解的知识、政策却知之甚少。在问卷调查中，仅有 24% 的学生认为自己的知识和技能已足够创业所需，而 83% 的学生则希望学校能够搭建传授创业技能和能力的平台。在被问及“是否了解大学生创业的相关政策和法规”时，只有 13% 的学生表示清楚，认为自己掌握的知识、技能已足够创业的学生仅有 24%。

浙江理工大学招生就业处领导认为，“很多创业大学生对于创办一个公司的基本流程知之甚少，不知道应如何注册、如何开增值税发票，会计、财务、管理和法律上的知识也很欠缺。”（资料来源：下沙网）

【思考导向】 大学生创业面临诸多的困难，如资金、经验等，而知识的缺乏是尤其重要的方面，创业需要专业的知识、管理的知识、财务的知识、市场的知识、法律的知识，而这些知识都需要创业者系统地了解并整合，只有做好所学知识的充分整合，才能够少走弯路，在创业路上走得更远。有创业想法的大学生，增加知识的储备，在未来的创业中能少走些弯路、更接近成功。

6.2.2 知识整合的分类

6.2.2.1 学科内知识的融合

在大学阶段，每个专业都开设了相应的专业课程来培养学生的专业技能。学生应该在理解掌握本专业所学各门课程及各知识点的基础上，发现其中的联系，从整体上加以把握，培养深厚的专业能力。比如会计学专业，既要学习财务方面的知识，也要学习管理学、经济学等知识，并且要把这些知识融会贯通。

6.2.2.2 跨学科知识的整合

自然界和人类社会本来是密不可分的整体，人类在依托自然的发展中，积累了丰富的科学知识，并不断利用科学知识推动人类文明的进程。在传播科学知识的教育教学活动中，我们采取的是分学科教学，知识的传播者和接受者只能在相对独立的某一学科内去认识科学知识，这样就存在着学科之间的相对割裂。随着人类认识的提升，对于跨学科知识的整合提出了要求，并且跨学科知识的整合更加有利于创新。如大学生挑战杯创业计划大赛，需要学生将专业技术与管理学、营销学、财务等学科知识优化整合，最终产生优秀的创业计划书。

6.2.2.3 理论知识与实践知识的整合

大学生在学校课堂上所学的主要是专业理论知识，而知识来源于实践，更要与实践相结合，应用于实践。理论知识与实践知识的融合更有助于学生发现问题，产生创新性的想法和成果。大学生利用课余时间积极参加校内外的社会实践，关注身边生活中的细节，开展调查研究，有助于自身知识整合能力的提升。

6.2.3 知识整合能力的培养

知识整合能力的培养有以下几点：

(1) 针对训练，提高分析综合能力。

训练是深化理解、巩固新知、培养能力的过程。学生层次不同，理解问题和解决问题的能力有较大差异。对于基础知识、基本概念要由点到面、由简单到复杂循序扎实地练，做到全面性强；对于新旧知识易混淆点采用对比练，做到求同存异；对于知识与能力结合点采用创造练，做到举一反三；对于重点、难点知识采用反复练，做到常练常新；对于同类知识采用典型练，做到触类旁通。

训练题的设计要思维容量大、思维过程强，体现知识的发生、发展、迁移的过程。训练的方式要从实效出发精心安排，多样活泼，不要拘泥于寻找问题答案。经过实践检验发现，训练一般来说要具有四个环节：1) 精选实例示范。2) 学生讨论释疑。3) 教师提示点拨。4) 师生梳理归纳。通过训练不仅使大学生巩固了知识，还培养了能力。

(2) 构建知识结构网络，掌握结构化知识。

知识是能力的载体。掌握结构化的知识，是大学生培养技能、提高科学文化素质的重要前提。在新知识的学习中，大学生获取的往往是分散的、缺乏联系的、无序的知识，这样的知识就必须从结构上把握并去解决。因此应分析和搞清各知识点间的内在联系，总结概括，连接知识链条，将知识重新编码、排序，使之由点到线、由线到面、由面到网，由无序到系统。这样，掌握了知识的基本结构，不但能较容易理解整个内容，而且有助于记忆、掌握并融会贯通。

(3) 主动开展创新实践，促进知识整合能力提升。

实践是检验知识整合能力的舞台，也是提升知识整合能力的平台。近年来我国大学教育开始重视学生创新实践能力的培养，培养学生主动创新的意识，也开展了相应的工作，促使广大学生参与到创新实践中去。1) 学科类竞赛，如数学建模大赛等，帮助学生巩固提升本专业、本学科知识；2) 科技类竞赛，如挑战杯竞赛，学生组队参加，各学科知识进行整合，创作优秀作品；3) 社会实践研究类活动，如网上商务创新应用大赛、暑期“三下乡”社会服务等，将学生所学知识与社会现实问题相结合，提高学生整合应用知识解决问题的能力。

【案例三】 我和梦想在路上

2009 年 12 月 26 日，华中师范大学武汉传媒学院 07 级广播电视新闻学学生王绍龙以其新闻报道——《小不点长成大块头——海南邮政储蓄卡 POS 业务快速发展的奥秘》成功摘得“2009 年湖北省大学生优秀科研成果奖”三等奖。

“我每天最迟六点半起床，早上至少会看 8 份报纸。我很喜欢凤凰网和《联合早报》，也会在《人民日报》上了解党和国家的大政方针，喜欢把各大媒体报道的同一新闻事件进行类比总结。”当谈到自己在图书馆的借书卡上有 1300 多本借书记录时，她说，“我每个星期大概会读五本书，其中涉及经济、政治、历史等各方面。”“因为记者是一个透支知识的职业，要吐就要有吸，只有不断更新自己的知识，充分掌握资料，拥有更大的信息量，写出来的文章才能更精彩。”（资料来源：华中师范大学武汉传媒学院网）

【思考导向】 王绍龙的获奖源于她不懈的坚持与努力，来自于她日常对知识的积累，大量的阅读和学习，并将所学知识很好地整合起来，最终在科技创作中反映了出来。获奖是对她作品的肯定，更是对她知识整合能力与创新能力的肯定。在大学里，我们通过学校教学与课余自学，接触了大量的各类学科专业知识，但如何把这些庞杂的知识形成系统，变成我们自己可以熟练运用的知识，是我们应该去认真思考的。

【案例四】 数学建模的过程也是知识整合的过程

2004 年 4 月，由大连民族学院计算机系盘欣、李楠、马帅营三人组成的小组继去年全国建模大赛二等奖之后又以优异的成绩在美国数学建模大赛中获得了二等奖。

“数学建模”是指应用数学知识与方法去解决各种实际问题。建立数学模型是最关键的一步，也是十分困难的一步。模型的建立，就是把错综复杂的实际问题简化、抽象为合理数据结构的过程。盘欣等同学从现实问题出发，应用了概率论、随机过程、运筹学等知识，并结合计算机编程，较好地解决了这个问题，并使模型具备了一定的可行性和可操作性，最后终于取得了优异的成绩。

他们三人从报名申请参加比赛到向美国交论文，整个比赛从开始到结束的时间只有四天。为了打好这一仗，在备战期间，他们从网上摘下历年数学建模大赛的题目和优秀的论文进行分析和讨论。由于论文全部都是英文的，他们就边查字典边向英语水平好的同学请教，逐步掌握一些英文科技论文中经常使用的词汇和语句，也读了不少与数学建模相关的书籍，细心研究各种算法，强化数学基础。在这次比赛中，同学们出色的知识整合能力发挥了至关重要的作用。（资料来源：

大连民族学院校报网）

【思考导向】 数学建模大赛是一个知识整合的平台，比拼的是学生对所学数学、计算机等知识的整合与应用能力，盘欣等同学在比赛的准备及竞赛中刻苦钻研，良好地整合了所学知识，设计方案，最终在比赛中取得优异成绩。在我们身边经常会见到类似盘欣这样取得成功的同学，在同样的学校环境、教师传授下，我们没有取得同样的成绩，究其原因，是我们缺乏对所学知识的整合与应用。

【训练题】

1、3 名商人各带一名随从乘船渡河，小船只能容纳 2 人，随从们密约，在河的任意岸，一旦随从人数比商人多，就杀商人，此密约被商人知道，如何乘船渡河的大权掌握在商人的手里，那么商人们怎么安排每次乘船方案，才能安全渡河？

2、请用英语对你所学专业做一概要介绍，要求不少于 100 词。

3、就本校学生电脑市场做一份调查，并撰写一份创业计划书。

6.3 组织管理能力

现代社会是一个庞大的、错综复杂的系统，绝大多数工作往往需要多个人的协作才能完成，所以，从某种角度讲，每一个人都是组织管理者，承担着一定的组织管理任务。组织管理能力是指为了有效地实现目标，灵活地运用各种方法，把各种力量合理地组织和有效地协调起来的能力，包括协调关系的能力和善于用人的能力等等。组织管理能力是一个人的知识、素质等基础条件的外在综合表现。

组织管理能力的培养和训练首先要学习沟通技巧，要把握任何一次学习的机会。

【案例一】 上海企业招聘大学生看重组织协调能力

上海市企业在招聘大学生时，最强调的是组织协调能力，而专业知识的学习、管理能力紧随其后。拥有良好的沟通协调管理能力以及具有金融方面的专业知识的人才将成为就业市场的抢手货。这是由上海交大就业办所做的毕业生需求预测研究报告中得出的结论。

对上海市近 50 家企业的调查结果表明，上海市企业科技含量越高，高学历人员所占的比重就越大，其对毕业生的综合素质的要求依次为组织协调能力、专业知识的学习、管理能力、计算机应用能力、外语应用能力、基础知识的学习、写作能力。有关专家提出，这一调查结果给高校在培养人才上提出了要求，学校应培养出在市场“适销对路”的人才，提高学生的组织管理与沟通协调能力，

让学生在毕业前过渡到社会型的人才，提高就业时的综合竞争力。（资料来源：新浪财经网）

【思考导向】企业在用人上不只要求专业知识与成绩，同时也非常重视应聘者的组织协调与管理能力，从学生成长和未来发展的角度考虑，学生在大学期间应该有选择地参加一些实践活动，有意识地培养自己的组织管理能力；而从学校这一角度看，应该在课堂教学、实践教育及活动平台建设等方面采取有效措施，为学生创造发展各类能力的环境。

6.3.1 对组织管理能力的认识

很多在校的大学生由于并没有步入社会或者对社会的了解并不透彻，所以对于组织管理能力的重要性并不能理解。很多学生认为在学校把本专业学好了到社会上能学以致用，找到一份合适的工作就行了。还有的学生认为自己学的是很热门的专业，有没有良好的组织管理能力并不重要。可是到了企业、公司后才发现，虽然具有很好的专业知识，很强的科研开发的能力，但就是因为没有良好的组织管理能力，根本没有办法融入工作团队中去，协调不好和同事之间的关系，处理不好和上司、下属之间的关系，被逐渐边缘化而被迫离开。

在校大学生学习到的更多的是书本上理论化的知识，而组织管理能力是一种动态的能力，需要不断地学习和锻炼。良好的组织管理能力是靠实践培养起来的一种能力，是无法从书本上学到的，所以大学生在学校里就该抓住每一个能够锻炼自己的机会去培养自己的组织管理能力。

有些在校大学生看到了组织管理的重要性，但是由于缺乏广泛的沟通和对社会的全面了解，在学习和培养自己组织管理能力的时候，遇到了一些挫折和难题，却没有向有经验的教师和同学请教，而自己又无法解决，最后迫不得已选择了放弃。

【案例二】组织活动真的不容易

李阳是一名2009级的新生，在进入大学后的班干部竞选中被选为班长。

成为班长后，李阳想组织一次班级的郊游活动。可是当他想好了时间和地点，和同学宣布时，却发现很多同学要么有事，要么对他决定去的地方不感兴趣，这使李阳十分郁闷。为此，他找到了老师，老师指出了他的问题。首先要充分调动大家的积极性，集思广益；另外要提前做好活动策划，时间、地点、活动内容等要由班级同学讨论确定；发挥班干部的带头作用，强化班集体意识，带动班级同学参加班级活动。回来后，李阳按照老师的意见，先召开了班委和宿舍长会，商量郊游的方案，然后由大家分头征求同学的意见，经过反复的修改，形成了班级同学都赞成的活动方案。在活动当天，李阳班级的郊游也取得了良好的效果。

【思考导向】组织好一次活动并不容易，需要具备良好的组织管理能力，包括前期活动的策划准备、中间的协调与沟通以及及时的总结与调整。组织管理能力的培养需要在认识上重视、在实践活动中提升。其实，大学教育与之前教育的很大一个区别是：大学为学生提供了更加自由的发展空间。大学内的各类学生社团数量众多，活动丰富多彩，想提高自己的组织管理能力，机会很多，关键要敢于去尝试。

6.3.2 制约大学生组织管理能力培养的因素

制约大学生组织管理能力培养的因素有：

（1）教育内容陈旧、教学方法单一，当前学校教学仍以知识的学习为主要内容，缺少能力的培养。虽然各高校基本上都有组织管理学这门课程的设置，但是由于重视不够，即使学生学到一些组织管理学的知识，也由于缺少教师的指导和学习锻炼的机会，使得学生的组织管理能力仅限于书本上基础的组织管理知识，而组织管理能力是无法在这种静态学习模式中培养的。

（2）目前高校的专业设置，对培养专门人才发挥了一定作用，但是很多专业并不涉及组织管理的知识。学生的大部分活动是在本专业范围内展开，使得很多学生没有时间和条件去学习组织管理学的基本知识，更没有时间和机会去培养组织管理的能力。

（3）很多大学生尤其是一些理工科的大学生认为培养组织管理能力是文科学生的事，与己无关，自己又不想当官。这种错误的认识也极大地制约了大学生组织管理能力的培养。

【案例三】全国优秀学生干部曾姬华：耕耘才有收获

大一时，曾姬华积极加入文学院分团委学生会和记者团；大二时，她担任文学院记者团团长；大三时，在工作中有突出表现的她担任文学院分团委第二副书记。她工作认真，责任心强，待人真诚，作风正派，为学院工作的顺利开展贡献了自己的力量。做了三年的学生干部，她变得更成熟、更稳重，也积累了不少工作经验。她说：“当你真正把工作当成生活中的一部分时，你会发现你的收获远远多于你的付出！”

在大学期间，曾姬华积极组织并参与校内活动，其中包括开展了“三下乡”、“四进社区”活动，参与城乡清洁工程，努力开拓班里的教学课堂，参与制作班刊《问笔》，倡导同学为癌症病人和乐业县逻沙实验学校捐款。她组织或参与实践活动，增强了组织能力，活跃了思想，拓宽了视野，丰富了阅历，为未来打下了坚实的基础。全国优秀学生干部正是对她付出的一种肯定。（资料来源：

广西民族大学网)

【思考导向】 做好大学规划，通过加入学生会等学生组织，担任学生干部，认真工作、积极组织活动，深入实践，有意识地培养自己的组织与管理能力，几年大学锻炼后，曾姬华收获的不仅仅是一个“全国优秀学生干部”的荣誉，更是一份信心与一种能达到成功的能力。在校学生首先要有提高自身组织管理能力的意识，有规划，付诸行动，方能成功。

6.3.3 大学生组织管理能力的培养

当代大学生组织管理能力的培养主要从以下两个方面入手：

(1) 注重组织管理知识的学习。

虽然组织管理能力是一种在经验积累下的动态的能力，但是有关组织管理的基础知识和前人所总结出的经验教训是可以通过课堂学习获得的。在组织管理学课程的学习中，通过分组讨论、分组辩论、头脑风暴等一些活泼生动的形式，积极参与，主动思考，注重总结，会让自己的能力有质的飞跃。

(2) 注重组织管理能力培养。

要善于抓住和把握机会。大学也有各种各样的学生干部，大到学生会主席，小到宿舍舍长，众多的学生社团干部等。应该看到任何一个职位都可能使你的组织管理能力得到一定程度的学习和锻炼，所以，面对这些机会我们自己一定要主动把握，敢于锻炼自己，要知道这份经历对培养组织管理能力是非常重要的。

要注意向别人学习。学生干部并不是人人都有机会担任的，在这种情况下，就要注意向别人学习。我们没有机会组织别人，势必有机会接受别人的组织，在这种情况下千万不要漠然处之，被动应付，要以积极的态度配合别人并注意揣摩别人的长处，有机会时，应积极主动地倡议组织一些活动，如组织一场球赛、举办一次郊游，或宿舍之间组织联谊活动等等。如此，我们的组织管理能力同样能得到相应的提高。

自身素质的提高。培养组织管理能力当然要具备良好的修养和内涵，不仅要学好自然科学知识和社会科学知识，还要培养积极心态，能正确对待名利，要有信仰有责任感，要正确对待风险、挫折和失败，还要提高讲话和写作能力。这些自身素质的培养是大学生组织管理能力培养的保证。参加志愿服务、创展训练、社会实习，加强与老师、他人的沟通，有助于自身素质的提高[24]。

【案例四】 马云管理艺术：没人可以挖走我的团队

马云似乎总被各种各样的话题和新闻所围绕着，有人非议阿里巴巴的商业模式，但从来没有人非议阿里巴巴的团队；有人非议马云善于炒作，但从来没有人非议马云的管理艺术。阿里巴巴的一切正符合“只要有一流的团队和管理，你就成功了一半”的定律，而马云对于自己的团队则是相当自信：“天下不可能有人可以挖走我的团队!”

阿里巴巴经常组织各类活动，如“六一”儿童节组织员工的孩子去游乐园玩，组织外地员工亲人到公司参观，了解员工工作环境……这些日常的活动除了体现出对员工的关怀外，也渗透着对员工家庭的关注。

对于那些认为马云是在通过阿里巴巴文化来实施“控制”的说法，马云有自己的说法，“我没有控制团队。我永远相信一点，就是不要让别人为你干活。我要的是，每个人为一个共同的目标和理想去干活”。(资料来源：网易科技)

【思考导向】 马云是一位成功的企业家，更是一位优秀的管理者，他提到“只要有一流的团队和管理，你就成功了一半”，可见管理的重要性，而马云在对阿里巴巴集团员工的管理上，也体现了他卓越的管理能力，人性化的管理使员工能够把更多的精力和心思投入到公司的发展当中。大学生要想在未来的组织管理中取得成功，也要在日常的学习、工作和实践中去培养提高自己的组织管理能力。

【训练题】

1、李强是一名大二学生，在学院学生会工作，原本是在生活部工作，可是因为工作需要，被安排到实践部担任部长一职。李强对这一新部门的成员以前没有接触，而且听说实践部成员的工作积极性不高，士气涣散，为此，李强对于即将面对的工作发愁了。如果你是李强，你将如何开展工作，管理这一部门?

2、2010年的全国大学生“挑战杯”创业计划大赛即将开始了，陈娜作为一名大三机械设计专业的学生，在本专业取得了一定的成绩，并且和同学合作拥有一项专利发明，她非常想利用这次创业计划大赛的机会来锻炼检验一下自己，如果可能的话，她还希望能通过比赛寻求风险投资，实现自己的创业梦，可是，现在的问题是创业计划书的撰写需要管理、营销、财务、市场等多方面的知识，自己对这些都不熟悉，而如果将来组建团队的话，如何协调又让她有些胆怯。请你帮助陈娜提出建议，她应该如何准备并参加这次比赛?

3、2009年9月，周若涵通过竞选成为××学校学生会文艺部部长，上任伊始，她便迎来了第一项大型任务。学校2009级新生入学后，学校将组织一场大型迎新晚会，如果你是周若涵，你将如何去组织策划这次活动?

6.4 实践操作技能

党的十六届六中全会通过的《中共中央关于构建社会主义和谐社会若干重大问题的决定》中强调：“要注重增强学生的实践能力、创造能力、就业能力和创业能力。”这四项能力的提出对高校人才的培养提出了明确的目标和要求，要求高校把培养创造型人才作为自己的根本任务。在这四项能力中实践操作能力处于核心地位。

大学生的实践技能已成为衡量大学生素质的重要标志，并将成为高等学校培养目标的一个基本要求。因此，大学生实践技能备受社会各界的关注。专业实践技能是指大学生利用自己的专业知识来解决专业领域中实际问题的能力。在学校，大学生通过实践性教学环节——实验、实习、设计（论文）、科研等活动，对所学的理论知识进行实验、验证，也可以从中抽象出理论知识，再回到实践中去检验；对所学的理论进行综合、运用、转化、创新，逐步培养起实践技能。

6.4.1 实践操作技能的概念、构成要素

所谓实践操作技能，指个体完成特定实践活动的水平和可能性，是个体合理运用自身已具备的知识、技能，有效解决实际问题的能力，即学以致用的解决问题能力。

实践技能是反映个体主体性发展水平的综合性指标，由多种能力要素构成，依据各种能力因素在实践活动中的作用领域，我们可以将实践能力划分为四个基本构成要素：实践动机（即学生的主观能动性）、一般实践能力因素（即学生的生理和心理基础）、专项实践能力因素（即专业知识或专业技能）和情境实践能力因素（即学生根据外在环境的调适能力）。

6.4.2 大学生实践操作技能培养的途径

社会和学校都认识到提高大学生实践操作技能对于提高教学质量、为社会输送合格人才的重要性，大学生群体本身也逐渐认识到提高理论联系实际的能力对提高就业竞争力的重要意义，因此社会、学校和学生都在寻找提高能力的途径。具体来说，提高大学生实践操作技能的途径有以下几个方面：

（1）以竞赛为载体，提高大学生实践创新能力。

大学生科技创新竞赛活动是提高学生能力的一个重要载体，可以培养学生的动手能力、自学能力、科学思维能力，在提高学生的综合素质、增强实践能力、培养创新精神和团队意识中起着十分重要的作用。积极开展大学生学科竞赛和课外科技文化活动，全国大学生数学建模竞赛、全国大学生电子设计竞赛、全国周培源大学生力学竞赛等共 18 项学科竞赛和课外科技文化活动是教育部主办的面向全国大学生的群众性科技创新活动，学生在准备参赛作品和参加竞赛的整个过程中的收获，是任何一门课程或若干门课程或若干个教学环节所无法替代的。通过竞赛这一平台，学生以作品为特质，锻炼了能力、展现了才智、体现了价值。

参加多层次、多学科、多种形式的竞赛，使得实践创新能力不断提高，为优

秀人才的脱颖而出提供了专门舞台。

（2）强化实践教学，提高大学生实践技能与创新能力。

强化实践教学是培养大学生掌握科学研究方法、提高综合素质的重要平台，是培养大学生创新意识与拓展知识的有效途径，是理论与实践相结合的桥梁和纽带，更是提高大学生实践技能、创新能力的措施与保障。

在实践教学中，学生要积极主动参加，努力在实践中感悟，提升自己的能力和综合素质。在实践过程中的懒惰、投机取巧，甚至抄袭作弊的做法会使自己丧失锻炼的机会。

（3）加强校企合作，增加学生的“模拟工作”场景。

目前，校企合作成为学校的共识，但是，学生实习现场化的推进并不乐观。学生通过在企业身临其境的实习，能够了解现代企业管理模式、工作模式，在实际工作中提高动手实践能力。这样一种全新的“模拟工作”场景，使学生能更深刻体会到理论与实践相结合的重要性，进而提高专业学习兴趣，也为将来走入职场打下较好基础。

（4）专业技能培训是衔接学校与企业的一个重要纽带。

当前企业出于对效益的考虑，更愿意录用那些有一定工作经验和经过相应技能培训的学生，以缩短学生在工作岗位上的磨合期。顺应企业需求，社会上也出现了一些专业技能培训机构。实践证明，学生在这些机构的培训更接近“实战”，更接近企业的需求，从而在就业竞争中能力有较大提高。因此，选择合适的机构进行技能培训也就成为在校大学生提高动手实践操作技能的一个重要途径。

【案例一】大学生社会实践：“上课”与“实践操作”差得远

2009 年 7 月 6 日，聊城大学的 9 名大三学生在江北汽车工业园开始了为期一周的社会实践。这些学生全部来自机械制造及自动化专业。在经过成功理念、GMS 基础知识、生产安全等“员工培训”后，他们被安排到车身工程科、底盘工程科、发动机制造工程科等十余个科室“上班”。

但是 3 天过后，不少学生觉得“无所事事”。被安排到内外装饰科的张同学说：“第一天办公室的人拿些图纸给我们看，在学校，绘图是认真学过的，可当我摊开图纸后，不少地方看不懂。我找出一个十分费解的符号求教带我的工程师，他看了一眼说，这个符号是‘国标’里规定的基本符号。听到这里，我的脸一下子全红了。来工业园前还指望能用所学知识帮公司忙，现在还倒麻烦别人来教我。”

被安排到底盘工程科的李同学说：“这些知识都是在课本上认真学过的，并且也参加过模型实习，可是为什么一到实物上就无从下手了呢？”

初入职场的大学生很多也有类似的经历，他们很难将理论知识和实际工作结合起来，在工作中需要较长的适应时间。（资料来源：聊城大学新闻网）

【思考导向】 当前高校的课程体系与快速发展的社会实际有很大的差距，再加上学生普遍不重视动手实践技能的培养与训练，导致大学生虽然具备一定理论知识，但却缺少实际操作技能，与企业对大学生的期望值有很大距离，在一定程度上很可能还不如中专生、职校生。这一状况发人深省，因此大学生加强实践操作和系统专业的技能培训，对在未来就业市场上提高竞争力显得尤为重要。

【案例二】 互联网：e路通杯大学生理论实践过硬，企业刮目相看

2008年5月20日在北京师范大学的校园里，为期七个多月由中国互联网协会主办的“建行e路通杯2007全国大学生网络商务创新应用大赛”全国总决赛打响。来自全国各地的大学生，经过七个多月的实践操作，把自己最成熟的方案展示给所有的评委和关注者，用自己的实践成果向在座的企业评委们展示了他们过硬的能力，用自己的“真材实料”验证了很多企业一直很担心质疑的问题——象牙塔里的大学生能否进行企业网络运营的实践操作工作。

大学生们的实践成果多种多样，他们在评委的指导下，一步步完善方案，进行实践。建行等企业对上门寻求帮助的选手提供了极大的设备支持和经验指导，协助选手们将实践活动进行得更加完善。选手们不负众望，他们创新的设计理念，可喜的实践成绩，给企业带来不少惊喜。（资料来源：中国商业电讯）

【思考导向】 从“建行e路通杯2007全国大学生网络商务创新应用大赛”比赛项目的选择和比赛过程来看，企业对人才的标准同高校培养目标有一定差距。企业青睐的大学生是在完成专业知识的同时，积极参加各类社会实践活动，具备较强的实践操作技能的学生。这为我们在校大学生以及高校的人才培养提出了要求，要想在企业招聘中胜出，优异的实践操作技能必不可少。

【案例三】 青岛理工大学开放实验室助推大学生科研

2010年4月21日下午，青岛理工大学优秀实验室开放项目评审会在图书科技楼会议室举行。会议对2008年和2009年两年度38项优秀实验室开放项目进行了评审评奖，各项目指导教师进行了汇报答辩，经专家组评审共评选出一等奖5项，二等奖10项，优秀奖23项。本次评审是对2008年和2009年实验室开放项目的最终检阅。

2008年和2009年学校实验室开放项目立项共137项，实验类型有学生参与科研型实验、专业综合创新型实验、人文素质与能力培养型实验以及工程训练型实验。参与指导教师队伍也逐渐扩大，从实验室教师到全体教师，从年轻教师到

科研经验丰富的教授，从硕士到博士，为项目开展提供了有力的师资资源。各项目结题后，由教务处组织专家组和教学院长共同深入各实验室对每个项目进行了检查验收，后经学院推荐，共产生38项优秀实验项目进行校级评比，其中自动化学院“超级MCU模型车运动控制系统优化研究”等5个项目获得一等奖，机械工程学院“椭圆滚压成型实验”等10个项目获得二等奖，建筑学院“节能照明设计性实验”等23个项目获得优秀奖。

本次立项验收共完成实验报告1392份，正式发表论文12篇，国家专利3项，计算机注册版权2项，“山东省机电产品设计大赛”一等奖1项，“教育部全国瑞萨MCU模型车型大赛”三等奖1项，优秀奖1项，“IEE国际电脑鼠大赛”中国赛区三等奖1项，山东赛区一等奖1项，实验模型若干。

实验室开放项目从2007年开始，学校每年设立专项基金，加大实验室开放力度，增加综合性和设计性实验项目，吸引学生走进实验室，提高学习的主动性和自觉性，培养学生的实践动手和创新研究能力。实验室开放项目从立项到结题，每个项目都按照实验教学的基本要求，制订实验指导书（实验计划书），做好实验记录，原始数据的处理，学生撰写实验结题报告及完成实验制作等，更有学生在老师的指导下发表论文并申请专利，每个环节都严谨、科学、规范，让学生逐步养成严谨的求学态度，对加强教育教学内涵建设，扎实提高教学质量起到了良好的推动作用。（资料来源：青岛理工新闻网）

【思考导向】学校开放实验室为大学生进行科学研究提供了支持，为个人提高实践操作技能提供了场所，为个人成长提供了机会；主动走进实验室，开展科学研究，探索未知世界，也是大学生进行学习的根本要求，实践技能的提高反过来促进了专业的学习，能力的增强。

【训练题】

1、全国“挑战杯”创业设计大赛作品要求：针对新公司的运作，分析哪些是达到目标最关键的成功因素，如何在创业计划中反映出这些优势，并且在所有建立这家公司的主要方面体现这些优势。例如，如何寻求雇员，需要什么样的人？如何开发产品，建立一支销售队伍，建立分销伙伴关系，选择合适的地址，创造正面的舆论，保护知识产权以及生产产品？在这个过程中关键的风险是什么？这家新公司如何在长时间里大量生产？简而言之，详细描述这家公司从今天到两年后、五年后以及将来的运作方式。仔细进行财务估算，以透彻把握这家公司从收入、销售量、客户以及其他推动因素上取得长足发展。

请根据以上内容撰写一份创业设计大赛作品。

2、请以“低碳生活”、“大学生创业”、“大学生社会主义核心价值体系实践宣讲”、“社会主义新农村”等为内容，开展调查实践，并提交一份实践报告。

3、学校要开发学生信息管理平台，请根据所学知识完成。

6.5 成果开发和转化能力

21世纪知识经济时代创新浪潮滚滚而来，创新与竞争作为时代的显著特征渗透到各个领域，知识经济时代对人才的要求，不仅要有宽广的知识基础，还要有较强的创新能力。大学生作为国家人才精英的储备库，是国家未来的中流砥柱，他们的科研、创新能力对国家的整体实力产生重要的影响，大学生的科研能力培养正越来越受到人们的重视。

早在1969年，美国麻省理工学院“本科研究机会计划”就设立了大学生科研学分，此后，英美等一些大学都相继把指导大学生的科研列入学生的课程体系。我国对大学生科研能力的培养还没有得到足够的重视，只有少数几所大学对此有明确的规定。大部分高校对学生科研兴趣的培养还缺乏足够的重视和相应硬件的支持，这些将不利于大学生创新能力的培养。因此，加强对大学生科研能力的培养既是时代对高校提出的新要求，也是一项具有深远意义的教育发展战略。

6.5.1 国外高校学生科技成果开发与转化过程中的经验

国外高校学生科技成果开发与转化过程中的经验有：

（1）重视学科建设和科学研究，这对于学生的科技创新与成果开发具有十分重要的意义。

重视学科建设，学科设置灵活，各校可根据自身的发展和需要来进行新学科设置，使学科设置具有很强的前瞻性、极好的成长性和与社会经济发展相符合的适应性，使学科建设充满活力；学科建设投资强度大，起点高。新建学科投资强度极大，包括房屋、先进的仪器设备、引进一流的人才等等，让新学科在起步时就有了极好的条件基础，具备了一定的综合实力；重视人才，重视新型交叉学科。

研究经费充足、政府资助力度大。强调科学研究在人才培养和知识创新中的重要作用；建立孵化器项目，扶持起步研究，通过建立孵化器项目，引导学生举办科研开发竞赛，自己创办公司。学生是推动科学研究，特别是科技成果转化的主要动力。孵化器项目扶持校内起步研究和校外学生自办小企业，主要提供附属设施，如水电、通讯、房屋，提供法律咨询、投资者信息等。一些大学还开设《技术的企业化》课程，其内容包括工程、科学、法律、商务等多学科知识，使学生们受益匪浅。

（2）大学注重与企业的合作研究，使科技成果的应用性与市场性较强。

在西方发达国家，大学是基础性研究的重要基地。为了使大学生更好地适应社会和企业发展的需要，学生的科技成果能够迅速转化，大学的科学研究活动也十分注重与企业的合作。这种合作把基础科学、交流知识作为重点，重视对人才的培养工作，吸收本科生、硕士生、博士生参加研究工作，能迅速地将学生参与的科研成果转化并应用到工业界。这就使学生参与制作的科技作品具有很强的市场针对性。

（3）重视成果转化，设置专门机构组织实施，运用多方面力量加速成果转化。

国外高校为了提高大学生的科技创新能力，通常设立许多专门机构，负责指导学生创作以及校企合作事宜。这些机构包括“咨询公司”、“联络办事处”等联络机构和“大学专利公司”、“综合服务机构”等指导机构。高校与企业之间的相互合作，保障了学生可以利用企业的仪器设备进行相关科研工作。这些举措，可使学生的科技创作过程在人力、物力、财力方面拥有强大的支持后盾。

组织法律、商务、市场和科技人员联合办公，加速成果转化。一个好的成果转化为商品并进入市场，只有科技成果是不够的，还需要了解大量有关的法律、商务、市场等等一系列问题，把这些问题联系在一起综合考虑将起到意想不到的效果。

制订一套完整严格的成果转化程序。美国学校管理部门在成果转化上的一般工作程序为：发明者取得成果-向学校提交报告-学校组织专家审核-主管校长审批-自办公司或学校支持办公司-做进一步的市场分析-完成产品开发-寻找投资者-谈判-草签协议书-获得生产许可-正式开始生产。转化产品主要有两种形式：一是学校卖生产许可证；二是自行组织开设新公司，或与地方保持合作，联合创办新公司，共同推动成果向市场的转化。

6.5.2 我国大学生成果开发与转化能力的现状及原因

6.5.2.1 大部分大学生未能彰显成果开发与转化能力

“挑战杯”课外学术科技作品竞赛是我国青年学生课外学术科技领域的最高赛事，被誉为“大学生课外学术科技的奥林匹克”，近年来，全国各高校都异常重视，在2005年第九届全国“挑战杯”课外学术科技作品竞赛中，共收到全国高校1175件作品，集中展示了大学生科研能力佼佼者的水平。然而这些学生只是高校大学生群体中的少数，虽然各高校都举办自己的科技活动，如科技节、科技活动月、科技周等，但水平层次差别很大，很多科技活动科技含量很低，亲自动脑动手参与者所占比例不足3成，也就是说大多数学生未能彰显成果开发与转化能力。

6.5.2.2 未能彰显成果开发与转化能力的原因

具有科学创新的意识，但又不善于利用和创造条件。大学时代，大学生普遍具有思考、创新的动机，渴望进行研究，但由于学校的条件局限、师资科研指导力量有限、部分学生缺乏主动创设和利用学校资源的意识、缺乏向知识经验丰富的教师或同学请教的意识，因此这些学生往往不能把握本学科最新发展的动态，不能关注到相关学科的知识迁移。

有科学创新的热情，但创新的目标不明确。大学生通过学习和教师的引导有科学研究的热情，但由于缺乏广泛的沟通和对社会的全面了解，导致他们研究目标不够明确。

有灵感，但缺少科学创新的技能。许多大学生经过长期的脑力劳动，在大脑皮层留下一些暂时神经联系，在特定因素的诱发和引导下，会产生灵感。但由于学生缺少科研的技能，很多灵感只能昙花一现。

思维敏捷，但缺少创新性思维方式。有些大学生知识和经验有一定积淀，想象力丰富，逻辑思维能力强，但由于知识应用能力弱，学科之间缺乏整合，如会计专业学生很难把心理学和会计学联系起来，学科的单一认识使他们的思维方式呈直线式特点，思考问题缺乏全面性和开创性[25]。

6.5.3 成果开发和转化能力的培养

科技成果的开发和转化是一个系统工程，成果的开发需要专业知识的累积、科研精神的培养，在成果转化方面，要具备法律、商务、市场等诸多专业知识。

（1）夯实基础知识，深化专业知识学习。巩固学生对基础文化知识的掌握，拓宽学生的视野，扩展学科外的知识面；培养专业学习兴趣，加深专业知识的理解和掌握。

（2）积极参加科研创新实践。成果开发在实践中才能产生，因此，大学生应该积极参加各类科研创新实践活动，在实践中巩固深化所学专业知识，产生创新灵感，提高知识的运用能力和动手操作能力，很多成果都是在实验室中形成的。

（3）充分利用学校、教师等创新资源。大学是智力、人才的聚集地，在大学里，许多教师都有自己专业的研究领域和丰富的科研经验。学生应该积极与教师进行交流，寻求教师的指导和帮助，参与教师的科研项目，利用实验室等资源，提高成果开发能力。

（4）借助创业孵化园、大学科技园进行成果转化。许多高校都建立了科技成果转化办公室或科技成果孵化基地，对学生的科研成果或创业项目予以扶持，大学生可以充分借助这一便利，处理在科技成果转化中遇到的有关法律和商务问题，能够寻找到适合的投资者和能干的生产管理者，使科技成果有效地转化。

总之，对学生科技成果开发和转化能力的培养是一项十分艰巨的、系统化的工程，需要学生、教师、学校、社会多方面努力，唯有如此才能使高等教育质量、学生培养质量得到提高，才能使科技进步、社会发展。

【背景资料】 青岛理工大学设立大学生科技创新基金

2007 年 4 月，青岛理工大学为深化教育改革，全面推进素质教育，鼓励在校学生积极参与科研项目、科技创新活动，下发了《大学生课外科技创新活动管理办法》，设立大学生课外科技创新活动专项经费，专门用于各类形式的竞赛、科技创新等活动。大学生课外科技创新活动按项目化管理，指导教师一般不由学校另计科研工作量，各学院可视具体情况予以确定；对获奖项目颁发奖金和荣誉证书。对参与科技创新活动获得省部级以上奖励的集体和个人（包括学生和指导教师），学校根据有关规定予以奖励。

制定了《青岛理工大学学生科技创新项目立项的实施细则》。大学生科技创新包括三类项目的申报，即自由申报项目：学生自行提出研究设想，联系导师，在导师指导下提出立项申请，专家组评审通过后纳入“自由申报项目”；双向选择项目：导师结合自身科研工作，提出一定量的适合本校学生的研究项目，经专家组评审通过后纳入“双向选择项目”；竞标类的项目：各级竞赛活动或校外高技术企业委托研发项目，经领导小组办公室批准后纳入“竞标项目”。

在校大学生可根据自己的情况进行科技创新项目申报，对于通过的科技创新项目，将会获得一定的经费支持，用于开展科学研究。校团委负责项目经费的预算、拨付、监管工作。各学院（部）分团委和项目负责人，负责项目经费使用和管理。项目经费的使用需经过指导教师或项目负责人同意签字。

开展大学生科技创新立项几年来，学生参与科技创新的兴趣日渐提高，学校科技创新的氛围越来越浓。2008 年立项 58 项，2009 年立项 124 项，2010 年立项 154 项。

【案例一】 王博豪用自己的专利实现创业梦想

四川师范大学外事学院商务英语专业的大二学生王博豪发明的 LED 节能环保灯于 2008 年 7 月 14 日获得了国家“实用新型专利证书”。随后，北京一所研究院寄来专利转化（合作）通知，表示愿出 5000 万元购买专利，但满怀创业热血的王博豪拒绝这笔诱人的巨款，并在家人和学校的支持下，创办了成都市登峰节能环保灯厂。一年之后，工厂生产的节能灯泡已在全国范围销售，并打入欧洲市场。(资料来源：新华网)

【思考导向】 大学生经过专业知识的学习、不懈的钻研，能够实现创新发明，而创新成果的价值也是巨大的，经过转化，成为产品走向市场，可以创造巨大的经济和社会效益。只要有兴趣，相信会有更多的大学生创新成果被开发和转化。

【案例二】 华工学生学术论文登上著名科学期刊《Nature》系列杂志

华南理工大学“基因组科学”创新班学生罗锐邦作为并列第一作者、金鑫同学作为署名作者的《构建人类泛基因组序列图谱》，在国际著名科学期刊《自然》的生物技术分刊《Nature Biotechnology》发表。该研究成果是全球第一个通过全新基因组组装方法对多个人类个体基因组进行拼接，对人类参考基因组序列进行补充，指出了人类基因组中存在“有或无”型的基因变异，从而首次提出了“人类泛基因组”的概念。该论文树立了新的人类基因组测序标准，并指出了未来医学研究的方向，反映了我国基因组学在世界的领先地位，此项科学成果的取得也彰显了华工生物科学与工程学院创新型人才培养模式的初步成果。

除此次学术论文发表在《Nature》上以外，稍早创新班邵浩靖同学就以署名作者身份在《Science》杂志上发表了《40个基因组的重测序揭示了蚕的驯化事件及驯化相关基因》论文。（资料来源：华南理工大学新闻网）

【思考导向】 当前高校为提高学生的创新技能，采取了多种举措，如成立基地班、创新班，开展科技创新类竞赛，提供专门的师资、硬件及资金支持。青年大学生只要具有创新意识和创新思维，具备扎实的专业知识和技能，经过系统的创新训练和培养，再加上自己的刻苦努力，就一定能够在科技创新方面有自己的一席之地。

【案例三】 全国“挑战杯”获奖项目受风险投资追捧

经过3天的激烈角逐，第五届“挑战杯”中国大学生创业计划竞赛终审决赛在济南谢幕。广东的华工、暨大、华农在这次终审决赛中揽得“三金五银”，比赛刚一结束，这8份获奖创业计划书就受到山东、上海、广东等地风险投资商的热捧，吸取资金初步累计达3435万元。

在这次决赛上，华南理工大学的“电粉基全降解环保材料”、华南农业大学的“绿尔康”农药残留生物降解剂创业计划书和暨南大学的“生命火”自加热包装有限公司创业计划书从110件作品中脱颖而出，将金奖收入囊中。这些都是与现实生活密切相关的服务类项目，“电粉基全降解环保材料”是一种食品包装环保材料；“生命火”自加热包装是用来加热易拉罐的，而“绿尔康”农药残留生物降解剂和“便携式农药残留快速检测仪”也关乎绿色“菜篮子”。另外，3所高校还收获5个银奖。

大受风险企业热捧，获奖学生是否由此走上自主创业之路呢？

华工大参赛学生金永春认为，获奖后，技术转化为“生产力”有两条途径，一是把技术有偿转让给企业；另一条路，是成立校办企业，高校自己做。（资料

来源：南方日报）

【思考导向】 大学生要积极参加参与各类创新实践活动，要有信心，相信自己能够做出成果来；选准方向，选择的项目要同现实生活和实际应用紧密结合，并要对自己的项目进行必要的包装和宣传；只要有好的项目和产品，资金、市场都不是问题，要大胆尝试，大胆实践。

【案例四】 自主研发、自主创业的maTHmu科学计算引擎项目

在2010年第七届“挑战杯”一汽-大众中国大学生创业计划竞赛中获得金奖的项目——maTHmu科学计算引擎项目成为比赛的一大亮点。项目是由清华大学学生自己研发的，并且在参赛之前就已经真正投入到市场运营中。

maTHmu是学生自主研发的科学计算系统，提供科研、数据分析、项目研究、企业管理中用到的科学计算服务，获得第11届全国“挑战杯”大学生课外科技大赛特等奖（前3%）、第5届首都“挑战杯”大学生课外科技大赛特等奖、第27届清华大学“挑战杯”大学生课外科技大赛特等奖等奖项，并拥有中国版权保护中心软件著作权证书和教育部科技查新报告。其技术和功能都得到权威认证和高度肯定，接近世界领先水平，可为各行业领域提供高精度、快捷、安全的科学计算。

maTHmu科学计算引擎项目理清了复杂科学计算引擎的完整架构，实现了基于规则的符号计算框架，并提供数学排版的图形用户前端及开放的二次开发平台。maTHmu的功能可媲美符号计算领域软件行业老大Mathematica，最终完成了完全自主研发、不依赖任何第三方系统的maTHmu填补了国内计算机代数系统和科学计算引擎领域的空白，maTHmu的出现有助于打破国外巨头垄断，在科研、教学与工程等各领域应用前景广阔。（资料来源：吉林大学网、mathmu网站）

【思考导向】 比尔·盖茨用自己开发的项目实现了创业的成功，maTHmu科学计算引擎项目也在进行着同样的尝试。也许，我们会认为，没有机会成为比尔·盖茨，那就转变一下思维，思考一下应该给自己怎么定位，怎样超越自我，创造成功。

【训练题】

1、2009年，某大学大三学生张某等人发明制作了“BSC-1型轴承滚动体及铆钉缺失在线检测仪”和“系统全局最短路径的可视化研究”两项课外科技作品，经业内专家鉴定认为可以申请国家专利。请问张某等如何为自己的项目申请国家专利？

2、某高校学生自己研发了“智能家庭系统”，但是对于科研项目如何市场化不是很清楚。请根据所学知识为他们制订一份开拓市场计划书。

3、2008年海峡两岸创意产业创业计划大赛获奖项目揭晓，其中有一项“产

品校园营销传播”项目获奖，如果该项目要寻找风险投资，请为该项目制订一份申请风险投资意向书。

6.6 创新技法

如果把创新活动比喻成爬山的话，那么方法和技巧就是爬山的途径或者工具。方法和技巧可以说比内容和事实更重要。法国著名的生理学家贝尔纳曾说过：“良好的方法能使我们更好地发挥天赋的才能，而笨拙的方法则可能阻碍才能的发挥。”

在20世纪50年代期间，受苏联发射世界上第一颗人造卫星的刺激，在美国引发了开发创造性的高潮。1957年美国海军特殊设计局开发了“计划评审技法”，美国陆军开发了“5W2H法”，1964年美国兰德公司开发出“德尔菲法”，以后陆续积累了上百种创造技法。

从1946年起，苏联学者阿利特舒列夫和他的同事一起从大量的发明专利中精选了一大批高水平的专利文献，并进行详细的研究分析，最终概括总结出了具有普遍性、有效性的方法，并得到了技术体系的发明和物质结构的形成和改造的结论。基于这种认识，他们创立了举世闻名的“物场分析理论与方法”。

德国将美国的创造技法引入国内后，又进行了德国式的改造，如把头脑风暴法改成“默写式头脑风暴法”，开会时让与会者把新设想写在卡片上，相互传递，启发思路，符合德国人长于沉思的性格。20世纪60年代，加拿大蒙特利尔大学的H. 塞里埃制定了利用睡眠时潜意识的“睡眠思考法”，蒙特利尔大学和魁北克大学都开设了创造性技法和创造性解决问题的训练。

我国一些学者在吸收国内外先进理论和经验的同时，陆续地、有创造性地提出了一些具有中国特色的创新技法，如许国泰总结文学创作和产品开发的思路，提出“信息交合法”；刘仲林总结科技创造的思维规律和特点，从审美逻辑的角度，提出了“臻美法”，并系统地阐述了臻美系列技法；1984年袁张度在《创造与技法》一书中提出“集思广益法”；赵惠田总结辽宁科协创造力开发的培训经验，于1988年出版了《发明创造学教程》，详细阐释了这一技法。

创新技法就是人们通过长期研究与总结得出创造发明活动的规律，经过提炼而成的程序化的创新技巧和科学方法。目前全世界已经研究出的技法有上百种以上。

创新方法的基本出发点是打破传统思维的习惯，克服思维定式和阻碍创造性设想产生的各种消极的心理状态，应用创新设计方法以帮助人们在设计和开发产品时得到创造性的解决方案。创新设计方法有很多种，下面介绍智力激励技法、类比联想技法、设问探求技法和要素组合技法等。

6.6.1 智力激励技法

现代科学技术的发展史表明：一项技术革新或科技成果，大都先有一个创造性设想，一般来说，创造性设想越多，发明也越容易获得成功。中国有句俗语叫集思广益，在创造发明活动中，应用集思广益的例子是屡见不鲜的。

为中国的原子物理事业作出了杰出贡献的“三钱”，即钱学森、钱三强、钱伟长。他们的合作一直被人们传为美谈，正是由于他们的集思广益，加快了我国试制原子弹的进度。我国核事业的发展速度是整个世界都为之震惊的，甚至于当时对中国原子物理研究能力的底细较清楚的美国也感到不可理解。而其中很重要的一点，除这3位强者每人都有自己高超的研究能力外，与他们的通力合作也是分不开的。

智力激励技法又称集智法、头脑风暴法。智力激励技法就是为产生较多较好的新设想、新方案，通过一定的会议形式，创设能够相互启发、引起联想、发生“共振”的条件和机会，以激励人们智力的一种方法。大多是通过集会让设计人员用口头或书面交流的方法畅所欲言、互相启发进行集智或激智，从而引起创造性思维的连锁反应。

被誉为创造工程之父的纽约BBDO广告公司副经理奥斯本制定了“头脑风暴法”，并将其用于工作实践中，取得了很大的成功。为了普及这种创造力开发技法，奥斯本撰写了一系列著作，建立了系统的理论基础。布法罗大学、麻省理工学院、美国空军、通用电气公司等先后采用奥斯本的方法，以后又向各类大学、联邦政府、产业界普及。这一成功打破了那种认为创造才能的“天赋决定论”和“遗传决定论”，为群众性的创造普及活动打开了局面。奥斯本成为了创造工程的奠基人。

6.6.1.1 奥斯本智力激励法

智力激励会议的具体组织方法是：参加会议的人数不超过10个，这是因为人数过多反而会影响效率。会议的时间一般在20分钟~1小时之间。每次会议的目标必须要明确，与会人员也必须围绕议题可以任意自由不受任何约束地发表自己的想法和建议。

如有以下几项规定：（1）决不允许批评别人提出的设想；（2）提倡海阔天空式的任意自由思考；（3）任何人不对其他人的建议作任何的判断和结论；（4）鼓励多提建议，设想越多越好；（5）发表看法的过程应集中注意力，针对目标，不可跑题；（6）参加会议的人员采用圆桌会议的方式，没有权威，没有上下级，一律平等；（7）不允许私下交谈，以免干扰别人的思维活动；（8）不允许用集体提出的意见来阻碍个人的创造性思维；（9）各种设想不分好坏，一律记录下来。

【案例一】 成功降低搅拌机成本

某生产搅拌机的工厂，虽然搅拌机的使用性能较先进，但成本较高，不利于市场竞争。经过科研人员的初步分析，发现该搅拌机的许多部件使用了不锈钢，因此价格比较昂贵。为解决降低搅拌机成本问题，厂里决定采用奥斯本智力激励法。

第一步组织了一个5人小组，召开了一次智力激励法的会议，会上宣布严格遵守智力激励法会议的原则，降低搅拌机成本的主要想法：

(1) 用塑料来代替不锈钢；

(2) 用橡胶代替不锈钢；

(3) 用木制材料代替不锈钢；

(4) 用普通钢板代替不锈钢；

(5) 采用玻璃钢代替不锈钢；

(6) 用玻璃代替不锈钢；

(7) 用石头代替不锈钢；

(8) 采用组合材料代替不锈钢；

(9) 将目前的搅拌机制成行星摇摆式。

第二步设想进行了科学的论证，并经过认真细致的研究，认为切实可行的是第4条，即用普通钢材代替不锈钢。理由是铅粉投入搅拌机后，在搅拌机的壳内壁附上一层铅粉，铅粉对搅拌机的金属壳壁起到了保护的作用，使得搅拌机不会受到酸的腐蚀。最后通过对讨论方案的确定，厂里新制造了一台搅拌机，经过一年的使用和市场的检验，证明这一技改是成功的。

【案例二】 砸核桃的头脑风暴会

下面是一段讨论砸核桃的头脑风暴会的记录片段：

组长：我们的任务是如何砸核桃，要求多、快、好，大家有什么办法?

甲：平时我们在家里，是用牙嗑、用手掰、用门掩、用榔头砸、用钳子夹等。

组长：几十个核桃用这样的办法还可以，核桃多了怎么办?

乙：应将核桃大小分类，然后放在压力机上砸。

丙：可以把核桃粘上一层粉末，使它们变成一般大小，就用不着分类了。

丁：核桃上粘的粉末可以是铁磁性的，经过粉碎后，加一磁场作用，皮与仁就会自然分离。

组长：很好，大家想得很好。还可再想一想用什么样的力才能把核桃砸开，用什么办法才能得到这些力？

甲：需要一个集中挤压力。用某种东西冲击核桃，或者相反，用核桃冲击某种东西。

丙：核桃壳很硬，应该先用溶剂加工，使它们软化、溶解或使它们变得较脆，还可以用冷冻的方法。

组长：如果我们用拟人类比的方法应如何解决任务呢？

丙：不应该从外面，应该从里面把核桃破开。把核桃钻个小孔，往里面加压打气。

丁：可以把核桃放在空气室里，往里加压打气，然后使空气室里压力锐减，这时，内部气压使核桃破裂，或者使空气室里的压力剧增与锐减，这时核桃处于交变复合状态下。

戊：我是核桃，准确地说是核桃仁，外部是核桃壳。我用手脚对它加压，使核桃壳破裂。应该不让核桃壳长，只让核桃仁长，自身就会使核桃破裂。为此，可以对核桃壳照射。

这样，不到10分钟，就得到了近40条设想，其中有的设想形成了很好的方案。经发展完善后，制成了砸核桃机，获得了专利。

【思考导向】 头脑风暴会之所以获得成功，是因为它实现了想象与批判的分离，并创造了一个既具有心理安全与心理自由、又能相互激励、相互竞争的群体环境。当然，头脑风暴的前提是我们要有创新的想法。

智力激励法是世界上最早付诸实用的创造技法，它由美国创造学家奥斯本首先提出，以后各国的创造学家又做了发展，先后提出了默写式智力激励法、卡片式智力激励法等。智力激励法的应用非常广泛，不仅可以应用于创造发明，而且还可以应用于企业管理。

6.6.1.2 默写式智力激励法

默写式智力激励法规定：每次会议由6个人参加，每人在5分钟内提出3个设想，所以它又称“635法”（图6-1）。在举行“635法”会议时，由会议主持人宣布议题，即创造发明的目标，并对到会者提出的疑问进行解释。之后，每人发几张设想卡片，在每张设想卡片上标出1、2、3等编号，在两个设想方案之间要留一定的时间作为思考时间，可让其他人填写新的设想。在第一个5分钟内，每人针对议题在卡片上填写3个设想，然后将设想卡片传给右邻的到会者。在第二个5分钟内，每个人从别人的3个设想中得到新的启发，再在卡上填写3个新的设想，然后将设想卡片再传给右邻的到会者。这样，半个小时可以传递6次，一共可产生108个设想。

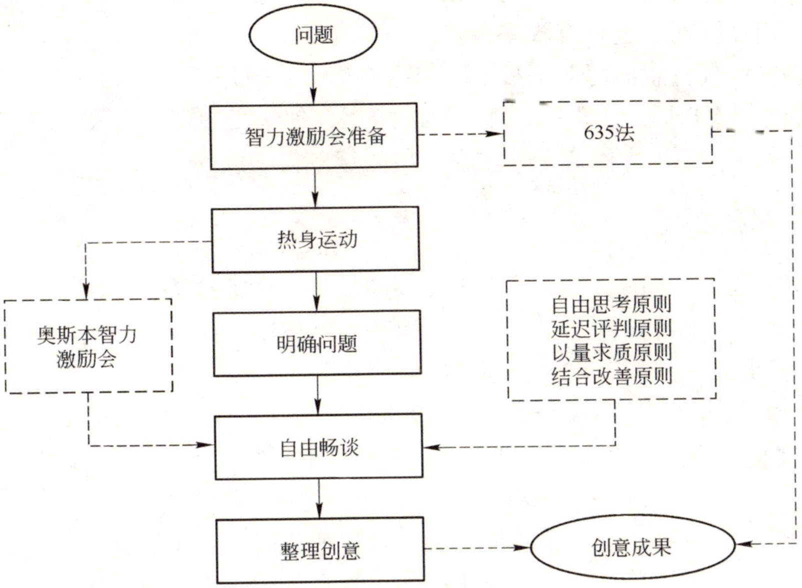

图 6-1 “635 激励法”的原理图

默写式智力激励法可避免出现由于数人争着发言而使设想遗漏的情况。

6.6.1.3 卡片式智力激励法

A CBS 法

CBS 法是在会前明确会议主题，每次会议由 3～8 人参加，每人持 50 张名片大小的卡片，桌上另放 200 张卡片备用。会议大约举行 1 小时。最初 10 分钟为“独奏”阶段，由到会者各自在卡片上填写设想，每张卡片写一个设想。在接下来的 30 分钟，由到会者按座位次序轮流发表自己的设想，每次只能宣读一张卡片，宣读时将卡片放在桌子中间，让到会者都能看清楚。在宣读后，其他人可以提出质询，也可以将启发出来的新设想填入备用的卡片中，余下的 20 分钟，让到会者相互交流和探讨各自提出的设想，从中再诱发出新的设想。

B MBS 法

奥斯本的智力激励法严禁批判，没有思想交锋，因而评价与集中都有一定难度。日本三菱松脂公司创造出一种新的智力激励法——MBS 法。其具体程序如下：

（1）确定主题。

（2）由参加会议的人在纸上填写设想 10 分钟。

（3）与会者轮流发言提出自己的设想。

（4）将修改后的设想完善为方案。

（5）相互质询，进行修改完善。

（6）主持人将意见写于黑板上，与会者进一步研讨。

三菱式的 MBS 法在日本得到广泛的应用，如三菱重工、三菱汽车、柯尼卡照相机公司等，都曾应用这一方法在一些领域取得了成功。

6.6.2 列举技法

列举法是最常用的，也是最基本的创新技法，这种技法经常用于简单设想的形成与发明目标的确定。在创造发明的过程中，发明设想的形成与发明目标的确定是发明的开始，所以，在这种意义上列举法是很重要的。

分解与组合、分析与综合是重要的思维形式，也是创新性思维重要组成部分。列举技法突出的特点是很好地运用了分解和分析，当然，只有在详尽分析的基础上才能进行列举。

具体地说，分解包括对物体的分解、目标的分解、程序的分解等；分析可以分为特征分析、性格分析、功能分析、优点缺点分析、希望点分析等。属性列举法既运用了对结构的分解，又使用了对特征的分析；缺点列举法是分析事物特征；希望列举法是分析事物被希望的特征，综合列举法是以上分析的综合。

6.6.2.1 属性列举法

属性列举法也称为特征列举法，是 20 世纪 50 年代在美国布拉斯加大学担任新闻学教授的克劳福德提出的。他认为，创造并不单凭灵感，很大程度上依靠改造和实验，这种改造并不是指机械地将不同产品结合起来，而是应对它有用的特点进行改造，改进时应尽量地吸收其他物体的特点，要尽量地列举研究对象的特征，对这种改造是十分有益的。

概括地说，属性列举法是一种通过列举分析特征，应用类比、移植、替代、抽象的方法变换特征获得发明目标的方法。

属性列举法的操作包括以下三个阶段：

（1）应用分析、分解及分类的方法，对研究对象进行加工，将它的逐项特征一一列出。

（2）对列出的特征进行分析、抽象。与其他物品进行对比，采用替代的方法对原特征进行改造。

（3）应用综合的方法将原特征与新特征进行综合，提出新设想。

【案例三】木材单板烘干机的发明

四川某厂承制远红外面包燃烤炉，但有客户提出定做木材单板烘干机，因为在木板生产过程中，单板是圆木在碱水中煮沸后，在铣木机上铣成的。它很湿，若单靠太阳晒干，效率很低，不利于大批生产。

如何将面包烘烤炉改为木板烘干机呢？他们采用了属性列举法。

由于问题的核心在于如何将面包炉的功能改进，所以他们首先从动词入手，然后再列出实现各种功能的结构（名词），最后对不满足新功能的结构进行改进，从而提出了新产品设想。

面包炉的主要功能为传、放、烘烤、定型四个词，下面逐个进行列举分析。

传：面包炉有两条互相平行的链条传动，木板若以此链条传动是不稳定的，可将两条链改为四条链。

放：面包炉是将面包放置于烤盘中，烤盘又置于链条上，而木板不需托盘，只要能夹持于链条中便可，所以可将单侧链条改为双侧链条，可用八根链条将木板夹持其中。

烘烤：面包炉应用的是远红外烘烤，这对于木板同样适用，只是木板的湿度更大，应增加排气烟囱。

定型：面包是用模定型，这对木板是不适用的，木板的干湿变形问题可采用如压定型的方法解决。

他们提出了木材单板烘干机的初步设想，并试制出了合格的产品，受到客户赞扬。

【思考导向】运用属性列举法时，研究对象的确定应十分具体。若研究的是产品，应是具体的某一型号的产品；若研究的是问题，应是具体的那个问题。思维变换时应注意打破思维定式。

6.6.2.2 缺点列举法

使用属性列举法时，有些人感到很繁琐，于是，一些人提出了直接列举产品缺点的方法，称为缺点列举法。概括地说，缺点列举法是通过列举缺点，揭示问题而发现发明目标的方法。通俗地讲，缺点列举就是直接从人们的需要出发，去“挑毛病”。工厂的产品，市场的商品，一般都不可能是十全十美的，总会有这样那样的缺点、毛病和问题，但是，人们常有惰性（也可以说是心理定式和思维定式），对于看惯了和用惯了的东西，往往不想去发掘它的缺点，会以“将就着”、“凑合点”的观点去对待它。生产这些产品的厂家就更不容易看到和轻易承认自己产品的某些缺点，结果是安于现状，丧失创造动机，无所创新。缺点本身就是问题，挑毛病正是揭示问题，强调缺点就是强调问题，这样会激励人们去革新和创造。

缺点列举法的操作程序如下：

（1）列举产品或需要改进的事物的缺点。

列举缺点时可用卡片填写，也可开缺点列举会。这种会议一般由5~10人参加，要求主管部门事先有所准备。会上与会者围绕主题尽量列出各种缺点，列举得越多越好，做好记录。除用会议形式外，还可采取发放用户卡的方式，请用户来提问题。

（2）将缺点加以归纳整理。整理时可将缺点整理成卡片，以便于归类。

（3）针对缺点进行分析，挑出主要的，对产品影响大的缺点，并将缺点排序。

（4）分析形成主要缺点的原因，尽量揭示出深层矛盾。

（5）综合运用创造学中的其他方法去解决问题。

一般来说，操作到（3）时产品的缺点已列举清楚，这种方法的使用可以结束。

6.6.2.3 希望点列举法

希望点列举法是通过列举研究对象被希望的特征而发现发明目标的方法。

所谓希望就是现实中所没有的，它必须由想象产生。列举希望会从心底唤起人们丰富的想象力，激发出人们强烈的创造欲望。从这种意义上说，希望点列举法也是一种主动型的创造方法。

人们各种各样丰富的想象会影响着社会的进步，影响着经济与科学技术的发展；人们对身边物品的每一个小小的希望都会影响着产品的更新与技术、工艺的改进。在平日的学习、工作和生活中，我们往往有许多希望，譬如，刮大风时，人们希望有一顶挡风沙的帽子；下大雨时，人们希望有一件轻巧、舒服又美观的雨衣；骑车行路时，希望车子能自动往轮胎中打气；在剧场看戏时，希望不论坐在哪个位置都能听得清、看得清；人们充满了对各种物品的希望。从这些希望中我们很容易发现发明目标，生产出适合于人们需要的产品。从这种意义上说，列举希望也就是分析人们的需要，并由需要引起创造性设想。

在人们的希望中也有一些是很难做到的，这些希望经常受到一些聪明人的嘲讽，但正如凡尔纳所说，"一些人能够产生想象，另一些人就能够将这些想象变为现实。"列举希望就是提出想象，而提出想象本身就是一种进步，也是一种类型的创造。

希望点列举法的使用程序如下：

（1）列举对被研究物体的希望。列举希望的方式与列举缺点的方式一样，可以用卡片来写，也可以组织列举希望的头脑风暴会议（见6.5节），还可以采取发放用户卡的方式，请用户来提希望。

（2）对希望进行分类整理，区分出短期内可以达到的与暂时不可达到的。

（3）对合理的设想进行完善，形成方案，进入实施；对暂时做不到的设想可进行改善，供以后参考。

【案例四】 理想的电话系统

美国的创造学家艾可夫，曾列举了心目中理想的电话系统。

（1）不需用手，即可使用电话。

（2）只要想用电话，就能在任何场合使用它。

（3）不会接到错拨号码的电话。

（4）听到铃声，在接电话之前就能知道是何处打来的电话。这样，便可以不接那些不想接的电话。

（5）通话时，如有他人打进来，此时另有电话接线，并知道是何处打来的，可请他稍候或略通数语后再回顾原来的电话。如果拨电话给别人，遇到占线，也不必挂断，待对方通话完毕后即可自动接上线。

（6）当无暇接电话时，可以预先在电话里留口信给别人。

（7）能三人同时通话。

（8）可以选择使用声音或画面来通信息。

艾可夫请教一位从事电信的朋友，这位朋友说，上述设想在技术上皆属可行。如果把其中任何一项作为创造发明的目标，都会制造出更加满足人们需要的新式电话。

【思考导向】 想象列举法为创新插上了理想的翅膀，敢于想象，就有了创新的可能。上述的一些功能在今天不就已经成为现实了吗？

6.6.2.4 综合列举法

前面介绍了属性列举法、缺点列举法及希望点列举法，通过学习我们会发现它们中的不足与相互关系。例如，属性列举法中将研究对象的属性列举得很清楚，很详尽，但列完之后如何更好地进行属性变换呢？这种方法中并没有具体地指明。又如，在提出对产品的希望时，常常会涉及产品的不足之处，这不足之处也就是产品的缺点，所以，缺点与希望点很难分得清。再如，缺点列举着重于产品的不足，希望点列举着重于对新产品的想象，这里一是现实，一是未来，若能将它们自然地结合起来不是更好吗？基于上述想法，我们在使用中提出了综合列举法。这种方法的思路是将这三种列举法的主要操作程序编排起来，综合运用。

综合列举法的操作程序如下：

（1）确定研究对象。

（2）用缺点列举法与希望点列举法对逐项特征进行缺点与希望点分析。

（3）综合缺点与希望点对物体原特征进行代换。综合事物的新老特征，提出创造性设想。

综合列举法可以个人操作，也可以集体操作。集体操作时可采用头脑风暴会的方式。

6.6.3 类比技法

类比技法的一个显著特点是以大量的联想为基础，以不同事物之间的相同或类似点为纽带，充分调动想象、直觉、灵感等诸多功能，巧妙地借助其他事物找出创意的突破口。

类比的方法很多，除了有直接类比法、间接类比法、幻想类比法外，还有仿生类比法、拟人类比法、因果类比法等。

6.6.3.1 直接类比法

采用直接类比法的例子古今中外比比皆是，例如，鲁班设计的锯子也是直接类比法的实现。工程师布鲁内尔为解决水下施工大伤脑筋，有一次他观察到小虫进入木材的方法，即造一根管子作为它前进的通道。于是通过类比，他想出了用空心钢柱打入河底，以此为“构盾”，边掘进边延伸，在构盾的保护下施工，这就是著名的“构盾施工法”，这可以说是类比法的重大成果。

现在市场上的电瓶脚踏车，其动力系统就是通过与电瓶车动力系统的直接类比制成的。

6.6.3.2 间接类比法

间接类比法是用非同一类产品类比，产生创造。在现实生活中，有些创造缺乏可以比较的同类对象，这就可以运用间接类比法。例如空气中存在的负离子，可以使人延年益寿、消除疲劳，还可辅助治疗哮喘、高血压、心血管疾病等，但负离子只有在高山、森林、海滩湖畔较多。后来通过间接类比法，创造了水冲击法产生负离子，而后吸取冲击原理，又成功创造了电子冲击法，这就是现在市场上销售的空气负离子发生器。

采用间接类比法可以扩大类比范围，使许多非同一性、非同类的行业，也可由此得到启发，开拓新的创造活力。

6.6.3.3 幻想类比法

幻想类比法是在创意思维中用超现实的理想、梦幻或完美的事物类比创意对象的创意思维法。发明者在发明创造中，通过幻想类比进行一步步的分析，从中找出合理的部分，从而逐步达到发明的目的，设计出新的发明项目，这就叫做幻想类比法。

1834 年，英国发明家巴贝治绘制出通用数字计算机图样。1942 年，美国的阿塔纳索夫教授和他的学生贝利，运用幻想类比法，发明设计出计算机，并制成了阿塔纳索夫-贝利计算机（世界上第一台计算机）。

6.6.3.4 仿生类比法

设计者在创意、创造活动中，常将生物的某些特性运用到创意、创造上，并模仿生物的结构和功能，创作出新的发明项目，这种创新技法叫做仿生类比法。

（1）原理仿生。

模仿鸟类飞翔原理——各式飞行器。

模仿蝙蝠用超声波辨别物体位置的原理——测量海底地貌、寻找潜艇、探测物体内部缺陷、为盲人指路等。

模仿乌贼靠喷水而前进——“喷水船”靠反作用力推动船体向前行驶。

（2）机构仿生。

模仿锯齿状草叶——锯子。

（3）外形仿生。

模仿猫、虎爪子——奔跑中急停的钉子鞋。

模仿袋鼠行走方式——沙漠跳跃运行汽车。

（4）信息仿生。

模仿狗鼻子——电子鼻

模仿响尾蛇的鼻、眼对温度的敏感——响尾蛇导弹。

（5）拟人仿生。

仿生机械手、智能机器人等。

6.6.3.5 拟人类比法

拟人类比法是设计者在进行创造活动时，人们常常将创造的对象加以“拟人化”，就是使创意对象“拟人化”，也称亲身类比、自身类比或人格类比。

设计上也经常应用拟人类比，例如著名的薄壳建筑罗马体育馆的设计，设计师将体育馆的屋顶与人脑头盖骨的结构性能进行了类比，头盖骨由数块骨片组成，形薄、体轻，但却极坚固，那么体育馆的屋顶是否可做成头盖骨状呢？这种创意获得了巨大成功，于是薄壳建筑风行起来。在设计机械装置时，常把机械看做人体的某一部分，进行拟人类比，例如挖土机的设计，就是模仿人的手臂动作，获得了意外的成效。

6.6.3.6 因果类比法

两个事物或各个事物之间可能存在着同一种因果关系，因此可根据一个事物的因果关系，推测出另一事物的因果关系。例如，蚌内有砂，砂被黏液包围而形成珍珠，有人据此因果关系，把异物放进牛的胆囊内，人工培植了牛黄。有人根据在面粉里加入发酵粉可以发面做出蓬松的馒头这个因果关系，在橡胶中加入发泡剂，制成了海绵橡胶。在合成树脂中加入发泡剂，得到质轻、隔热和隔音性能良好的泡沫塑料，于是有人就用这种因果关系，在水泥中加入一种发泡剂，发明了既质轻又隔热、隔音的气泡混凝土。以上这些创意方法，就称为因果类比法。

6.6.4 联想技法

联想类比法是通过联想类比，把一般看来完全不相干的物品或技术联系起来，组合在一起研制出有价值的发明。通过相似、相近、对比几种联想的交叉使用以及在比较之中找出同中之异、异中之同，从而产生创造性思维和创新的方案，如虎和猫时而奔跑如飞、时而突然止步，人们从它们的脚掌结构得到启发，发明出带钉子的跑鞋；从蜘蛛在两棵树之间结网，联想发明出横跨峡谷的吊桥；蝙蝠在黑夜中能自由飞翔从不会撞到障碍物，借助对蝙蝠的研究人们发明了超声波探测仪，可以用来测量海洋深度、探测鱼群、追踪潜艇、诊断疾病、工业探伤检测等。

6.6.4.1 接近联想

发明者在时间、空间上联想到比较接近的事物，从而设计新的发明项目，这就叫做接近联想法。接近联想是因两个以上的事物在空间或时间上的相关而引起的，例如，看到汽车就想到汽油、交通岗、红绿灯，也都是接近联想。

6.6.4.2 相似联想

相似联想又可称类似联想，它是因两个以上事物在外表、形式、性质等方面的相似而引起的。例如，看到水就想到河。相似联想反映的是事物间的相似和共同性，这种联想也可运用到创造发明过程中来，进行创造发明。1957 年 10 月 4 日，苏联运用相似联想法，成功地发射了世界上第一颗人造地球通信卫星，这颗卫星就是世界上第一艘太空船。

6.6.4.3 对比联想

对比联想由某一事物的感知和回忆引起和它具有相反特点的事物的回忆叫做对比联想法。对比联想是因两个以上的事物具有相反的特点、性质所引起的。据物理学中的相对运动原理，将“运动”与“静止”进行对比联想并相互转换，常能产生出情理之中、意料之外的效果。

6.6.4.4 关系联想

关系联想即由于事物的某种关系（如整体与部分、原因与结果、结构与功能等关系）而形成的联想。例如，看到客人带的雨伞，你会想到外面正在下雨；看到夜鸟惊飞，你会想到林中夜行人。

在贝尔发明电话以前，虽然已有人在研究电话了，但声音不清楚无法使用。贝尔决心致力于电话研究，使电话成为可以使用的通信工具。一次实验中，贝尔发现把音叉的端部放在带铁芯的线圈面前，如果使音叉振动，线圈中会产生感应电流，通过电线把这电流送至另一只同样的线圈，线圈前的音叉也会振动，发出跟那边音叉振动一样的声音。他由此联想到能像音叉一样发生振动的金属簧片，如果用金属簧片代替音叉，线圈也应能产生感应电流，使簧片振动发声，这样金属簧片就能“说话”了。通过反复试制和完善，贝尔发明了世界上的第一部电话。显然贝尔是应用了联想法才发明电话的。

6.6.5 设问探求技法

6.6.5.1 奥斯本检核表法

奥斯本检核表是根据需要解决的问题或者需要创造发明的对象，以提问表格的形式，根据提问要点，逐个审核、讨论，使创造发明者全面、系统地考虑各种解决问题的方法。其列出 9 个方面有关的问题，然后逐一审核讨论，是促进创新活动深入进行的一种创造技法。特点是用制式提问表，以防止思考疏漏，适合任何创造发明或创新活动，有“创造技法之母”的美誉。

奥斯本检核表提问要点有 9 个方面，针对某一产品或事物介绍如下：

（1）能否它用？可提问：现有事物有无其他用途？稍加改进能否扩大用途？

例如，尼龙最初只用于军事领域，主要用来制造降落伞、舰用缆绳等，因而销量很少，为此，人们开始寻找它的新用途。最终人们发现了它的许多新用途，如做袜子、雨衣、雨伞，在工业生产中用来制作齿轮、轴承、各种形状和强度要求较高的零件等。

（2）能否借用？可提问：能否借用别的经验？模仿别的东西？

踩在香蕉皮上比踩在其他水果皮上更容易使人摔跤，原因在于香蕉皮由几百个薄层构成，且层间结构松弛，富含水分，借用这个原理，人们发明了具有层状结构性能优良的润滑材料——二硫化钼。

（3）能否改变？可提问：能否在意义、声音、味道、形状、式样、花色、品种等方面改变？

为了提高产品的生产效率，一般加工螺钉都用车削或用丝扳加工，使得生产效率较低。当采用滚压方法对螺纹进行控丝加工的方式时，其效率得到了极大的提高，这种加工螺钉的方法，现在已经被标准件工厂广泛采用。

（4）能否扩大？可提问：能否扩大使用范围、增加功能、增加高度、强度、价值、延长使用寿命？

扩大的目的是为了增加数量，形成规模效应；缩小是为了减小体积，便于使用，提高速度。大小是相对的，不是绝对的，更大、更小都是发展的必然趋势。

在两块玻璃中加入某些材料可制成防震或防弹玻璃；在铝材中加入塑料做成防腐防锈、强度很高的水管管材和门窗中使用的型材。

（5）能否缩小？可提问：能否减少、缩小、减轻、浓缩、微型、分割？

随着社会的进步和生活水平的不断提高，产品在降低成本、不减少功能、便于携带和便于操作的要求下，必然会出现由大变小、由重变轻、由繁变简的趋势，如袖珍收录机、折叠伞、笔记本计算机、可视手机、超薄计算机显示屏。

（6）能否代用？可提问：能否用其他材料、元件、原理、方法、结构、动力、工艺、设备？

人造大理石、人造丝是很好的范例。用水或空气代替润滑油做成的水压轴承或空气轴承，无污染，效率高。数字相机用数据存储图像，省去了胶卷，而且图像更清晰。

（7）能否调整？可提问：能否调整布局、程序、日程、计划、规格、因果关系？

飞机的螺旋桨一般在头部，有的也放在尾部，如果放在顶部就成了直升机，如果螺旋桨的轴线方向可调，就成了可垂直升降的飞机。汽车的喇叭按钮原来设计在方向盘的中心，不便于操作且有一定的危险性，将按钮设计在方向盘圆盘下面的半个圆周上就可以很好地解决潜在的危险。

（8）能否颠倒？可提问：能否方向相反、变肯定为否定、变否定为肯定、位置颠倒、作用颠倒？

将电动机反过来用就发明了发电机；将电扇反装就成了排风扇；从石油中提炼原油需要把油、水分离，但为了从地下获得更多的原油，可以先向地下的油中注水；单向透光玻璃装在审讯室里，公安人员可看见犯罪嫌疑人的一举一动，而犯罪嫌疑人却无法看见公安人员。反之，将这种玻璃反过来装在公共场所，人们既可以从里观赏外面的美景，又能防止强烈的太阳光直接射入。

（9）能否组合？可提问：能否事物组合、原理组合、方案组合、材料组合、形状组合、功能组合？

两个电极在水中高压放电时会产生“电力液压效应”，产生的巨大冲击力可将宝石击碎；而在一个椭球面焦点上发出的声波，经反射后可在另一个焦点汇集。一位德国科学家将这两种科学现象组合起来，设计出医用肾结石治疗仪。他让患者躺在水槽中，使患者的结石位于椭球面的一个焦点上，把一个电极置于椭球面的另一个焦点上，经过1分钟左右不断地放电，通过人体的冲击波能把大部分结石粉碎，而后逐渐排出体外，达到治疗的目的。

6.6.5.2 “5W2H”法

“5W2H”法由美国陆军部提出，即通过连续提7个问题，构成设想方案的制约条件，设法满足这些条件，便可获得创新方案。

"5W2H"思路可以从以下这 7 个方面先计划或规定好，以便少走弯路。

Why：为什么需要革新？这样干的必要性是什么？有没有更好的办法？告诉下级事情的重要性可以使他更负责任或受到激励。

What：什么是革新的对象？什么事？要做什么？

Where：从什么地方着手？在哪里干？从哪里开始？哪里结束？

Who：什么人来承担革新任务？由谁来执行？由谁来负责？

When：什么时候开始？什么时候结束？什么时候检查？

How：怎样实施这个课题？怎样省力？怎样最快？怎样做效率最高？怎样改进？怎样得到？怎样避免失败？怎样求发展？怎样增加销路？怎样达到效率？怎样才能使产品更加美观大方？怎样使产品用起来方便？

How much：达到怎样的水平？功能指标达到多少？销售多少？成本多少？输出功率多少？效率多高？尺寸多少？重量多少？做多少？做到什么程度为好？有时上级也要告诉下级，做少了不利于任务的完成，做多了又浪费。例如，上级让下属写一篇稿子，没有告诉他写多少，他可能无从下笔，或必须再向上级请示，或随便写一篇，这样一来效率低，一件简单的事情也要多次反复才能完成。

以某商店改变生意清淡的方法来说明该方法的使用情况，见表 6-2。

表 6-2 "5W2H"法的具体使用情况

序号	提问项目	提问内容	情况原因	改进措施
1	为什么	为什么要革新？此处设这个店行不行？离车站近，离居民区也近？	生意清淡必须要革新；顾客对商店有需求	探讨革新措施；保留商店
2	做什么	批发零售？百货专营？维修服务搞不搞？	本处适合零售	零售为主，增加服务项目
3	何地	从什么地方着手？	增加为旅客服务的项目；商店环境需要改进	增加旅客上车前后的所需商品；进行内部装修
4	何时	什么时候开始革新？多长时间？	革新要在一定时间后进行效果检验	制订好措施后开始进行；三个月后检验效果
5	何人	谁是顾客？旅客？居民？	未把旅客当做主要顾客	增加为旅客服务的项目，如增加寄存项目
6	怎样	怎样招来更多旅客？	此店不醒目	增设路标购物指示牌
7	多少	改进需多少投入？能得多少效益？	本店有投资能力	装修扩大需 1.5 万，预计增长 20%

6.6.5.3 7步法

这是奥斯本提出的一套设问方法，它包括以下内容：

(1) 确定革新的方针。

(2) 收集有关资料做准备。

(3) 对收集的资料进行分析。

(4) 进行自由思考，一一记录并构思革新方案。

(5) 提出实现方案的各种设想。

(6) 综合有用的数据资料。

(7) 评价各种方案，筛选出切实可行的设想。

6.6.5.4 行停法

这是美国著名的创造学家奥斯本研究总结出来的一套设问方法。他通过"行"(go)——发散思维(提出创造性设想)与"停"(stop)——收束思维(对创造性设想进行冷静的分析)的反复交叉进行，逐步接近所需解决的问题。行停法的操作步骤如下：

(1) "行"(go)——想出与所需要解决的问题相关联的地方。

(2) "停"(stop)——对此进行详细的分析和比较。

(3) "行"(go)——对解决问题有哪些可能用得上的资料。

(4) "停"(stop)——如何方便地得到这些资料。

(5) "行"(go)——提出解决问题的所有关键处。

(6) "停"(stop)——决定最好的解决方法。

(7) "行"(go)——尽量找出试验的方法。

(8) "停"(stop)——选择最佳试验方法。

6.6.6 要素组合技法

组合是任意的，各种各样的事物要素都可以进行组合。例如，不同的功能或目的可以进行组合；不同的组织或系统可以进行组合；不同的机构或结构可以进行组合；不同的物品可以进行组合；不同的材料可以进行组合；不同的技术或原理可以进行组合；不同的方法或步骤可以进行组合；不同的颜色、形状、声音或味道可以进行组合；不同的状态可以进行组合；不同领域、不同性能的东西也可以进行组合；两种事物可以进行组合，多种事物也可以进行组合；可以是简单的联合、结合或混合，也可以是综合或化合等。

6.6.6.1 成对组合

成对组合是组合法中最基本的类型，它是将两种不同的技术因素组合在一起的发明方法。依组合的因素不同，可分成材料组合、用品组合、机器组合、技术原理组合等多种形式。

6.6.6.2 辐射组合

辐射组合是以一种新技术或令人感兴趣的技术为中心，同多方面的传统技术结合起来，形成技术辐射，从而产生多种技术创新的发明创造方法。

以家用电器为例，由于电进入家庭，由电的辐射组合，现已发展了众多的家用电器，如电视机、电冰箱、全自动洗衣机、空调机等。

6.6.6.3 形态分析组合

将发明课题分解为若干相互独立的基本因素，找出实现每个因素功能所要求的可能的技术手段或形态，然后加以排列组合得到多种解决问题的方案，最后筛选出最优方案。

7 创新与创业的结合

何谓创新？创新是一种独立思考、不落俗套、不断向上向新的追求，更多地体现为精神和意志。何谓创业？创业是一种高远的志向、既定的目标和艰苦实践的结合，更多地表现为能力与成就。创业是创新实践的深化。

前面各章详细介绍了怎样培养创新意识、创新思维、创新精神、创新人格、创新技能及进行创新的知识储备，并进行了相关的训练。本章重点讨论具备了创新的基本素质和能力之后，如何将它们应用于实践，把创新与创业结合起来，解决实际问题，创造出属于自己的事业，开创出一片自己的天空。

创新与创业皆立足于“创”。“创”是两者的共同点，是前提。要做到“创”，就必须不盲从，不教条，目标明确，敢想敢干，脚踏实地，勇往直前，一句话，敢为人先。“创”的目的是出新立业，没有“创”，“新”与“业”就无从谈起。概括起来说，创新是创业的基础动力，而创业是创新的发展结果，两者有着密不可分的联系。

7.1 大学生创新与创业的必然结合

随着社会的发展，大学生若要在社会中实现自我价值和社会价值，就要把创新的思维和能力引用到实际工作中，为社会创造财富，为社会发展提供智力支持。简而言之，就要将创新和创业相结合，由相对抽象的创新转变为实际的创业。

7.1.1 创业的含义

“创业”一词其实在中国由来已久，今天，当“创业”和市场联系在一起时，我们所理解的创业就已经成为了一个专门领域内的专有名词。但是从广泛的意义上来说，创业其实就是开创自己的事业。杨致远在大学期间对事业的思考和探索，最终促使他在大学毕业之后，开始创办自己的企业，所以他的创业应该是始于大学时代。因此当我们面临创业选择的时候，不要犹豫创业起点的时机，在任何领域，你都要意识到：当你有创业想法，并开始为之准备的时候，你就已经开始“创业”了。

这也许和常规意义上我们理解的创业概念有些差异。首先，先来理解“创业”一词的最基本的含义：创立自己的事业。创立是指从无到有的创造性工作，事业是一个人一生要做的自己认为最能体现自身价值的事情。因此，“创业”的核心内容就是一种行为，以创造自我人生价值为驱动的行为。围绕这一核心内容，我们可以形成对“创业”的广义理解和狭义界定。

7.1.1.1 创业的广义理解

创业在广义上的内容理解立足于“以创造自我人生价值为驱动的行为”这一核心内容。既然是以价值追求为目的，那么“创业”就是人生追求的一部分，创造人生的事业是其目标。因此，“创业”的广义理解应该是围绕事业成功的准备、积累和行动。人生的事业是广泛的，涵盖了政治家、实业家、科学家、教育家、艺术家等等对事业的理解。我们经常谈论的基于商业行为的创业，其实只是广义“创业”中极小的内涵。在实施该行为的过程中，不断探索、寻求机遇的精神，敢于面对挫折、百折不挠的意志，立竿见影、务求实效的作风是创业者的共同素质。因此，以市场领域为界定的“创业”是具有普遍意义的。这种“创业”的行为逐渐形成一种共识，就是我们今天大多数人所说的“创业”，是狭义上的“创业”。

7.1.1.2 创业的狭义理解

狭义的创业，即经济学意义上的创业，如设立公司、创办企业、进行风险投资等等。通过利用包括人力和资本在内的各种资源，以产品或者服务的形式提供给消费者，实现赢利，获得发展，创造价值。因此，有创意的谋职就业、选择行业、自办企业等等，也是创业。

7.1.1.3 创业的概念

“创业”是一个发现和捕获机会并由此创造出新颖的产品和服务并实现其潜在价值的过程。创业必须投入必要的时间和付出一定的努力，承担相应的财务、心理和社会风险，并能在金钱和个人成就感方面得到回报[26]。

7.1.2 创业与创新的关系

在众多文献里，创业和创新被视作一对密切相关的词汇，很多研究表明创业和创新之间存在本性上的无法分割的关系。比如，Kanungo 等人认为创新是创业的特殊工具，在创新和创业之间存在着不可忽视的交集。Herbig 等人认为新企业的创建和创新的潜力高度相关。Zhao F. 通过对澳洲的六家公司进行访谈和查阅公司的文件，以案例分析的方式研究了创业和创新之间的关系。研究表明企业的创新和创业相辅相成，二者之间的关系呈正相关。在目前变幻莫测的环境中，两者的结合以及相互作用对于组织成功极为重要。同时，研究还指出创业和创新的结合并非是在新企业的启动阶段就已完成，而是整个创业和创新的过程中的一个动态的过程[27]。

创业是社会经济、文化、政治领域内的行为创新，它与创新在逻辑关系上是种与属的关系。即，用创业来指称创新是合逻辑的，用创新来指称创业是反逻辑的。通俗的解释就是：创业是创新，但创新不完全是创业。例如，新观念在脑际中的产生属于创新，但仅仅停留在思维的层面，不外化为行为，就难以称为创业。

创业和创新是一对既紧密联系又互不相同的概念。一方面，创业需要创新，创新是创业的源泉，创业通过创新拓宽商业视野、推进企业成长。虽然创新不是创业的唯一途径，但是，创新特别是可持续创新可以不断创造竞争优势，进而推动创业的成功。另一方面，创新必须注意市场需要，并有创业的需要。因为创业为创新的成功创造了条件并且推动创新成果产业化，继而产生经济效益[28]。新技术或发明能不能转化为产品，能不能产业化、市场化，还要有一个创业的过程。创新只完成了一半，如果没有创业，这一半就可能半途而废。

因此，要想取得创业的成功，必须把创新和创业结合起来，以创新促创业，创业中仍要不断创新。

7.1.3 大学生创新与创业结合的必要性

在金融危机和高校不断扩招的背景之下，大学生的就业问题日益凸显出来，越来越多的高校毕业生不知道何去何从。党和国家以及相关教育部门、各地方政府以及各高校都在努力搭建就业平台，先后出台了很多关于大学生就业的政策及措施，以促进广大大学生就业问题的解决。可是多管齐下的情况下，就业为什么仍然如此艰难呢？主要还是大学生在这个问题上还缺乏一种创新的精神，何不把“就业”改为“创业”，何不把就业的路子拓宽一点，看得更深远一些呢？

从根本上解决大学生就业的难题，就是要提高高校人才培养质量，增强学生就业特别是创新创业能力。党的十七大报告明确提出要“实施扩大就业的发展战略，促进以创业带动就业”，着力培育和造就一大批以培养和提高学生创新创业能力和创业实践精神的创业型大学是党和国家的基本要求，也是国民经济和社会发展的客观需要。

大学生是国家的未来和希望，青春、创新无疑是大学生身上最亮的闪光点。将创新与创业结合起来至关重要[29]。

首先，创新与创业的结合是应对金融危机、推动经济发展的需要。

要继续保持经济社会又好又快发展，特别需要尽快转变经济发展方式，加快创新型国家建设，特别需要鼓励、支持全民创新创业，推动经济实现新的发展。作为高知识群体，大学生有着创新创业的良好内在基础和条件，能够在全民创业中起到很好的引领和带头作用。但是，我国大学生创业率比较低。2009 年江西省第一季度小额贷款 3 亿多元，而大学生贷款的只有 9 人，农民工成了创业的主体。这说明大学生的创业空间非常广阔，引导和推动大学生创业，或者说结合了创新的创业，将会为经济发展增添新的巨大活力。

创新是一个民族进步的灵魂，是一个国家兴旺发达的不竭动力。一个拥有创新能力和大量高素质人力资源的国家，将具备发展知识经济的巨大潜力；一个缺少雄厚科学储备和创新能力的国家将失去知识经济带来的机遇。21 世纪的竞争是经济和综合国力的竞争，实际是科技和教育的竞争，归根到底是高素质人才的竞争。高校是人才培养的摇篮，培养和造就基础宽厚、富有创新精神、能够应对未来发展和挑战的人才，是各类高校在教育创新中担负的首要任务。大力培养大学生创新创业能力是建立高校创新体系的关键性环节和基础性内容，能有效地支持和推动国家创新体系的建立，对建设创新型国家也会起到积极的作用。

其次，创新与创业的结合是创新就业机会、促进大学生就业的需要。

受金融危机影响，近几年高校毕业生就业形势严峻，毕业生人数增长速度与有效需求不足的矛盾突出。2008 年全国高校毕业生 532 万人，全国平均就业率为 70%。2009 年全国高校毕业生人数再创新高——达到 610 万人，还有 100 多万历年没有就业的大学生，加之金融危机导致部分企业发展失利，求职人数的激增、经济增长的放缓，使得 2009 年全国应届毕业生在就业问题上面临着不同以往的难题。面对严峻的就业形势和巨大的就业压力，作为大学生，必须更新就业思路，转变就业观念，主动进行自主创业，由单纯的就业者成为职业岗位的创新者，实现以创业带动就业。

再次，创新与创业的结合是促进大学生成长成才、实现人生价值的需要。

大学生不仅要学习和掌握扎实的科学理论知识，还要有创新思维和创业意识，勇于投身社会主义现代化建设事业的伟大实践，在创业中成就事业，在创业中成长成才。创新与创业的结合，符合大学生成长成才的需要，有利于帮助大学生更新就业思路，转变就业观念，树立创新精神，强化创业意识；有利于帮助大学生掌握创业方法，养成克服困难、承担风险的心理和意志；有利于帮助大学生积累实践经验，增强实践能力，增长实践本领，为成长成才奠定扎实的基础。随着一系列鼓励就业创业政策的出台，富有创新精神的大学生将在人生事业的征途上创造辉煌的业绩，实现自己的人生价值。

大学生积极创新，勇于创业，在其中实现自我价值，是当代国家社会所支持的。

【案例一】 创新成就创业

北京易得方舟信息技术有限公司（FanSo. com）是由清华大学学生于1999年创建的，它是国内第一家由在校大学生创业、吸引风险投资创办的互联网公司。作为“中国大学生自己的网站”，易得方舟的英文名字FanSo来自于这么一句话：“We are fans，so we do it.”中文意思是：我们是网迷，让我们干吧。1998年12月15日，清华大学16号宿舍楼519活动室里，20来岁的刘颖靠一台老式的PC机、一份网民的热情和一些闪烁不定的想法，开通了他的个人网站“化云坊”。1999年5月，鲁军、童之磊、马云、陈曦和刘颖5位少年在宿舍的仓库里把化云坊个人网站演绎成易得方舟公司，形成了易得方舟的团队雏形，易得方舟的产品理念也得到了初步完善，鲁军、刘颖也成为大学生“休学创业第一人”。FanSo为ICP（因特网内容提供商）公司大胆创新开辟了“新闻在线”、“环球影视”、“啸林书院”、“打开音乐”、“游戏辞海”和“我的家”等频道，FanSo还提出了一套全新的“CampusAge中国高校电子校园解决方案”，为加速中国高校校园电子化建设进程服务。1999年8月，易得方舟获得了第一笔私人投资，FanSo从一个不到10人的创业团队发展成为拥有60余名员工的初具规模的商业公司，2000年再次成功融资660万，其页面浏览量已经突破250万，在四个月内就成长为教育网内最大的站点。

FanSo的创业理念就是源于校园、服务学生，其业务内容跟大学生的生活息息相关。FanSo的创业模式和创业抓住了互联网发展的契机，利用了新经济机遇；以学生和校园为主要服务对象，以大学为业务背景，有年轻人特有的朝气、灵敏果敢和想象力；同时他们利用丰富的学校资源，与多家高校开展了各种形式的合作；并且FanSo引进了风险投资，对于创业初期的公司尤其是ICP公司的重要作用是显而易见的。

然而，熬过了2000年残酷的“. com”冬天的易得方舟坚持到了2001年后，由于缺乏商业创新能力和市场拓展能力，曾是学生创业旗帜的易得方舟只能无奈离去。(根据网上资料综合整理)

【思考导向】 因为有创新，鲁军等人的创业顺理成章，创造了辉煌；但是，创业过程中缺乏可持续的创新使得创业无奈地走到了尽头。

7.1.4 如何将创新和创业有效地结合起来

（1）以项目和社团为载体，增强创新意识和创业精神。

创新意识和创业精神是形成和推动创业行为的内驱力，是产生创业行为的前提和基础。要适应新时代的要求，大学生必须强化自身的创新意识和创业精神。学习大学生中涌现出的自主创业先进典型，增强创新、创业的信心和勇气，全面理解自主创业的深刻内涵；将第一课堂与第二课堂结合起来，创新性地投身于各种社会实践活动和社会公益活动中，参加创业教育讲座以及各种竞赛、活动等；加入创业社团，通过创业沙龙、创业技能技巧大赛等活动锻炼提升自己。

（2）培养创新创业品质。

创业品质有着丰富的内涵，包括敢于竞争、敢于冒险的精神，脚踏实地、勤奋求实的务实态度；锲而不舍、坚定执著的顽强意志；不畏艰难、艰苦创业的心理准备；良好的心态自控能力、团队精神与协作意识等多方面的品质。

创业往往不是一个人单枪匹马所能实现或完成的，它需要组建起自己的团队。一个精诚团结、各方面都能起互补作用的团队，才能实现 1 +1 >2 的效果，才能保证创业的成功。在老师的指导下，正确认识和分析自我，确定正确的人生目标，树立高度的责任感和荣誉感，培养合作意识。

【背景资料】 国家提供更优越的创新创业平台鼓励大学生创业

2010 年全国人大、政协“两会”期间，大学生如何以创业带动就业，成为代表委员热议的话题。2009 年 2 月 15 日，国务院办公厅发出通知，高校毕业生创业可享受 4 项优惠政策，包括免收行政事业性收费、提供小额担保贷款、享受职业培训补贴、享受更多公共服务等。两会上不少代表委员建议政府继续鼓励大学生“试水”自我创业，各级政府给予一定数额的大学生创业扶持资金，激发大学生创业热情。

目前国家的优惠政策有：

1）大学毕业生在毕业后两年内自主创业，到创业实体所在地的工商部门办理营业执照，注册资金（本）在 50 万元以下的，允许分期到位，首期到位资金不低于注册资本的 10%（出资额不低于 3 万元），1 年内实缴注册资本追加到 50% 以上，余款可在 3 年内分期到位。

2）大学毕业生新办咨询业、信息业、技术服务业的企业或经营单位，经税务部门批准，免征企业所得税两年；新办从事交通运输、邮电通讯的企业或经营单位，经税务部门批准，第一年免征企业所得税，第二年减半征收企业所得税；新办从事公用事业、商业、物资业、对外贸易业、旅游业、物流业、仓储业、居民服务业、饮食业、教育文化事业、卫生事业的企业或经营单位，经税务部门批准，免征企业所得税一年。

3）各国有商业银行、股份制银行、城市商业银行和有条件的城市信用社要为自主创业的毕业生提供小额贷款，并简化程序，提供开户和结算便利，贷款额度在2万元左右。贷款期限最长为两年，到期确定需延长的，可申请延期一次。贷款利息按照中国人民银行公布的贷款利率确定，担保最高限额为担保基金的5倍，期限与贷款期限相同。

4）政府人事行政部门所属的人才中介服务机构免费为自主创业毕业生保管人事档案（包括代办社保、职称、档案工资等有关手续）2年；提供免费查询人才、劳动力供求信息，免费发布招聘广告等服务；适当减免参加人才集市或人才劳务交流活动收费；优惠为创办企业的员工提供一次培训、测评服务。

以上优惠政策是国家针对所有自主创业的大学生所制定的，各地政府为了扶持当地大学生创业，也出台了相关的政策法规，而且更加细化，更贴近实际。了解这些优惠政策，会让大学生感受到国家和政府的支持力度，更加坚定创业的决心[30]。

7.1.5 创新与创业的结合综合案例分析

（1）创新方向：从小项目入手积累资金和社会关系。

【案例二】“久久丫”鸭颈王专卖店老板张翱

南京财经大学保险专业三年级学生张翱，大成名店2016商铺“久久丫”鸭颈王专卖店老板。据了解，张翱之前一直就有做生意的想法。2005年9月25日，他到湖南路逛街时看到“久久丫”的生意很好，而且它贴出的广告是免费加盟，于是就回来和好朋友一商量，大成名店也正在招商，地理位置不错，于是就决定行动。从找到店面到店铺开业，前后他们只用了一个星期的时间，房租加上冰柜、微波炉、商标保证金以及简单装潢，一共用了2.4万元。预计三四个月后就能收回成本。

【案例三】斯派尔冰淇淋美食连锁店老板张晓斌

大成名店B030斯派尔冰淇淋美食连锁店老板张晓斌是南京财经大学财政与税务专业的大四学生，搭档是同学张冬冬。在开店前，他们对大成名店周围的客流量进行了详细的统计和分析，并对开店的成本进行过精密的预算。同时，他们经历了预料不到的艰辛。有人觉得，他们上了四年大学出来就开个小店，太不值得。其实，利用他们所学，比如他们对税务、财务知识很熟悉，对办理营业执照、税务登记的政策非常了解，加上国家对大学生自主创业的相关优惠政策很利于创业。

【案例四】投身IT创业的董一萌

1999年的7月，董一萌考入吉林大学经济学专业学习。他从高中时代开始投身IT创业，创立了广播在线网站，进入大学后，在2000年作为制片人成功发布我国第一部网剧《原色》，并与中华商务网合股经营电子长春网站，致力于长春地区的电子商务发展。2001年获得长春市政府“新星创业基金”10万元。有了这笔资金，董一萌认为是发展个人事业的时候了。2001年9月11日，长春一萌电子有限责任公司的营业执照发下来后，他就正式踏上了财富追求之路。董一萌因此被媒体冠以“吉林大学生创业第一人”称号。公司成立以来，董一萌一直任董事长。公司业务已经包括网站建设、网络推广、软件开发、财务管理软件、短信增值服务、网络安全解决方案、正版软件采购、硬件采购等多方面，新浪、用友软件等知名公司成为公司的合作伙伴。经过几年的发展，他的公司已成为营业规模达300万元的高科技企业。2005年，董一萌被评选为吉林省创业标兵。(资料来源：中华财经网)

【思考导向】 简单易行的行业，如餐饮、网吧等不需要复杂技术以及特殊职业资格的行业，是目前大学生创业较热的项目。大学生愿意尝试自主创业，解决就业问题，这是值得鼓励和提倡的。大学生用自己的智慧和能力，从小商业入手，获得小资金，积累资金和社会资源，以求在今后得到更大的发展空间，是一条扎实的创业之路。

（2）创新方向：抓住热点，整合外部资源，有效利用高校、政府、社会资源，源于斯而养于斯。

【案例五】 抓住大学生创业服务的契机

南京财经大学的创易团队进行了南京大学生创业服务市场的市场调查，根据大学生创业服务市场调查的可行性以及目标市场的需求情况，于2006年4月创建创易网 www. yeeees. com，并发起组建U14南京高校创业联盟。创易网是当时南京地区唯一一家专注于大学生的创业就业服务网站，通过网络平台实现网上大学生创业就业指导服务，供大学生共享创业信息、寻找创业伙伴、分享创业心情，并为其提供创业资金贷款和创业项目指导。在未进行大力推广宣传的前提下，截至2006年7月5日，网站已有注册会员221人，访问总量达到7262，网站全球排名47333，日均独立IP访问达到1200人次。此外，创意团队还发起组建了南京高校创业联盟。

【思考导向】 大学生创业服务是一块极有潜力的市场，必然在未来几年内得到快速的发展。这个创业方案充分利用了社会资源：政府资源、高校资源、企业资源，并将这些资源进行合理的整合后为创业提供支撑。同时，顺应了当代大学生实现自身的价值，尽早接触社会的意愿。

（3）创新思路：与名企合作获得资金援助，有效融资，巧妙利用社会效应。

【案例六】大二学生陈峰伟创建唐电电器有限公司

陈峰伟，河南省周口太康县人，1985 年生，2004 年从太康县第一高级中学毕业，以低于清华大学录取线 8 分的成绩考入南京邮电大学。

考入大学之后，陈峰伟卖鞋、卖书，做代理，钟情“经商”。2006 年，大二学生陈峰伟依照严介和太平洋发展有限公司模式，聘请在“胡润中国富豪排行榜”上排名第二的严介和担任集团名誉主席，成立了南京唐电有限公司，陈峰伟自任总裁。媒体竞相报道，陈峰伟一夜成名。借用严介和 800 万元风险投资担保，唐电欲与苏宁、五星等家电卖场巨头试比高，融巨资筹开“唐电电器”数码产品卖场，宣称两年内全国开店 50 家，要做全国知名连锁卖场，并计划涉足软件、网站、房产等领域。

21 岁的大学生总裁陈峰伟壮志凌云：“23 岁我要成为亿万富翁。”

【思考导向】陈峰伟的创业故事告诉我们，要想“一跃而起”，之前必须要有一定的积累，包括资金、人脉关系的积累和自身知识结构的不断完善，三者缺一不可。如果没有融资能力，就不可能启动任何创业项目，而融资又依靠于一定的人脉关系，需要“慧眼识英雄”的“伯乐”相信你，看中你的创业项目，这就要求你有与这群“伯乐”的人脉关系，才能获得与其沟通的机会，让其了解你，信任你的能力，而这又与你的自身知识和能力的积累分不开的。没有一个创业项目是容易实现的，每个过程都是一个浩大的工程，需要方方面面的能力和技巧，这需要创业者在创业道路上不断学习、认清道路、少走弯路。

创业没有捷径，成功不但需要智慧的头脑，还需要冷静的分析和艰苦的奋斗过程。要学会勇于面对创业道路上碰到的各种各样的问题。只要敢于尝试、不怕苦难、积极实现自身理想，就能够创造属于自己的明天。

7.2 大学生创业能力的培养

7.2.1 创业者的素质

名人似乎总有与众不同之处。

盖茨之所以成为世界首富，也许因其独特性格早已注定了。盖茨是个典型的工作狂，这种品质在中学时期就表现得淋漓尽致：无论钻研电脑还是玩扑克，他都废寝忘食，不知疲倦。后来，当他在阿尔布开克创业时，除了谈生意、出差，就是在公司里通宵达旦地工作。一位曾到过盖茨住所的人惊讶地发现，他的房间中不仅没有电视机，甚至连必要的生活家具都没有。商场如战场，对盖茨来说，他必须胜利。盖茨是个天生的工作狂，而他的动力来自于兴趣。

开着一辆中学时打工赚来的白色宝马车，后座载着3部电脑，戴尔进入了他的大学生涯。但是，和一般大学新生不同的是，他拥有丰富的电脑知识和生意头脑，很快就在宿舍里卖起自己组装的电脑。戴尔的创业就是始于这种兼职。

严超议是经济学家，投资专家，世界经济学会理事，新量子（国际）投资管理有限公司董事、总经理。他最难忘的是1998年从千万富翁一下子到身无分文。那时他在西藏的一个寺庙里跟喇嘛们待了20多天，最后住持送了他一句大家都比较熟悉的禅语：菩提本无树，明镜亦非台，本来无一物，何处惹尘埃。最终就是这句话给了他白手起家重新创业的信心。

诚然，创业者的背景、动机各有不同，但通过大量案例研究，我们发现成功的创业者具有多种共同的特质，其中最为重要的有欲望、自信、忍耐、胆量、眼界、明势、敏感、谋略等八大特质。研究并把握创业者素质是一件非常有意义的事情。通过研究掌握那些成功创业者的共性，你可以反观自己是否适合创业，如果创业需要弥补哪些不足等。

欲望、自信、忍耐、胆量可以归为创业精神，眼界、明势、敏感、谋略可以归为创业能力（业务能力）。创业精神是成功创业的前提，创业能力是创业成功的保证。

这就是创业者素质，即创业者应具备的基本素质。

7.2.2 创业精神

创业精神既是创业的动力源泉，也是创业的精神支柱，是成功创业的前提。没有创业精神一般来说就不会有创业行动，创业也就无从谈起。即或有创业，也往往是浅尝辄止、半途而废，因为创业的道路不会是一帆风顺的，因此顽强的创业精神对于成功创业是至关重要的。

7.2.2.1 欲望

欲望（理想、进取心），实际上就是一种生活目标、人生理想。与普通人的欲望不同，创业者的欲望往往超出现实，需要打破眼前的樊笼才能够实现。所以，创业者的欲望往往伴随着行动力和牺牲精神，这不是普通人能够做得到的。

经常可以看见这样一种人：表情木然、行态萧索。他们唯一的心愿就是维持眼前的局面。他们本来有足够的学识和能力及资源来开创一番事业，但是他们没有这样的欲望，他们觉得眼前的生活就足够好。当然，不限于机关，任何一个有人群的地方都有这样的人，而且人数庞大。

创业者却是不安分的，他们的欲望总是超越现实的，需要踮起脚甚至跳起来才能够得着。上海有一个文峰国际集团，老板叫陈浩。1995年，他携20万元来到上海，从一个小小的美容店做起，现在已经在上海拥有了30多家大型美容院、

1 家生物制药厂、1 家化妆品厂和 1 所美容美发职业培训学校，并在全国建立了 300 多家连锁加盟店，据说个人资产超过亿元。陈浩有一句话："一个人的梦想有多大，他的事业就会有多大。"所谓梦想，不过是欲望的别名。你可以想象欲望对一个人的推动作用有多大。

其实，成功创业者的欲望多来自现实生活的刺激，而且往往不是正面的鼓励性刺激。刺激的发出者经常让承受者感到屈辱、痛苦，经常在被刺激者心中激起一种强烈的愤懑与反抗精神，从而使他们做出一种"超常规"的行动，焕发"超常规"的能力，这大概就是孟子说的"知耻而后勇"。

一些创业者在创业成功后往往会说："我自己也没有想到自己竟然还有这两下子。"因为想要得到，但是凭自己当时的身份、地位、财富得不到，所以要去创业，要靠创业改变身份，提高地位，积累财富，这构成了许多创业者的人生"三部曲"。

美国最大的广告公司伯勒尔通讯集团，年收入已超过 6000 万美元。最初激发马靳·伯勒尔创业的两个原因：一是孩提时代母亲就鼓励他自立；二是他作为非洲裔美国人的客观现实。在别人的公司，无论自己多么优秀，总会有某种障碍阻止他前进。即使能平步青云，也得遵守别人指定的规则和工作时间，而在自己的公司里会做得更好。

【案例一】 吉盛伟邦邹文龙的"三大差别"

做家具生意的吉盛伟邦在上海有很大名声，它的老板叫邹文龙。

邹文龙来自长春，在一向瞧不起"外地佬"，尤其是"北方佬"的上海打出了一片天地，身家要以若干个亿元计算。

邹文龙在接受媒体采访时说自己的创业动力来自"三大差别"。这"三大差别"不是他自己总结的，是他现在的岳父给他总结的。

邹文龙说自己早恋，高二就开始谈恋爱，身体又不好，后来女朋友考上了大学，他却落了榜。女朋友的父亲就对他说："你和我的女儿有三大差别。"第一是城乡差别。女朋友是城市户口而邹文龙却来自贫穷的农村。第二是脑力劳动与体力劳动的差别。邹文龙的女朋友已经考上了大学，而邹文龙却不得不接一个亲戚的班——到一个小杂货店搬油盐酱醋。第三是健康的差别。邹文龙因为身体不好连大学都没有考上，难以想象一个身体不好的人以后怎么靠体力活儿吃饭。"你怎么能够养得活我的女儿？所以，你和我女儿谈恋爱，坚决不成！"

要想不放弃自己的女朋友，那就只有一条路——消灭"三大差别"。在这样的情况下，邹文龙开始了创业，并且创业成功。

现在，女朋友早已变成了老婆，邹文龙还是喜欢对她说："我都是为你做的。"实际上，邹文龙说错了，他不是"为你做的"，而是"为了得到你做的"。

这就是欲望的作用！

因为欲望强烈，所以会不甘心，进而创业，终获成功，这是大多数白手起家创业者走过的共同道路。丝宝集团的梁亮胜、杉杉西服的郑永刚都是在欲望促使下走向成功的。

【思考导向】关于人的欲望，知名地产大商冯仑有一段很精辟的论述：“地主的生活最愉快，企业家的生活最有成就感，奴隶主的生活最有权威。”地主地里能打多少粮食可以很清楚地预期，用不着再努力，欲望自然就会被约束，所以会过得很愉快。企业家不同，企业家的预期和他的努力相关，预期越高努力就越大，努力越大预期就越高，二者交互作用，逼着企业家往前冲。或许我们可以套用一句伟人的话：“欲望是创业的最大推动力。”

欲望是创业的最大推动力。一个真正的创业者一定要有强烈的欲望，他们想拥有财富，想获得社会地位，想得到别人的尊重。有人一谈起这些东西就觉得很庸俗，甚至一些成功者也不愿提起这样的话题，特别是一涉及金钱便变得很敏感，其实全不必如此。

7.2.2.2 自信

自信，在某种意义上就是执著。成功的创业者与众不同的地方在于他们永远拥有绝对的自信。一个人的成功不是命中注定的，而是由自己掌握的。这种坚定不移的精神在创业初期面对各种困难时尤其重要。

汽车大王福特决定开发 8 只汽缸的发动机时，设计师认为不可能。福特非常自信，无论如何要开发制造出来。一年过去了，仍未成功。福特没有气馁，继续坚持。最终福特 V-8 获得辉煌成就，把福特汽车公司向前推进了几年。北京富亚的总经理为了展示其涂料的环保、无毒，很认真地做实验，请小猫、小狗喝富亚涂料。动物保护组织成员举行了抗议。在此情景下，总经理拿来玻璃杯，张口将涂料喝了下去……在场的人惊呆了。结果，富亚涂料当年的销量增加了 400%。

总经理喝的就是自信，就是市场。

【案例二】周彦俊用 70 元起家写就创业神话

这是一个最平凡的创业故事。情节中有艰难的起步，小心翼翼的扩张，破除瓶颈的大发展，投资失误后跌入低谷，痛定思痛重出江湖……

在很多人眼里，中年的周彦俊不过是个拄着拐杖的残疾人，在他的背后，有一段命运多舛的故事：70 元起家，十年内靠着艺术天赋和商人眼光，滚雪球滚成 200 万。在股市疯狂的年代里，他的 200 万元在深圳 4 天内化为乌有。而今的周彦俊，再次走在闯荡路上。

天生爱画不经意成创业根基

不到20岁独自办厂，24岁开厂房，27岁自创工艺美术堆画获国家专利，30岁拥有百万身家……41岁的周彦俊，有着让人艳羡的青春。上天没有让他拥有普通人一样健壮的身体，却磨炼了他强壮的斗志。周彦俊的童年是灰色的。一岁半的时候，正在蹒跚学步的他得了小儿麻痹症，从此永远失去了像正常人一样行走的机会。父亲是个篾匠，经常外出揽活。年幼的他寄养在别人家中吃百家饭。但他并不甘心寄人篱下，十岁那年，他拄起拐杖开始独立生活。穷苦的父亲希望残疾儿子学点实用的东西养活自己，12岁那年，他父亲买了一台缝纫机，让他学缝纫。然而，周彦俊却痴迷上了画画。没有专业老师指点，只有狂热的兴趣，他的画笔却从不停歇：画人物、画动物……为同学们描摹小人书，给班级出板报。他笔下的人物、动物、植物惟妙惟肖。令人始料未及的是，画画竟成了他后来创业不可或缺的重要元素。

一技傍身70元白手起家

18岁那年，周彦俊因双脚动了两次大手术休学了。从此，村里人就经常看到一个双脚打着石膏，双手拄着拐杖，身背画架的少年。他到处给人画画，一张画卖两块至两块五。20岁那年，周彦俊迎来了生命中第一个转机。这年他退学了。怀揣着父亲给他的70元钱和朦胧的创业想法，他独自前往县城自谋出路。当地有个风俗，办喜事盛行赠送画匾。周彦俊认为这是个可以发挥自己特长的生意。进县城的第一个月，周彦俊没有赚到足够的钱交房租，被房东扫地出门。周彦俊的忠厚老实打动了第二个房东，不但把房子低价租给他，还答应到年底再付房钱。有了落脚的地方，周彦俊留下生活费，把剩余的钱都买了玻璃、颜料、画框，开起了自己的第一家小店。开始时他给人画镜屏，别人做寿，他就画不老青松；别人结婚，他就画龙凤呈祥，再加上玻璃、画框来提高档次。镜屏每块成本2元左右，卖出去3.8元，周彦俊的原始积累就是从这一个个细微的2元差价汇集而成的。

做大作坊远走他乡偷师学艺

三个月下来，周彦俊攒了一笔小钱。从中，他看到自己能做得更大。做大生意资金显然不足。于是，残疾的他再次上路，这次，怀揣200元钱，远去广西柳州。本来想去找朋友借钱，没想到碰上了生命中第二次转机。钱没有借到。满心失望的他在柳州商场闲逛。商场内一种用通草做成的立体画匾让他眼前一亮。他认定这是可以开发的新产品，画匾的边角上印着一个印章贵州贵定。顾不得路途遥远和行走不便，他坐上了前往贵定的长途车。也许是其貌不扬的原因，假装成进货商的周彦俊并没有引起厂方的警惕，他仔细参观了整个工艺流程，临走时还买了一块成品和半斤通草，带回家研究改进。改进过的通草画匾造型独特，在喜好画匾的湖南市场大受欢迎，甚至抢占了广西市场。

上门订货的厂家络绎不绝，其中还有他之前偷师的生产厂家。周彦俊顺势扩大小作坊规模。后来小作坊被涟源县工商联收购，员工增加到了40多人。

自立门户写就创业神话

从此，周彦俊坐上了让当地人艳羡的位置——公办美术厂副厂长。然而，自立门户的想法始终在他心头激荡，他毅然辞职，筹办兴华工艺美术厂。启动资金由朋友们东凑西凑而来。美术厂月收入从两三千迅速蹿升到几万元。周彦俊用近20万元买下600平方米地皮，建起300多平方米的厂房。此时他脑子里已有产品转型的念头。虽然当年偷师学来的匾额生意不错，但他参加广州交易会后，意识到产品再不更新，客源必将不断萎缩。自那时起，他吃饭睡觉都在琢磨开发新产品。终于，笋壳进入了他的视野，用它来做野鸭、鹰等动物的羽毛效果非常逼真。新产品一上市，反响出奇的好。他很快为这个新产品申请了专利。商家找上门来指定要包销他的新产品，并定下协议，一天要150个，而当时他的工厂一天生产能力只有60个。为此工厂不断扩大规模。后来，他的业务遍及湖南省40多个县和北京、上海、四川等十几个省市。数百万元收入滚滚落袋。30岁的周彦俊在湖南成了创业神话。（资料来源：创业财网）

【思考导向】美通公司创办者王维嘉认为自己读博士的最大收获就是获得了自信。他说："如果有一种方法，比如催眠术，可以使我达到自信状态，我就会省去读博士的时间。"相信自己能成功，就一定会成功。

【案例三】8年熬成亿万富豪

张某是温州千万商人中很普通的一员，农民出身，高中文化，27岁应聘到一家医药公司当销售员，到北方跑销售。当时，北方有一家不起眼的医药厂，年利润只有几十万元，而且设备陈旧落后，几乎要被市场淘汰。张某对这家企业作了详尽的考察，结合市场状况，作出初步分析：

第一，该企业设备落后，资金不足，但产品的市场需求很大。

第二，该企业缺乏一支有力的销售团队，所以，南方市场空白，北方市场也很小，但只要有资金注入即可扭转局面。于是，张某想到了与亲友一起收购该企业。

在张某与该企业接触的过程中，当地政府也意识到该企业的内在潜力，准备注入资金进行企业改制。张某只好静观其变。然而，政府部门做事相当拖沓，1年过去也没有动静，张某想到了放弃，可是又心有不甘，于是找了个10元钱的旅社准备长期住下，并保持与该企业内部人士的接触，及时了解事情的进展，这样一守就是8年。

8年里，他每天都只住10元钱的旅社，吃3元钱的泡面。8年里，他看到了该企业的变化：政府经过多年的努力，帮助该企业获得生机，并成功上市。8年里，张某虽然未成为该企业的股东，却拿到了每年3000多万元的产品包装订单。

今天，当许多人还在为生计奔波时，他已经拥有了价值亿万元的印务企业。他，成功了！（资料来源：阿里巴巴创业咨询论坛）

【思考导向】自信与执著密不可分。执著，指的是对自己向往的东西、喜爱的工作有锲而不舍的劲头，对自己的创业目标和信念永不放弃。只有坚持不懈，才有可能成功。经历一次又一次的失败而决不放弃，是创业者的主要行为特征。在创业的道路上，只有执著地朝着既定的目标和方向前进，才能在创业道路上化解危机和克服障碍。创业不是一朝一夕就能有所成的，既要有才华，还要有机遇，更要付出常人难以承受的辛劳，要有超出常人的毅力。

也许你还在创业路上徘徊，不要害怕，不要放弃，成功就差一步，那就是坚持。时间在变，市场在变，机遇在变，而唯一不变的是成功的信念、一贯的坚持。

7.2.2.3 *忍耐*

创业不易，不易在哪里呢？就在于身体上和精神上的折磨。身体上的折磨挺一挺也就过去了，精神上的折磨才是最难以忍受的。王江民40多岁到中关村创业，卖杀毒软件，几乎一夜间就变成了百万富翁，被称为中关村百万富翁第一人，几年后又变成了亿万富翁。王江民的成功看起来很容易，其实不然。

【案例四】王江民意志坚强拔头筹

王江民3岁的时候患过小儿麻痹症，落下终身残疾。他从来没有进过正规大学的校门，20多岁还在一个街道小厂当技术员，38岁之前不知道电脑为何物。

王江民的成功，源于他对痛苦的忍受力。

从上中学起，他就有意识地磨炼意志，"比如说爬山。我经常去爬山，500米高。很快就爬上去了，慢慢地爬上去也就不觉得累了。再一个就是下海游泳，从不会游泳喝海水，到最后学会游泳，一直到很冷的天也要下水游泳，在冰冷的海水里锻炼自己的忍受力。别人能游到1000米、2000米，那么我也要游到1000米、2000米，再上岸的时候都不会走路了。"

王江民40多岁才辞职来到中关村，面对欺骗，面对商业对手不择手段、不遗余力的打击，他都能够坦然面对。结果，能人聚集的中关村却让这样一个外来者拔了百万富翁的头筹。

【案例五】华旗老总冯军打工起家

中关村还有一个人与王江民有异曲同工的经历，他就是华旗老总冯军。冯军是清华大学的高才生，读大学时就在北京的秀水街给倒货的留学生当翻译赚外快。毕业后也有一个好工作，他却不愿意干，跑到“村”里打江山。

冯军在中关村创业，首先就要丢掉清华大学高才生的面子：俗话说，物以类聚，人以群分。在中关村和冯军干一样活儿的人，大多数是来自安徽、河南的农民。比如，中关村 CPU 批发生意的 60% 以上都是由来自安徽霍邱县冯井镇的农民把持。

清华大学高才生，要成天与这样一些人打交道，需要很好的心理承受能力。为了让人家代理自己的产品，见到“村”里那些摊主，不论大小都得赔笑脸，说好话。

冯军在中关村又有“冯五块”的称号，意思是说，他每样东西只赚你五块钱。

薄利的前提是低成本。有媒体曾经描述冯军的节俭：用三轮车载四箱货去电子市场，但一次只能搬两箱，将两箱搬到他能看到的地方，折回头再搬另外两箱，就这样将四箱货从一楼搬到二楼，再从二楼搬到三楼，如此往复。这样辛苦，有时会让人累得瘫在地上站不起来。

但是冯军所经历的艰辛与英语培训头牌学校新东方的创始人俞敏洪比起来则是小巫见大巫了。

【案例六】 俞敏洪的醉酒

《中国青年报》记者卢跃刚在《东方马车——从北大到新东方的传奇》中描述了俞敏洪的一次醉酒经历。

俞敏洪那次醉酒，缘起于新东方的一位员工在贴招生广告时被竞争对手用刀子捅伤。俞敏洪意识到自己在社会上混，应该结识几个警察，但又没有这样的门路。

最后通过报案时仅有一面之缘的那个警察，将刑警大队的一个领导约出来“坐一坐”。卢跃刚是这样描述的：

他兜里揣了 3000 块钱，走进香港美食城。在中关村十几年，他第一次走进这么好的饭店。他在这种场面交流有问题，一是他那口江阴普通话，别别扭扭，跟北京警察对不上牙；二是找不着话说。为了掩盖自己内心的尴尬与恐惧，劝别人喝，自己先喝。不会说话，只会喝酒。因为不从容，光喝酒不吃菜，喝着喝着，俞敏洪失去了知觉，钻到了桌子底下。

同行的老师和警察把他送到医院，抢救了两个半小时才活过来。他醒过来喊的第一句话是“我不干了！”他撕心裂肺不停地喊，喊得周围的人发僳。哭够了，喊累了，睡着了，睡醒了，酒醒了，又像往常一样背上书包上课去了。

的确，酒醉了还会醒，可是第二天醒来仍然要硬着头皮给学生上课去。眼角的泪痕可以不干，该干的事却不能不干。正是曲折的经历使俞敏洪具备了忍受孤独、忍受失败和忍受屈辱的三种能力，也形成了他著名的“揉面定律”：“人刚开始没有任何社会经验，也没有任何痛苦，就像一堆面粉，手一拍，它就散了。可是你给面加点水，不断揉搓，它就有可能成为你需要的形状——虽然它还是面，却不会轻而易举地折断。不断被社会各种各样的苦难所搓揉，揉到最后，结果是你变得越来越有韧性。”

【思考导向】 对一般人来说，忍耐是一种美德，对创业者来说，忍耐却是必须具备的品格。对创业者来说，身体上的折磨算不得什么，精神上的折磨才是致命的。如果有心自主创业，一定要先问一问自己，面对从身体到精神的全面折磨，有没有那样一种宠辱不惊的“定力”与艰苦奋斗的精神。对有些人来说，做一个打工仔更合适。

7.2.2.4 胆量

有位管理学家说过，冒险就好像探索一片充满神秘的沼泽地，你必须携带足够的食品、器材和指南针。敢于冒险几乎是所有创业者的共性，但是创业者绝不是野蛮的冒险者，而是擅长衡量风险的冒险者。什么样的人最适合创业？如果有人回答是赌徒，你不要吃惊。道理很简单，创业本身就是一项冒险活动，需要强大的心理承受能力。

科学研究发现，赌徒的心理承受能力远远超过普通人，而创业正是最需要强大心理承受能力的一项活动。赌徒最有胆量，敢下注，想赢也不怕输，所以，他们最适合创业。很多创业者都有过“惊险一跳”的经历。

当年，在深圳开发 M-6401 桌面排版印刷系统，史玉柱的身上只剩下了 4000 块钱，他却向《计算机世界》订下了一个 8400 元的广告版面，唯一的要求就是先登广告后付钱。他的期限只有 15 天，前 12 天他都分文未进，第 13 天他收到了 3 笔汇款，总共是 15820 元。2 个月后，他赚到了 10 万元。史玉柱又将 10 万元全部投入广告，四个月后，他成了百万富翁。

这则故事如今仍为人所津津乐道。但是想一想，要是 15 天后，史玉柱收到的钱不够付广告费，之后《计算机世界》再在报纸上发一个向史玉柱讨债的声明呢？我们大概就不会看到一个轰轰烈烈的史玉柱了。

【案例七】 李晓华的马来西亚投资

敢于冒险是李晓华短期积累巨额财富的秘诀之一。李晓华的创业史很好地诠释了这一点。

当年，他通过考察得知马来西亚一高速公路开发权正在招标，条件很优惠，但没人愿意干，因为这段公路不长，车流量也不大。李晓华无意中得知在离路不远处有一储量十分可观的油田，只是最后确认还没有完成，暂时没有公布。

如果油田正式开采，丰厚的石油利润将带来大批投资者，与油田相关联的加工和运输业也将火爆起来，这条公路的前途可想而知。李晓华下决心干。他拿出全部积蓄，又将房产抵押给银行贷款，以3000万美元买下了公路开发权。但是贷款期限半年，风险实在太大，妻子很为他担心："你要是干，我就跟你离婚!"李晓华当然也能意识到问题的严重性——有可能输个精光!

此后，李晓华每天盼望新闻发布。结果新闻发布会一拖再拖，李晓华陷入了绝望，承受着常人无法想象的压力。第5个月零16天，消息终于发布了，1周之内，李晓华投标项目的价格翻了一番。敢于向困难挑战，敢于面对风险，使他又一次成了大赢家。

【思考导向】创业需要胆量，需要冒险，冒险精神是企业家精神的一个重要组成部分，但创业毕竟不是赌博，创业者≠赌徒。创业的冒险不是冒进，成功的创业者不会在绝望或狂热中孤注一掷、不计后果。

有这样一个故事：一个人问一个哲学家什么是冒险，什么是冒进。哲学家说，比如有一个山洞，山洞里有一桶金子，你进去把金子拿了出来。假如那山洞是一个狼洞，你就是冒险；假如那山洞是一个老虎洞，你就是冒进。这个人表示懂了。哲学家又说，假如那山洞里的只是一捆劈柴，那么，即使那是一个狗洞，你也是冒进。

这个故事说明，冒险是指经过努力有可能得到并值得为此付出努力的东西。

【案例八】周枫与婷美：合适的产品+敢赌的领导+合适的营销手段

当年周枫带人做婷美，一个500万元的项目，做了两年多，花了440万元还是没有做成。眼看钱就没了，合作伙伴都失去了信心，要周枫把这个项目卖了。

周枫说，这么好的项目不能卖，要卖也要卖个好价钱。合作伙伴说，这样的项目怎么能卖到那么多钱，要不然就由周枫自己把这个项目买下来算了。

原来大家一起还有个合伙公司。作为代价，周枫放弃了在这个合伙公司的全部利益，据说损失有几千万元。

单干的周枫抵押了自己的房子，跟几个朋友一共凑了300万元，把其中5万元存在账上。他算了一笔账，剩余的295万元一共可以在北京打2个月的广告，从当年的11月到12月。

他告诉员工："这回做成了，咱们就成了；不成，你们把那5万块钱分了，算是你们的遣散费，我不欠你们的工资。咱们就这样了!"这些话把他的员工感动得要哭，当时人人奋勇争先，个个无比卖力。结果，婷美成功了，周枫成了亿万富翁，他的许多员工也成了百万富翁、千万富翁。

【思考导向】 现在很多的大学教授、市场专家分析周枫和婷美成功有诸多原因。其实，事情没有那么复杂，说白了，不过是一个合适的产品，加上一个天性敢赌的领导，加上一些合适的营销手段，成就了这样一桩成功的案例。

创业者很清楚，要实现他们的理想和奋斗目标，就要勇于承担风险，这样才有可能获得巨大的成功。在常人看来，创业者的目标往往不切实际，甚至不可能实现，创业者却乐观对待成功的机会，而这种乐观通常是基于现实的。真正的创业者懂得冒险与冒进的区别，更深知无知的冒进只会导致惨痛的失败。

7.2.3 创业能力

创业精神是创业行动的动力之源，然而要想创业成功，仅凭顽强的创业精神是远远不够的，还需要有充分的创业能力。创业能力是创业的武器，是创业成功的保证。创业能力可以概括为眼界、明势、敏感和谋略四个方面。

7.2.3.1 眼界

眼界，是指市场预见能力，即发现别人尚未发现的市场空间的能力。

人们都喜欢夸耀自己见多识广，而创业者是要真正见多识广。在创业活动中，广博的见识和开阔的眼界可以很有效地缩短创业者与成功的距离。大量创业案例说明创业思路的主要来源包括职业、阅读、行路和交友等。

（1）职业。俗话说，不熟不做。依托原来所从事的职业创业，对行业的运作规律、技术、管理及市场关系都非常熟悉，成功的概率较大。因此，这也是最常见的一种创业思路来源。

（2）阅读。比亚迪老总王传福的创业灵感来自一份国际电池行业动态简报。1993 年的一天，他从这份简报了解到日本本土将不再生产镍镉电池——这将引发镍镉电池生产基地的国际大转移。他立刻意识到自己创业的机会来了。果然，随后的几年，王传福利用日本企业撤出镍镉电池生产所留下的市场空间，以及自己原先在电池行业多年的技术和人脉基础，获得了巨大的成功，并于 2002 年进入了福布斯中国富豪榜。

另一位财富英雄郑永刚创业成功后，每天大多数时间都花在读书、看报和思考企业战略上。很多人将阅读与休闲等同，对创业者来说，阅读是创业灵感的源泉，是工作的一部分。

（3）行路。俗话说，行千里路，读万卷书。行路，是开阔眼界的好方法。福布斯中国富豪里面少有的女富豪之一——沈爱琴最喜欢的就是出国。出国不是为了玩，而是去增长见识，更好地领导企业。

有研究表明，二成以上创业者的创业灵感源自国外旅行、参观、学习。刘力将拓展训练当成自己创业的主要落脚点，灵感就来自他在英国、瑞典等国考察时与拓展训练的接触。“当初的震撼非文字所能够表达。”回国后，刘力便于1995年创立北京人众人拓展训练有限公司，效果非常好。现在，拓展训练已经成了都市时尚，也是企业培训的一项重要手段。

开阔的眼界意味着在创业伊始可以有一个比别人更好的起步，有时候甚至可以决定创业者及其事业的命运。眼界的作用，不仅表现在创业之初，还会贯穿于整个创业历程。一个人的心胸有多广，他的世界就会有多大。也可以说，一个创业者的眼界有多宽，他的事业也就会有多大[31]。

【案例九】 科宝的整体厨房

科宝整体厨房起步时只做抽油烟机。后来，科宝的创始人蔡明发现不少客户在买了抽油烟机以后，还会向他们定做几格吊柜、橱柜，以便放置一些厨房用品甚至冰箱等电器。这时，科宝才开始有意识地向整体厨房方面转型。

“那时我们理解的整体橱柜就是几个柜子，把燃气灶和其他厨房用具放在一块就行了。这种状况一直维持到1995年5月。我去德国科隆参加每两年举行一次的家具配件展，算是开了眼界。看了展会，我发现自己以前做的东西，那哪能叫整体厨房，简直就是垃圾。”

展会后，蔡明从德国直接去了意大利，雇了一个意大利司机，从北边的威尼斯出发一直南下。“我让那司机帮我安排好路线，一路上，只要门上写着厨房的，我就进去看。看了几十个厂家，每个厂家都有几十个甚至上百个款式。古典的、现代的、大众的、前卫的，各种流派都看了个遍。到最后，看到厨房我就想吐。”

这一路看了20多天。回到国内，蔡明下令把以前做的东西全部推翻，将欧洲的各种流派、款式融进自己的理念。

【思考导向】 科宝，或者说蔡明，做整体厨房若干年，直到有了欧洲之行后才明白什么叫真正的整体厨房。这就是行千里路的作用。开阔眼界后的老板，将原本平庸的企业带入了一个全新的境界。与此同时，老板自己也进入了一个新境界。

（4）交友。很多创业者的创业灵感得于朋友的启发，或干脆就是直接由朋友提出的。所以，这些创业者在创业成功后往往会更加积极地保持与从前朋友的联系，并且广交新朋友，不断扩大自己的社交圈。

昆明赫赫有名的“云南王”、新晟源（昆明最大的汽车配件公司）老板何新源，至今仍保持着和朋友喝茶谈天的爱好。何新源称其为“头脑风暴”。这样的头脑风暴，使他能够不断地有新思路、新点子，生意越做越大，越做越好。

都说广东人是天生的生意人，你看一看，广东人里面有几个是不好泡茶楼的？

泡茶楼，喝茶是一方面，交朋友、谈生意更重要。原来北京人不太爱喝茶，现在北京的茶馆却多过米铺，这与近几年北京商业气息越来越浓不无关系，茶馆里面的人十有八九是在交朋友、谈生意。

说见钱眼开，莫如说眼开见钱，眼界开阔才能看见更多的商机，赚到更多的钱。因此奉劝创业者，有空一定要到处走一走，多和朋友谈一谈，多阅读，多观察，多思考。机遇只垂青有准备的头脑，让自己“眼界大开”就是最好的准备。

7.2.3.2 敏感

敏感，即对商业机会快速反应。敏感不是神经过敏。创业者的敏感是对外界变化尤其是对商业机会的敏感。

潘石屹成为商界红人的原因就在于敏感。有谁能够从不相干之人而且还隔着桌子的一句话里听出8亿元的商机？别人不能，但潘石屹能。

【案例十】 一言8亿

1992年，潘石屹还在海南万通集团任财务部经理。万通集团由冯仑、王功权等人于1991年在海南创立。冯仑、王功权都曾在南德集团做过事，当年都是“中国首富”牟其中手下的谋士。成立的头两年，万通通过在海南炒楼赚了不少钱。1992年，随着海南楼市泡沫的破灭，冯仑等人决定移师北京，派潘石屹打前锋。

潘石屹带着5万元差旅费来到了北京。

有一天，他在怀柔县政府食堂吃饭，听旁边吃饭的人说北京市给了怀柔四个定向募集资金的股份制公司指标，但没人愿意做。在深圳待过的潘石屹知道指标就是钱。他不动声色地跟怀柔县体改办主任边吃边聊：“我们来做一个行不行？”体改办主任说：“好哇，可是现在来不及了，要准备6份材料，下星期就报上去。”

潘石屹立即将这个信息告诉了冯仑。冯仑马上让他找北京市体改委的一位负责人。这位领导认为他们愿意做就是积极支持改革，同意给他们宽限几天。做定向募集资金的股份制公司，按要求需要找两个“中”字头的发起单位。通过各种关系，潘石屹最后找到中国工程学会联合会和中国煤炭科学研究院作为发起单位。

万事俱备，潘石屹用刚刚买的1部4万元的手机打电话问冯仑：“准备做多大？”冯仑说：“要和王功权商量一下。”王功权说：“咱们现在做事情，肯定要上亿。”潘石屹在电话那边催促冯仑快作决定。“这边还等着上报材料呢。”冯仑就在电话那头告诉潘石屹：“8最吉利，就注册8个亿吧。”北京万通就这样在什么都没做的情况下融资现金8个亿。

【思考导向】 这就是潘石屹那个“一言8亿”的传奇故事。后来万通在海南赔了本，多亏了潘石屹这一耳朵“听”来的8个亿，才有了万通的今天。潘石屹能赚到这笔钱并非偶然，而是源于他的商业敏感。

【案例十一】 金王点亮创业之路

陈索斌是一个“海归”，在美国留过学，有经济学硕士学位。陈索斌在创业之前未曾与蜡烛行业有任何关联。为什么他会选择时尚蜡烛作为自己的创业方向呢？

原来1993年的一天晚上，陈索斌到一位朋友家中谈事，突然遇到停电，朋友的妻子赶紧找出一截红蜡烛点上，并在旁边抱怨：“如今卫星都能上天了，怎么这蜡烛还是老样子，谁要是鼓捣出不冒烟的蜡烛，说不定能得个诺贝尔奖什么的。”

就是这样一句话触动了陈索斌，不久就有了“金王”，再不久“金王”成了中国时尚蜡烛之王。随着“金王”的成功，陈索斌成了亿万富翁。对蜡烛黑烟的抱怨，相信不只陈索斌一个人听到过，却只有他抓住了这个机会，这只能归结于陈索斌比一般人更为强烈的商业敏感。

【案例十二】“再来一次”最终成功

谈及商业敏感，不能不谈梁伯强。在财富道路上，梁伯强不是一个幸运儿。他曾经几次被命运打倒在地，积累的财富几度灰飞烟灭，但每次他都在“再来一次”的喊声中倔犟地爬了起来。

1998年，或许是出于感动，命运开始眷顾梁伯强。4月的一天，梁伯强偶然在别人用来包东西的一张旧报纸上的一篇文章《话说指甲钳》了解到，1997年10月27日，时任国务院副总理的朱镕基在中南海会见全国轻工企业第五届职工代表时说：“（你们）要盯住市场缺口找活路，比如指甲钳，我们生产的指甲钳，剪子两天就剪不动指甲了，使大劲也剪不断。”

当时朱镕基还特意带来台湾朋友送给他的3把指甲钳，向与会代表展示其过硬的质量、美观的造型和实用的功能，并以此为例激励大家要高度重视产品质量，推动科技进步和技术创新，开发出更多、更好的产品。这使梁伯强眼前一亮。

这件事令当时的国家轻工业部压力很大，为此成立了专案小组，还联合五金制品协会在江浙开了几次会，寻求解决这个问题的方案，但未能成功。

梁伯强得知这些情况后非常兴奋，因为他做了十多年的五金制品，这正是他擅长的事情，他知道机会来了。梁伯强的“非常小器·圣雅伦”指甲钳就是在这种背景下诞生的。现在，梁伯强号称“世界指甲钳大王”。

【思考导向】 一个一向不顺的创业者，在蹉跎了半辈子后，终于靠自己的一次敏感改变了命运。当然，梁伯强的成功还有很重要的一点，就是他懂得下面所要讲的明势与借势。他明的是朱镕基之势，借的是轻工业部之势。

7.2.3.3 明势

有两个关键因素攸关创业的成败：一个是势，也就是发展的大方向；另一个是策略与速度。

对创业者而言，如果所经营的行业是大势所趋，就应该也必须有信心地往前走，顺势而为，并且积蓄力量。但若方向正确而速度不当，比如走得太快便可能因消耗体力太多而坚持不到最后的胜利，太慢又容易错过机会。

所以，创业者必须衡量企业的能力，有策略地持续前进，蓄势待发，遇到机会不错过。也就是俗话说的，先活下来，然后求发展。

对于创业者，明势的意思有两层：一要明势，二要明事。势，就是趋向。做过期货的人都知道，要赚钱关键是做对方向，这个方向就是势。比方说，大势向空，你偏做多，而大势利多，你偏做空，你不赔钱谁赔钱?

创业的道理也是一样。李白朝辞白帝彩云间，千里江陵一日还。而苏东坡坐船回老家，走了同一条路，却整整花了3个月。原因就在于李白顺水，苏东坡逆水。这就是说做事要顺势而为。势分大势、中势、小势。

（1）大势，即宏观政策和形势。

创业者要研究政策，跟对形势。很多创业者对此不太在意，认为政策研究“假、大、虚、空”没有意义。其实不然，对一个创业者来说，上自国家领导人的更迭，下至乡镇芝麻小官的去留，都可能对自己产生影响。在政策方面，国家鼓励发展什么、限制发展什么，对创业之成败更有莫大关系。做对了方向，顺着国家鼓励的路径努力，可能事半功倍；否则，难保不鸡飞蛋打。

【案例十三】 顺势而为搞健身

澳瑞特健康产业集团位于山西长治，由做过矿工的郭瑞平在一个破产的小自行车厂基础上组建，经过短短10来年的发展，年产值已过亿元。郭瑞平发财的秘诀便是顺势而为。

本来山西长治是个穷地方，一些人连饭都吃不饱，哪里有心思搞什么健身。在毫无经验的情况下将创业点定位于在本地毫无市场的健身器材，在当地许多人看来等于找死。但是郭瑞平利用了当时国家竞技体育与群众体育两手抓、两手都要硬的政策大势，瞄准了“群众乐用的健身器材”这个创业目标，避开了与国内众多专业竞技体育器材生产厂的竞争，又利用国家将体育彩票的一部分收入指定用于群众健身器材投资的机会，通过与官方建立并保持的良好关系，首先将一整套群众性体育健身器材安装在了国家体育总局龙潭湖家属院，最终从这个家属院走向全国。仅这一样生意，就让郭瑞平赚了个盆满钵满。

【评析】 看准国家政策，把准发展方向，顺势而为，成功则指日可待。顺势来源于对信息的把握和深刻思考。

（2）中势指的就是市场机会。

【案例十四】 紧跟市场的步伐

俞敏洪如果不是赶上了全国性的英语热和出国潮，他就是使再大的劲，洒再多的泪，流再多的汗，也未必会有今天的成功。

在得风气之先的珠三角，以及现在的长三角，许多中小创业者都非常懂得借势道理，不少人因此发了家。他们借的是什么势呢？是外资企业在本地投资的势。比如说，台湾的一个电脑主板厂家在内地建厂，不可能什么都自己生产，总有一些零配件，包括一些生活供应，需要依靠当地人解决。有人称之为“向淘金者卖水”。其实不是卖水，而是大家一起淘金，只不过有的人淘的金块大一些，成色足一些，有的人淘的金块小一些，成色差一些，但大家都有钱赚。

【评析】 这就是势，内含着产业主导的理念。不管做什么，只有同环境合拍，创业才容易成功。

这里有一个小技巧：资金和经验不足的创业者，可以看看周围的人都在做什么，跟着大家一起做，就像上面说的那样，一般不会错，虽然不可能赚到大钱，但赔本的机会也少。

这种方式较适合于风险承受能力较弱的创业者。能赚到平均利润，对于小本经营的创业者就不错了。通过这样的锻炼，可以慢慢积累赚大钱的资本，重要的是为抓住机会做好准备。

不过，投资完全大众化的项目要谨慎。

例如，小餐馆遍地都是，谁都能开，可是相邻的两个餐馆，一个门庭若市，一个餐馆门可罗雀，竞争的焦点就是菜的口味和服务的态度与技巧。菜的水平靠大厨，服务的态度与技巧无非是热情周到，如结账抹零头等。然而这却不是谁都能做到的，尤其是小本生意要长期坚持这样做更不容易。

再如，养猪。2006 年春全国生猪价格降至谷底，许多养猪户都在赔钱，于是纷纷放弃养猪。结果，2007 年夏生猪价格大涨，坚持养猪的人都赚到了钱，许多曾经放弃养猪的人又后悔了，纷纷重操旧业。这种分散性强、进入壁垒低的行业，基本上靠自发调节，随大流往往会吃亏。要在这样的行业立足倒也不难，只要不盲从就行了。

要想赚大钱，就要与众不同，走差异化路线。这需要独到的眼光，也必然要承担更大的风险，走更长的路。资本雄厚且风险承受能力强的创业者，当然可以从创业伊始就剑走偏锋，寻“冷门”。赚大钱，只是能这样做的创业者不多。

（3）小势就是指个人的能力、性格和特长：创业是一项折磨人的活动，因此一定要找那些符合自己兴趣、适合自己能力、可以发挥自己特长的项目，以利于做持久的全身心投入。

明势的另一层含义是明事，即一个创业者要懂得人情世故。所谓世事洞明皆学问，人情练达即文章。创业的基本目的是合理、合法地赚钱，不是跟别人赌气。要想事业发展，就必须懂得遵纪守法和恰当处理各种社会关系。

【案例十五】孙某被抓

河北富翁孙某被抓，很多人在网上为孙某抱打不平。一些法律、金融家觉得孙某的行为不能构成私自揽储、非法集资，更谈不上扰乱金融秩序。而当地税务部门亦拿不出孙某偷税漏税的有力证据。但这些不是我们所关心的，我们关心的是孙某由千万富翁沦为阶下囚有无其自身的原因。

有人说孙某被抓是因为孙某不会说话，不会办事。某集团从1000只鸡、50头猪起家，发展成集养殖业、种植业、加工业、工业、教育为一体的大型科技民营企业，固定资产过亿元。说孙某不会办事，肯定不是指他不会办企业。

孙某怎么不会办事呢？一是“抠”，在对外交往上少有招待费。孙某从来不请客。就算是逢年过节给一些单位送点年礼，也都是十几元一箱的鸡蛋。二是“傲”，只喜欢和学术界名流交往，使人感觉孙某很清高、很狂妄。三是“轴”，没有与地方政府搞好关系，还和地方税务局、工商局、土地局等多个权力部门发生过冲突，打过官司。

其集团发展需要资金，没有尽全力从银行和有关金融机构获得贷款，却走上“非法集资”的道路。而当地一家与集团规模差不多的企业却走了一条与其迥然不同的融资之路。《中国新闻周刊》的报道说，通过县委书记的亲自“协调”，这家企业又获得了银行12亿元的贷款额度，其中1000万元已经落实。这家企业在当地因与政府关系密切而著称。

【思考导向】创业是一个在夹缝中求生存的活动，尤其是处于社会转轨时期，法律制度不十分健全，创业者只有先顺应社会，才能避免矛盾和化解危机。创业者一定要明势，不但要明政事、商事，还要明世事、人事。

7.2.3.4 谋略

创业者不仅要能守正，更要能出奇，即善用谋略（智慧）。

楚霸王之所以失败，一在有勇无谋，二在妇人之仁。商场如战场，有勇无谋者迟早会成为别人的盘中餐。可口可乐成功30法则，条条光明正大，那是因为它做到了现在这么大，如果当初创业，就推出30法则，恐怕早就被敌人吃掉了。

创业是一个斗体力的活动，更是一个斗心力的活动。创业者的智谋，将在很大程度上决定其创业成败，尤其是在目前产品日益同质化、市场有限、竞争激烈的情况下，创业者不但要能够守正，更要能出奇。

奥普浴霸现在是国内浴室取暖产品的第一品牌。杭州奥普电器有限公司创始人、董事长方杰，在1993年将浴霸产品引入中国时，国人尚无浴室吊顶的概念。方杰想了一个办法，将浴霸定位在时尚产品，并且专门针对那些20多岁的漂亮姑娘进行营销。海派小姑娘崇洋媚外，为了同土里土气的“自己人”区分开来，她们愿意付出任何代价。方杰就巧妙地利用了上海人的“海派”心理，将白领在家洗澡宣传为国外的时髦生活方式，从而使奥普浴霸在上海滩一炮打响。

【案例十六】冯仑的第一桶金

1991年，冯仑和王功权南下海南创业的时候，兜里总共才有3万块钱。3万块钱要做房地产，即使在海南也是天方夜谭。但是冯仑有办法——信托公司有钱。

他找到一个信托公司的老板，先给对方讲一通自己的经历（冯仑的经历很耀眼，对方不敢轻视），再跟对方讲一通眼前的商机（自己手头有一单好生意，包赚不赔，说得对方怦然心动），然后提出：“不如这样，这单生意咱们一起做，我出1300万，你出500万，你看如何?”这样好的生意，对方又是这样一个经历耀眼的人，有什么不放心的？于是该老板慷慨地甩出了500万元。

冯仑就拿着这500万元，让王功权到银行做现金抵押，贷出了1300万元。他们就用这1800万元买了8栋别墅略作包装，一转手赚了300万元。这就是冯仑和王功权在海南淘到的第一桶金。

冯仑说：“做大生意必须先有钱，但第一次做大生意都没有钱。在这个时候，自己知道自己没钱，但不能让别人知道。当大家都以为你有钱的时候，都愿意和你合作做生意，你就真有钱了。”冯仑初到海南，尽管没钱，也一定要将自己和公司上下都收拾得整整齐齐，言谈举止让人一眼看上去就是很有实力的样子。

福布斯中国富豪陈金义当年也有过这么一番经历。

陈金义在没有发迹之前有机会做一个蜂蜜加工厂。但建一个蜂蜜加工厂需要30万元，当时陈金义手头仅有3万元。他将这3万元存入银行，随后用这3万元做抵押，从银行贷出6万元，又用这6万元做抵押，贷出12万元，如此往复一直贷出办工厂所需的30万元。蜂蜜加工厂办起来了，陈金义的事业也逐渐走上正轨。这也成了民营企业家的“原罪”。有人说他们这是空手套白狼、钻空子，其实他们是利用了银行制度上的缺陷。

【思考导向】市场经济的假设就是人人追求利益最大化，结果是人们在利己的同时达到了利人的目的，个人利益和社会效益都达到最大化。说到钻空子，商人的天性就在于找空子、钻空子。有人钻空子不奇怪，眼见着空子在那里而没有人钻，才是奇怪的事情。

谈到空手套白狼，哪一个白手起家的创业者不需要经过一个空手套白狼的阶段呢？空手而能套到狼，不是智慧又是什么呢。当然钻空子也是有原则、有限度的，不能危害社会和违背道德准则。经济学家吴敬琏在《何处寻找大智慧》中写道：对创业者来说，无所谓大智慧小智慧，能把事情做好，能赚到钱就是好智慧。

北京的白领没有几个没有吃过丽华快餐的，在北京的大街小巷经常能看见漆着丽华快餐标志的自行车送餐队。丽华快餐由一个叫蒋建平的人创立，在江苏常州起家，开始时不过是丽华新村里的一个小作坊，在蒋建平的精心打理下，很快发展为常州第一快餐公司。

几年前，当蒋建平决定进军北京时，北京快餐业市场已经饱和。蒋建平剑走偏锋，从承包中科院电子所的食堂做起，做职工餐兼做快餐，这样投入少而见效快。由此推而广之，使丽华快餐迅速打入北京市场。假如蒋建平当初入北京时，自己租门面，招员工，拉开架式从头开始，恐怕丽华快餐不会有今天，至少不会那么迅速。

再说前面提到的梁伯强，想做指甲钳，但在国内找不到过硬的技术，找来找去还是觉得韩国人的技术好。可是韩国人一向“抠门”，公开向韩国人讨要技术肯定不行，若出钱买人家也未必肯卖。为了从韩国人那里偷师学艺，梁伯强想了个“曲线救国”的办法：先想办法成为韩国人的代理商，为其在中国内地销售指甲钳。这样既建立了自己的指甲钳销售网络，又取得了韩国人的信任。

在取得韩国人的信任后，找借口说韩国人的指甲钳质量不过关，天天找韩国人的麻烦，把自高自大的韩国人气得不行。结果，为了证明自己的产品质量过关，韩国人竟在一怒之下将产品生产材料和工艺流程都告诉了梁伯强。梁伯强大喜过望，随即推出“非常小器·圣雅伦”指甲钳，博得满堂彩。

这则故事让人不禁想起华人首富李嘉诚未发迹时为获得塑料花的生产工艺也曾在意大利演了这么一出。看来，财富强人有时在财富智慧上也是惊人的相似。

谋略（智慧），就是一种思维方式，一种解决问题的方法，贯穿每个创业行动。当韦尔奇和通用电气（GE）的“6 西格玛”席卷中国企业界时，一位企业家说：“在我的企业里，在我目前的这种状况下，我只需要 3 个西格玛、4 个西格玛就足够，如果一定要我在我的企业里推行 6 个西格玛，那么我的企业必死无疑。”现在，这位企业家很成功。

【专论摘要一】 向GE学什么？

韦尔奇带领通用电气（GE）取得的巨大成就让人们为之疯狂。世界各地均掀起向GE学习的热潮，中国也不例外。当许多企业热衷于学习GE依靠兼并收购实现多元化增长和员工发展方面的轮岗制度与10%强制淘汰（末位淘汰）时，富有喜剧意味的是：在韦尔奇的继任者伊梅尔特的领导下，GE转向注重依靠研发和服务实现自身增长。在员工发展方面放弃轮岗和10%强制淘汰制度，强调在各自领域成为行家，同时鼓励新尝试，容忍失败。如此，GE走出了2001年开始的经济衰退和市场波动所造成的低谷，实现了两位数的强劲增长。那么，我们到底应该向GE学什么？

企业成败的背后是道理。道，是道路。每个企业可以选择不同的道路。理，是规律。经营企业就是一场围绕规律结合企业实际进行实践的战斗，既要发现和认清规律——真正的规律，而不是被表象和假象所迷惑，又要充分认识和正确对待本企业的优劣势，恰当地加以应用。

GE的成长历程，从战略、战术和策略的各个方面，到管理运作等，给了我们很多有益的启发。但是我们也要清醒地认识到，没有包治百病的灵丹妙药。连GE自己也在改变，以适应环境、市场和自身的变化。因此，我们不能机械地学习末位淘汰、员工轮岗这些表象，而是要学习注重公司增长的基本逻辑这一本质。

只有基于内外部综合分析而科学制定的企业战略，才能引领企业走向成功。而科学制定企业战略的本质，在于认清自己、把握时势，在于理解客户与市场的变化趋势，要注重能力的提高及与机会的结合，而不是单纯地热衷于机会的增长。

因此，我们要向GE学习的是因地制宜、因时制宜、因人制宜、因己制宜地进行战略选择和策略安排，培育自己的核心竞争力。

智慧是不分等级的，只有好用与不好用、适用与不适用的区别。当年带着红桃K一帮人在农村猪圈、厕所上刷广告时遭人嘲笑的谢圣明如今已经成了亿万富翁。言而总之，创业智慧就是不拘一格、出奇制胜。作为创业者，你的思维是否依然因循守旧？（选自《向GE学什么？——金融企业多元化的启示》，作者：刘平，中国保险报，2006年6月12日）

【专论摘要二】 对企业家认识的十大误区

误区一：企业家是实干家，非思想家。虽然企业家更倾向于行动，这是事实，但他们同样也是思想家。事实上，他们常常很有条理，认真地计划行动。今天我们强调清晰而完整的商业计划就表明了“思考的”企业家与“实干的”企业家同样重要。

误区二：企业家是天生的，非人为的。很长时间以来流行这样一种观点：勇敢、主动、洞察力、沟通技巧等企业家素质是与生俱来的，不能被教会或学会。但是，对创业管理的研究正在否定这种认识。

误区三：企业家总是发明者。虽然许多发明者同样也是企业家，但大量的企业家完成的不是发明创新，而是各种各样的创新。例如，雷·克洛克并没有发明快餐特许经营，但是他创新性地让麦当劳成为世界上最大的快餐企业。

误区四：企业家是不适应学术和社会的人。的确有一些企业家在辍学或辞去工作后成功地创建了企业，这导致人们认为企业家在学术和社会方面表现不佳。并且历史上的教育机构和社会组织都不认可企业家。今天企业家却成为人们崇拜的英雄，企业家被看做专家而不再是不称职的人。

误区五：企业家一定具备“企业家素质”。许多著作都列举了企业家素质。这些基于成功案例的研究结果所揭示的企业家素质并不全面。今天，我们认识到难以概括一个标准的企业家。环境、企业和企业家相互影响，造就了许多不同类型的企业家。

误区六：企业家所需要的就是钱。一个企业需要资金来维持生存，这是事实。许多成功的企业家都有在建立企业时克服资金困难的经历。然而，有资金并不是成功的唯一保障。不过资金不足常常会带来许多问题：管理无序、缺乏融资观念、失败的投资、失败的计划等。对于企业家来说，钱是一种资源，而不是终极目标。

误区七：企业家所需要的就是幸运。“适当的时间，适当的地方”通常是一种优势，但“幸运总是在准备迎接机遇的时候降临”。机遇出现时能够抓住它的企业家看起来是“幸运的”，但事实上他们是做了更充分的准备来迎接机遇才把机遇转变为成功的。幸运的背后是准备、果断、期望、知识与创新。

误区八：企业家应该忽略细节。以前人们认为太多的计划与评估会不断产生新的问题——过多的分析会导致“瘫痪”。而今天激烈竞争的市场却要求周详的计划与万全的准备。确定企业的优势和弱势，制定清晰的时间表，并通过仔细的战略论证将问题最小化，这些都是成功创业的关键因素。因此，进行周密的计划而非忽略它是成功企业家的标志。

误区九：企业家追求成功，但失败率很高。许多企业家在成功之前遭遇多次失败。如果一开始不能成功，那就努力、努力、再努力。失败能带来很多的经验教训，并帮助创业者在未来取得成功。每个企业在刚进入市场时都会有新的机遇。

误区十：企业家是极度的冒险者（赌徒）。风险是创业过程中的一个主要元素。企业家在巨大机遇面前表现得像个“赌徒”，但企业家所实际承担的是适度的或“可计量”的风险。大多数成功企业家努力地通过计划和准备将风险最小化，从而更好地控制企业的命运[32]。

7.2.4 提高创业能力的可行性途径

（1）建立合理的知识结构，不断创新，提升创业能力。

实践证明，一种有利于创新创业的知识结构，不仅需要具备必要的专业知识、经营管理知识，而且还必须具备综合性知识，如有关政策、法规等知识，以及将其融会贯通，开阔自身的视野，完善自身的知识结构。

（2）加强创业实践活动环节，培养自身创业能力。

大学生通过参加各种专业竞赛和科研活动，如“挑战杯”中国大学生课外科技作品竞赛和创业计划竞赛创业计划大赛，对于增强创新意识，锻炼和提高观察力、思维能力、想象力和动手操作能力都是十分有益的。实践最能锻炼和培养一个人的才能，只有在实践中多看、多思、多问、多记、反复检验，反复调查，不断总结，吸取教训，才能从实践中摸索出真知。

【案例十七】“猪肉大王”陈生

陈生毕业于北京大学，十多年前放弃了自己在政府中让人羡慕的公务员职务毅然下海，倒腾过白酒和房地产，打造了“天地壹号”苹果醋，悄悄进入养猪行业后，在不到两年的时间内在广州开设了近100家猪肉连锁店，营业额达到2个亿，被人称为广州千万富翁级的“猪肉大王”。实际上，之所以在养猪行业里很短时间内就能取得骄人成绩，成为拥有数千名员工的集团的董事长，还在于陈生此前就经历的几次创业的“实战经验”：陈生卖过菜，卖过白酒，卖过房子，卖过饮料。这使得陈生有着这样的独到见解：很多事情不是具备条件、做好了调查才去做就能做好的，而是在条件不充分的时候就要开始做，这样才能抓住机会。虽然走的还是“公司+农户合作”的路子，但针对学生、部队等不同人群，却能够选择不同的农户，提出不同的饲养要求，比如，为部队定制的猪可肥一点，学生吃的可瘦一点，为精英人士定制的肉猪，据传每天吃中草药甚至冬虫夏草，使公司的生猪产品质量与普通猪肉“和而不同”。在这样的“精细化营销”战略下，陈生终于在很短的时间内叫响了“壹号土猪”品牌，成为广州知名的“猪肉大王”。可见，将实践付诸于自己的创新创业中是成功必不可少的条件。（资料来源：中国经济网）

（3）借鉴他人经验，提高自身素质。

借鉴别人的成功经验，取他人之长，补自己之短，能使大学生的创新创业工作事半功倍。当然，我们还必须认识到，大学生创业不是一件容易的事，尤其对我国大学生而言。创业的能力和素质并非短期培训所能达成的。有些素质甚至靠培训也很难达到，比如谋略、胆量，以及识人用人等，这些都需要长时间不断训练和积累，而相当数量的大学生从小就缺乏这方面的素质培养。创业的心理准备也是一个关键，许多大学生并不害怕自主创业，而是担心创业后很可能面临的失败打击。解决这一困境，从短期来说，选择创业的大学生要主动进行职业规划，不仅需要明确自己是否适合创业，是否具备创业者应具备的基本素养，还需要准确的定位、清晰的目标和合理的通道，确保创业在既定轨道上有序发展。从长期来看，还是要注重自身综合素质的培养，全方位提高自身的素质和能力。

【案例十八】“情侣手套”受到市场青睐

河北石家庄市有一位大学生，凭借自己的慧眼和独特创意，发明了一种三只装的联体式手套，美其名曰为“情侣手套”。这种手套一个冬天稳赚了近10万元，当地人纷纷称他为“会用脑子赚钱的小伙子”。

他看见在凛冽寒风中，有很多年轻情侣依偎着携手并行，其中有一个镜头引起了他的注意，那就是一对对帅哥靓妹一只手各戴着手套，另一只手却没有戴手套，而没有戴手套的手却彼此紧紧地牵拉着，尽管被冻得又红又肿，但却始终不愿意松开。

目睹此景，这位大学生在感叹爱情之火如此炽热之余，灵感之火也被倏地点燃。何不发明设计一种能使情侣共同携手的联体式手套，这种款式的手套肯定会受到热恋男女的喜爱。

于是，这位大学生喜形于色地回到家后，立刻坐在案桌前，用笔和纸设计绘制出了这种三只装联体式情侣手套，即将四只手套改良为三。次日上午，他根据网上的资料，按图索骥地找到了一家属于街道管辖的小规模手套制作社，自告奋勇地把自己这种创意向经理说了，同时拿出所绘制的图样给经理看。该经理也很有市场意识，看了以后连连击掌叫好，毅然拍板“友好合作，盈亏二八开”。

上市之前，大学生出智力，手套制作社出财力物力，并签下相关协议。时令商品就要适时上市，次日，该经理就开始安排员工“依样画葫芦”剪裁缝制。

一个星期后，制作社就拿出了1000副棉质的“情侣手套”，放置在临街门市部作为“投石问路”式销售，不料没到半天就被抢购一空。尽管这样一款棉质“情侣手套”要卖10元，但有不少年轻人却愿意解囊。

首战告捷后，这位大学生和手套制作社又尝试着开发生产绒质、线质、皮质等系列的“情侣手套”，手套外面还绣着“携手到老”、“一生牵手”、“心有灵犀一点通”之类的吉祥祝福语，以迎合不同情侣阶层的消费需求。该手套先后投放市场后，也受到了青睐。

一个冬天下来，这款“情侣手套”系列给这位大学生带来了近10万元的利润，他自然也成了远近闻名的“小富翁”。如今，他用“情侣手套”赚来的钱在

当地开了一家创意咨询公司，并聘雇了两位伙计，自己当上了老板。（资料来源：大学生创业网）

【思考导向】这个故事也应验了一句俗话：人世间赚钱的门路千千万，就看你脑筋怎么急转弯。

【训练题】

1、你具备哪些创业者素质，欠缺哪些创业者素质？

2、应如何提升自身创新和创业能力？

3、尽量客观地对自己进行全方位、多角度的分析，并做一份尽可能详细的报告，附上自我小结。具体包括以下几个方面：职业兴趣——喜欢干什么；职业能力——能够干什么；个人特质——适合干什么；职业价值观——最看重什么；胜任能力——优劣势是什么。

4、对自己进行一个环境分析，并作出小结：

包括家庭环境分析，如经济状况、家人期望、家族文化等以及对本人的影响；学校环境分析，如学校特色、专业学习、实践经验等；社会环境分析，如就业形势、就业政策、竞争对手等；职业环境分析，如行业分析（包括行业现状及发展趋势，人业匹配分析）、职业分析（包括职业的工作内容、工作要求、发展前景，人岗匹配分析）、企业分析（包括单位类型、企业文化、发展前景、发展阶段、产品服务、员工素质、工作氛围等，人企匹配分析）、地域分析（包括工作城市的发展前景、文化特点、气候水土、人际关系等，人城匹配分析）。

5、根据上面两个报告的主要内容对自己进行一个职业定位。

首先通过列举自己的内部环境因素、优势因素、弱势因素、外部环境因素、机会因素、威胁因素等得出结论，定下职业目标。其次根据职业计划拟定职业发展策略，职业发展路径。

6、试拟订实施计划表，明确目标，自我鼓励。

具体格式如下：

计划名称：

时间跨度：

总目标：

分目标：

计划内容：

策略和措施：

短期计划：

中期计划：

长期计划：

备注：

7.3 实现创业梦想

7.3.1 做好创业的充分准备

大学生创业需要做好充分的准备工作，首先要具备一定的硬件和掌握相应的技能，同时要明确有哪些创业领域可供选择，以便在设计创业计划或实施计划的初期就能找准方向，走对路子，减少盲目而造成的损失。

7.3.1.1 大学生创业必备的硬件

A 创业知识的储备

大学生长期待在大学校园里，对社会缺乏了解，特别是市场开拓、企业运营管理等方面的经验缺乏。因此，大学生创业前要有充分的准备。一方面，可以利用课余时间，在企业打工或实习，以积累经验；另一方面，可以通过参加创业培训，积累创业知识，接受专业指导，以提高创业成功率。如果所在的大学开设创业教育课程开展实习，则是大学生积累创业知识和掌握技能的良好机会。

B 创业技术的掌握

用智力和技能换资本是大学生创业的特点。一些有眼光的风险投资家，往往因为看中大学生的创新能力和所掌握的先进技术，愿意对其创业进行资助。因此，打算在高科技领域创业的大学生，一定要注意技术创新，开发具有独立知识产权的产品，以吸引投资。

C 创业能力的具备

创业是一个复杂的过程，需要创业者具备多方面的能力。比如创业开始，缺乏对市场的判断能力，那么应该从简从易，从而积累经验。大学生在技术上有优势，而调研、理财、营销、沟通、管理方面能力普遍不足。要想创业获得成功，创业者除具备顽强的毅力、吃苦耐劳的精神、坚持不懈的努力外，还要具备基本的商业运作能力。这些能力的具备，需要通过各种方式，一点一滴地积累而成。

D 创业资金的获得

没有资金，再好的创业计划和创业思路也难以转化为现实的创业成果。在获取资金前，创业者首先要明确自己需要多少资金，怎样获得资金，获得资金的渠道应如何打通等。创业者必须具备一定的商业概念，是选择债权作为资金来源，还是选择股权作为资金来源，这些基本问题都应在创业前考虑清楚，由此做出的决定将对创业是否成功起着很重要的作用。大学生要开拓思路，多渠道融资，除了银行贷款、自筹资金、民间借贷等传统途径外，还可充分利用风险投资、创业基金等融资渠道。

7.3.1.2 大学生的创业领域

A 高科技领域

目前，最具发展潜力的有软件、集成电路、第三代移动通信、数字电视、信息化装备和汽车电子，生物医药，包括基因工程、生物医药材料、生物技术、中医药产业化等领域也具有很大的发展空间。以上由于是全球关注的新兴产业和领域，更是我国政府的重点发展对象，因此，应该有更多的创业机会。综合网站、电子商务、网络游戏等也都蕴藏着丰富的创业机会。IT 领域的创业项目前期投入少，收益相对较高，而且较能获得风险投资商的资助，如果大学生拥有自主知识产权，那就更适合在这个领域里获得创业的成功。

但并不是所有的大学生都适合在高科技领域里创业。一般来说，技术功底深厚、学科成绩优秀的大学生，成功机会要大得多。有意在这一领域创业的大学生，应该积极参加由各类机构组织的创业大赛，努力吸引风险投资，方可脱颖而出。软件开发、网页制作、网络服务、手机游戏开发等都是可以尝试的项目。该领域适合学习理工科的大学生创业。

B 设计领域

最具发展潜力的热点领域，包括室内设计、IC 设计、纺织品设计、平面设计、工业造型设计、城市规划设计等。与设计相关的创业项目属于智力密集型模式，有技术、有项目即可，对资金的要求相对较低，创业风险小。该领域适合学习艺术、设计、广告等专业的大学生创业。

C 培训领域

考研培训、IT 培训、外语培训、管理培训等是目前引人注目的培训项目。该领域的创业项目对资金的要求不高，而且能比较快地显现创业效果，只要有一定的教师资源，就能开展起来。来自各类高校的大学生都有相应的专业知识，都有培训学员的能力。

D 连锁加盟领域

对于创业资金和资源非常缺乏的大学生来说，借助连锁加盟的品牌、技术、营销、设备优势，可以较少的投资、较低的门槛实现自主创业。但创业者应当留意，连锁加盟也并非没有风险。在复杂的市场环境中，选择加盟项目，减少风险是非常重要的。一般来说，大学生创业者资金实力较弱，比较适合选择那些不需要太多启动资金、人手配备要求不太高的加盟项目。另外，最好选择运营时间在 5 年以上、拥有 10 家以上加盟店的成熟品牌。适合加盟的领域有快餐业、家政服务业、校园小型超市、数码速印站、洗衣店等。

在社会和经济快速发展的今天，创业市场广阔，商机还是很多的，虽然对于创业资金、创业能力和创业经验都不足的大学生创业者来说，非常具有挑战性，大学生根据自身特点和优势，找准创业点，一定能打出自己的一片天地。

7.3.2 将创新融于创业之中

7.3.2.1 成功就业与创新

成功是达到预期的目标。每个人的人生目标不同，但一定要适合自己，量力而行。所谓适合，就是兴趣所然，就是基本条件具备；所谓量力而行，就是目标不能太高，如果太高，努力了达不到就会灰心丧气；也不能太低，如果太低，庸庸碌碌，白过一生。大学毕业生是高素质的社会群体，一定要确定自己人生总目标；在总目标下设计阶段目标，逐步向总体目标逼近。阶段目标可以调整和修订，“跳一跳就能摸得着的阶段目标”，能够催人奋进。目标是重要的，但过程更精彩。不断争取成功的过程，是幸福的人生。

（1）是创新成就了大学生在国有企业的事业。

大学毕业，进入业已存在的单位，能够创新吗？答案是肯定的。但是，得有个过程。这个过程，便是“学习—理解—熟悉—掌握—创新”。在工作岗位上，要把自己的兴趣爱好和发展目标，与单位的发展融合在一起，才可能实现个人的创新与发展。

中国航天是中央企业的先进代表，载人航天工程的一个重大成就在于，用十几年时间培养了一支新的航天人才队伍。在神舟六号飞船、火箭试验队伍中，35岁以下的年轻人占80%，副主任设计师以上人员平均年龄32岁左右。从发射场到着陆场，工程和其他系统的关键技术岗位上也不乏20多岁的骨干。

例如，1961年11月出生的张××，从1988年硕士毕业分配到中国运载火箭技术研究院的20多年间，中国航天的重大举动，他都参与了，并发挥着越来越重要的作用。1988年，刚刚毕业的张××，凭借在计算机辅助设计方面的过硬功夫，解决了用长征三号火箭发射美国休斯公司亚洲一号卫星时星箭分离方面的重要“瓶颈”。1990年4月，亚洲一号发射成功，他被破格晋升为高级工程师。3个月后，中国第一枚大推力捆绑式运载火箭发射成功，他因为成功解决了整流罩分离难题，再次成为航天系统的明星人物。1991年，张××作为主要起草人之一，执笔起草了关于我国进行载人飞船试验的论证报告，并任发射飞船运载火箭的副总设计师。

如今，作为最年轻的十六届中共中央委员、载人航天工程副总指挥、中国航天科技集团公司总经理，张××已经成功参与指挥了神舟系列载人航天工程，获得巨大成功。

正如中国的载人航天工程一样，许多国有企业，在总体设计上是跨越式的，在人才培养和成长上同样是跨越式的。

（2）是创新使大学生在民营企业大有作为。

吉利集团，几年前还是一个名不见经传的民营小企业。如今，是许多大学生向往的理想就业单位。

作为一家民营汽车公司，要参与全球竞争，如果人才的培养和使用没有一个正确的战略决策，就不可能在市场占有立足之地。下面是2009年1月20日吉利集团网页上的一段话：

“从在临海第一年造汽车开始，1998～2006年，吉利先后创办起浙江吉利汽车工业学校、浙江吉利技师学院、北京吉利大学、海南大学三亚学院和浙江汽车工程学院。在资金奇紧的状况下，吉利硬是在2005年用3.5亿元建成了全新的研发部门——吉利汽车研究院。

目前，吉利的研发队伍超过1000人，有40多款车在研发，都是瞄准全球市场的。

除了‘科班生’，吉利的普通员工也可以入选‘智囊库’。一项参照丰田公司的‘源动力’工程，正在激发吉利员工多提合理化建议的积极性。”

可见，民营企业的发展需要创新，大学生毕业后在民营企业工作，也是大有作为的。

（3）是创新打开了大学生创业的成功之路。

创意，是创业的第一个核心要素。所谓创意，就是创造性的主意，就是西方人所说的Idea。所谓创新，就是一个定位和重新定位的过程。创业工程中的创意，实质上就是发现一个消费者的新需求，进行差异化经营，寻求满足消费者新需求的新方法。

例如，在××省秦峰乡金龙山上，2007年3月，来了三名大学毕业生养鸡者，分别是秦峰乡本地的赵××，来自赣州的陈×和来自云南的何××。他们3年前毕业于南昌理工学院，学的是广告设计专业，是同窗好友。毕业以后，也和很多大学生一样，热血沸腾地到沿海发达城市找工作，规划自己的人生之路。闯荡了两年，赵××对自己的人生之路有了新的认识，他发现家乡有非常好的山地资源，却在白白地浪费，何不回乡办个养殖场？他们决定辞职，结伴去养鸡、养鸭。

当地农民惊奇地发现，他们养的鸡鸭有些不一般。鸭子全是野鸭，每天吃螺蛳、水葫芦。水葫芦是当地没人要的野生水草，想不到在他们手里变成了喂野鸭的宝贝。他们养的土鸡同样不一般，鸡放养在山林中，鸡饲料经过精心搭配，“荤素结合”，主要是虫子、青菜和豆腐渣等。据说，这样养出来的鸡味道特别好，卖出了好价格。

在他们的房间里，书桌上摆放了几十本养鸡养鸭科技书，这些书指导他们进行科学喂养。由于养的鸡鸭有特色，产品很快成了畅销货。一位浙江老板考察他们的养殖场，第一批就要了3500只鸡，表示以后“有多少要多少”。为打响品牌，三人给自己养的鸡申请了注册商标。

他们的创业经历，影响了周边的人。不少农民上山“取经”；他们的家人也转变了态度；陈×的女友还放弃了在上饶市区的工作，搬到秦峰乡，用实际行动支持男友创业。

（4）是创新成就事业。

社会上就业岗位多种多样，总有适合自己的岗位，总能找到获得乐趣、体现价值、感悟快乐的工作。只要把自身的发展与事业的发展融合在一起，在从业中创新，这样，哪怕创新的征程充满艰辛，甚至失败，但成功永远属于敢想敢干的勇于开拓创新的人。

7.3.2.2 大学生创新人生发展流程图

大学生一踏进大学校园，就在规划着大学生涯；大学生一毕业，就开始规划人生蓝图。

这是一幅没有画完的“大学毕业生创新人生发展流程图”（见图7-1）。

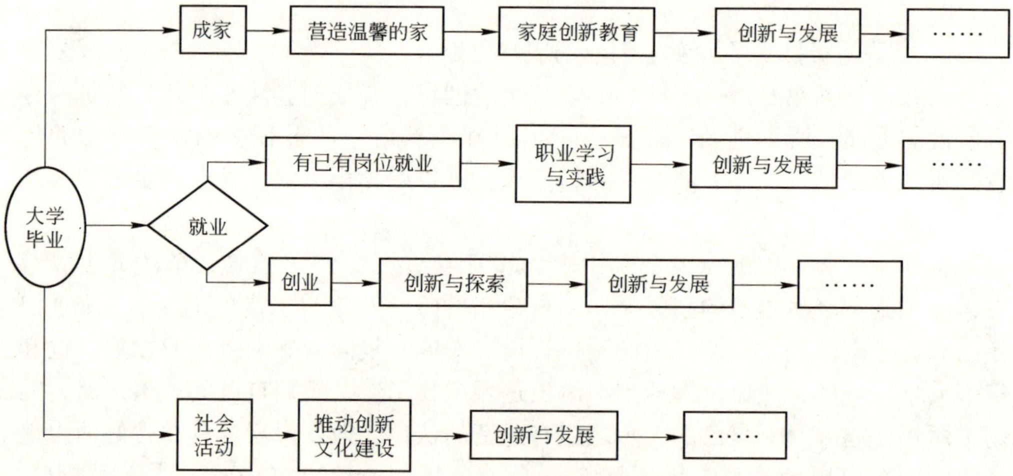

图7-1 尚需大学毕业生自己去完成的创新人生发展流程图

2009年1月9日，温家宝总理在国家科学技术奖励大会上发表了一段极为精彩的讲话：“科技实力决定国家命运。一部社会发展史，也是一部科技进步史。在科学技术迅猛发展的今天，谁不重视科技，谁就要被淘汰。一个13亿人口的中国正在进行的现代化建设，是人类历史上最波澜壮阔的事业，必须充分依靠科学技术，支撑发展和引领未来。要坚持科教兴国战略，把提高自主创新能力、建设创新型国家作为国家发展战略的核心。只有这样，才能把发展的主动权牢牢掌握在自己手中，我国的现代化事业才有光明的前景。”

这段话，值得千千万万接受高等教育的学子铭记。

7.3.3 成就创新人生

成功其实并不难，只要你有清晰的目标、坚忍的意志、执著的追求，你终会成功！付出你的努力吧，自己给自己一个精彩的、创新的一生。

【成长故事】“三无”穷孩子，崛起新领域

无钱、无经验、无行业模型的穷家孩子聂名勇，敏锐洞察到个人消费领域的商业机会，并在短短的两年内崛起行业新领域——公共会员制，创造百万财富神话。

一、他家境贫寒却胸怀梦想，让自己做到最优秀

来自临沂苍山贫困家庭的聂名勇，家贫志坚的他以优异的成绩考入了青岛理工大学。这是他带着父亲的希望，第一次踏上城市的热土。当时的兴奋、幸福没有在他头脑停留多久，责任感油然而生。他想起面朝黄土背朝天的父亲，有病在身的母亲，早早因家庭贫困辍学的弟弟，就不得不时时鞭策自己前进。

聂名勇从一踏入大学就有了创业的想法，尽快“发家致富”成为他的首个任务。他担任了机械学院学生会主席，积累了工作经验，锻炼了工作能力。在校期间他从事各种兼职，不仅培养了创业能力，也基本上解决了在校生活费问题。同时，业余时间他还大量查阅研读创业类、企业管理类、市场拓展类等创业必备书籍，积累了大量创业知识。为他以后能够成功创业，打下了坚实的基础。

在校期间，他是一位大家公认的优秀学生。学习成绩每次都名列前茅，连续八次获得奖学金。曾获得全国大学生自强之星、全国大学生创业之星、校园风云人物等十几种荣誉称号，获得“挑战杯”山东省创业计划大赛三等奖，青岛市大学生文化艺术节创业计划精英赛一等奖等多个奖项。

二、敏锐的思考让他发现消费新商机

聂名勇平时就很爱思考，并且善于观察社会现象，经常与同学探讨商圈商户的行为、如何做促销等问题。某天，他在台东逛街，在付款时发现一位女士从一个小包包内的20余张会员卡中找该店的会员卡，费了很大力气才找出来。他的大脑开始了习惯性思考，一个大胆的想法油然而生：“能不能把各个企业的会员卡统一起来，让消费者只带一张会员卡就可以享受多家会员卡待遇？”

有了想法就投入行动，第一步便是市场调研。市场调研中，聂名勇发现两个问题：一是顾客对商家的会员卡兴趣不高。由于商家各自为营地进行“会员制营销”，商铺会员卡只能到自己店内享受打折，平时用的时候很少，所以顾客对办

店内的会员卡不是很感兴趣。即使办了，也不经常带在身上，而且比较容易丢失。因此很多商铺发了会员卡，但会员卡使用不够理想。二是绝大部分的商户都没有真正的会员制营销软件，没有真正达到“会员制营销”目的。

经过一段时间的市场调研，聂名勇的头脑中产生了解决问题的设想，并把这个设想项目化、市场化，提出了“公共会员制营销”的新概念。他的设想开创了消费行业中的一个全新领域。

三、“三无”创业，困难重重

经过市场调研，完善了商业计划书之后，他开始在学校进行项目试点。找了几个对项目感兴趣的同学，凑了300元简单地印了一些资料，便开始发展学校周围的理发店、眼镜店、饭店、网吧成为联盟商家，并统一发行一张会员卡，由这些联盟商家为这些会员提供会员折扣。经过一段时间运作，学校周围的联盟商家发展到了13家，学校的卡也卖得不错。聂明勇从中赚了2000元，挖到了第一桶金。

小试牛刀尝到甜头之后，聂名勇的创业团队开始策划成立公司。3个同学每人从家中拿了1万元，共凑了3万元。2007年8月1日，青岛新领域信息服务有限公司就这样成立了。成立公司之后，大家的自信心也开始膨胀，幻想着公司做大以后的美好前景。谁知天有不测风云，年轻人一时的冲动和美好的向往，在短短的一个月就被残酷现实拉回来。

没想到扩大市场后，发现一个学校的小市场和社会整个大市场完全是两码事。公司的原始资本3万元在短短一个月内就被花光了，而当时公司的情况是，当时共签约了400余家联盟打折商户，并做好了卖卡的准备。聂名勇做出了减少联盟商户的决定，并开始卖卡。经过又一个月的奋斗，通用的会员卡在社会和高校销售量都非常不理想。而当时的公司没有了可以运作的资金，大家对现有的盈利模式产生了怀疑，也没有可以模仿的成功案例。大家开始对创业的信念产生动摇，是否继续做下去成了未知数。

四、务实，坚韧，求生存

聂名勇在困难面前反而冷静下来，他认真分析公司前段时间出现的问题，发现在运作项目时没有把握好联盟商家的质量，400余家的商家中绝大部分都是一些路边小店，并且给会员的折扣都不真实，顾客基本上都很少来这种店。在会员卡的销售中又采取成本过高的销售推广方式，大资金投向广告。吸取以前的经验教训，调整了工作思路，就在2007年10月5日那天，聂名勇决定继续做下去。

就在公司最困难，最低谷的时候，父亲为他在家乡申请了2万元贷款，公司再次得到存活的资金，但是聂名勇身上的担子就更大了。经过几个月的磨炼，聂名勇的步伐开始稳下来了。在他头脑中形成这样一个概念，"对的事情一定要坚持下去，做事切忌眼高手低"。之后，每个公司成员都认真地发展联盟打折商户，把握好商户的质量和折扣，并且最大化地利用现有资源置换了各种媒体，大批量聘用兼职进行会员卡一对一的面对面销售。经过3个月的发展，公司高质量的联盟商户达到了100余家，售卡开始由原来每个月500元收入升到每月1万元的收入。到2008年1月公司基本达到收支平衡，公司渡过了困难期。

在以后的公司运营中，聂名勇结合公司的发展情况、公司实力以及市场反馈，制定了切实可行的运营策略和公司长远发展规划。在后来的一段时间内公司通过各种合作和资源整合，没有花任何钱就做了价值超过百万的各种媒体广告。加上公司一对一兼职销售方式，会员卡的月销售收入每月高达5万元。同时公司依托自身业务资源优势，为商户提供各种宣传营销服务，并收取服务费以增加公司收入。并与中国银联青岛分公司结成战略合作伙伴，从中获得了可观收入。2008年是公司辉煌的一年，公司年营业额超过100余万元，纯利润超过30万元，公司员工由初创时的3人发展目前12人，公司办公由原来的居民楼搬到高科技产业基地信息城。公司走上了蓬勃健康发展的良性轨道。

目前，公司的联盟打折商户上升到500余个品牌商家，消费者会员超过了15万人，并成功与中国银联青岛分公司、青岛电视台大众购物、青岛财经日报、搜房网等单位结成战略合作单位。

五、创新，改变命运

2009年1月，公司顺应市场需求，在发现售卡市场即将饱和的情况下，把收入点转向对联盟商家客户的会员营销服务上。基于联盟中庞大的会员量和各种品牌商家的加盟，公司统一给各个商铺安装上共会员制营销系统终端，为各企业提供会员诊断、会员消费分析、会员宣传、会员营销等等各种服务，平均每家企业每年将向公司缴纳5000元服务费。一个月的调整运作后，各大店铺广泛参与。预计2009年公司总收入将超过300万元，净利润将会超过百万元。

公共会员制营销，营销界一个化时代的营销名词。聂名勇及他的合作伙伴发现创造了一个行业新领域，实现了顾客购物一卡通享折扣，商家实现了共享联盟会员，实现精准营销，降低了营销成本。他们的公司得到青岛广大企业的支持和接受，青岛很多市民都成为他们公司的会员，享受一卡通享折扣的方便。中央电视台新闻联播、青岛电视台、新华社、半岛都市报、青岛早报、青岛日报、青岛晚报、山东商报等各大媒体对公司进行了广泛报道。

六、思考创业

经过两年创业磨炼的聂名勇对创业有着很多感慨，他很愿意与青年朋友以及所有志于创业的朋友分享。

两年创业的风风雨雨，对自己艰难创业深有体会。他认为创业应该务实，以自己力所能及，脚踏实地地工作，这是成功的根基；创业要坚韧，坚持对的事情，做好“不撞南墙不回头”准备；创业要创新，创新才能做出自己核心竞争力，才能利于不败之地。他认为，务实、坚韧、创新是他成功的原因。

当然，任何人在创业中都会遇到各种各样的困难，不过聂名勇说，在他创业中没遇到任何困难，只是遇到了各种大大小小的问题而已。他说，把一个问题感情化了，畏惧了，它便成了困难；如果把遇到的困难中的感情成分去掉，客观理性地去分析它，它就是现实存在的问题，问题是可以想办法一步步加以解决的。

聂名勇是一名优秀大学生，同时也是一名成功的创业人士和企业老板。在他身上不仅看到了顽强的毅力、不断拼搏进取的精神，同时，也看到了现在的年青一代是充满活力和不畏困难的一代！

训练题参考答案（部分）

1 创新意识的培养

1.1 探究事物本质习性的培养

1.1.2 探究事物本质习性的培养过程

（1）深入把握分析资料。

资料分析题：1、A，2、C，3、D，4、B

（2）总结探究现象背后的本质。

喝水的方法：（1）没有必须强调喝这个杯子的水，可以不动这个杯子喝其他杯子的水；（2）借助工具，如吸管等；（3）"乌鸦喝水"的办法；等等。

（4）寻求最佳解决方案。

飞机加油的问题：如果是一起行动的话，可以使用三架完成任务，3 架飞机（甲、乙、丙机。）同时从机场出发：1）飞行到 1/8 圈处，加油前三架机均消耗 1/4 箱油。此时丙机拿出 1/2 箱油平均加到甲、乙两机，加油后，甲、乙两机满油继续向前飞，丙机剩下 1/4 箱油飞返机场待命。2）当甲、乙两机飞行到 1/4 圈处时，加油前甲、乙两机均消耗了 1/4 箱油。乙机把 1/4 箱油加给甲机，加油后甲机满油，乙机剩下 1/2 箱油，顺利飞回机场。3）当甲机飞到 1/2 圈处，乙、丙机均已在机场加满油。此时派丙机反方向去接应甲机。4）当甲机飞到 3/4 处时，刚好与来接应的丙机相遇。加油前甲机已无油，丙机消耗了 1/2 箱油。丙机将 1/4 箱油加给甲机，加油后甲丙两机均有 1/4 箱油，两机同向飞返机场。与此同时乙机从机场反方向出发去接应。5）在 7/8 处，三机相遇。加油前甲、丙两机无油，乙机消耗 1/4 箱油。乙机拿出 1/2 箱油平均分给甲、丙两机。加油后三机均有 1/4 箱油，三机同向飞返机场。三机最后同时抵达机场，三机的油均耗光。三机前后共耗 5 箱油。

电灯开关的问题：进 B 房开 A 开关——再在 B 房关 A 开关，开 B 开关——进入 B 房间摸其中两个不亮的灯，有余热的那盏就是连接 A 开关的。

1.2 创新态度和信念的培养

1.2.3 敢于想象，发挥潜能

1、很多种方法，比如说灌满水利用水的浮力让球飘起来、利用带网的工具拿取等等，只要发挥自己的想象，言之有理。

2、无数种分法。只要两条直线过正方形的中心点，且两条直线互相垂直。这两条直线就可以将正方形分成四个大小、形状完全相等的图形。

2 创新思维的培养

2.1 创新思维的五大特征

2.1.3 创造的想象力

1、把绳子的一头拴在另一头的苹果上，就成了一个圈。

2、1961 年。

3、时间。

4、需要 6 次。①一牛一虎过河，一牛返；②二虎过河，一虎返；③二牛过河，一牛一虎返；④二牛过河，一虎返；⑤二虎过河，一虎返；⑥二虎过河。

5、1024 一半一半地取，取到第 10 次时，就是“1”。根据这个道理，连续提 10 个问题，就能找到所需要的数。

2.2 创新思维的四大方式

2.2.1 逆向思维

1、黑色帽子。推理：(1) 丙判断不出自己帽子的颜色，则丙看到的一定不是两个白色的帽子，则甲乙帽子的颜色可能为白黑、黑白、黑黑；(2) 乙若看见甲戴的是白色帽子，则能根据丙说的“不知道”判断自己的是黑色帽子。(3) 乙判断不出自己头上的颜色，则前面一定不是白。(4) 故甲判断出自己头上一定是黑。

2、把三个瓶子放在正三角形的顶点，将第四个瓶子倒过来，放在三角形的中心位置。也就是个正三菱锥形。

3、七个人说的话，可以分别用另一种方式来表示：

A：今天是星期一。B：今天是星期三。C：今天是星期二。D：今天是星期四或星期五，或星期六，或星期日。E：今天是星期五。F：今天是星期三。G：今天是星期一，或星期二，或星期三，或星期四，或星期五，或星期六。只被提到一次的日子是星期日。

所以：今天是星期日。

4、从“事物发展的结果”倒推计算，即就这道题的最后一个数据——女儿所得牛的头数，倒回去想，倒回去算：女儿得的牛，是最后剩下的牛的“半数”加“半头”，结果一头牛都没杀，也没有剩下。既然剩下的牛的“半数”加上“半头”刚好分完，那么女儿得的牛是多少呢？这不十分明白吗？只能是 1 头。

女儿得的牛是次子的一半，那么次子得的牛就是女儿得的牛头数的 2 倍：

2头。

次子得的牛是长子的一半，那么，长子得的牛就是次子得的牛头数的2倍：4头。

长子得的牛是农夫妻子的一半，那么，农夫妻子得的牛就是长子得的牛头数的2倍：8头。

再把四个人得的牛的头数相加：1+2+4+8=15。可见，农夫留下了15头牛。

5、例如，见风使舵：顺应潮流，改变思维或调整方向。

2.2.2 侧向思维

1、把圆规的笔尖改装为小刀片，然后用改装后的圆规来裁剪圆圈。

2、一个工人想出了发明液体手套的想法。使用时，把双手浸一下化学药液，即变成一层透明的薄膜，像戴上橡皮手套一样。这种手套很柔软、很舒适，而且富有弹性。工作完了以后，把手泡在水里，即可完全溶化掉。

3、当你尝试了许多次之后，你或许发现这是一个“不可能”的事情，因为将6根火柴都摆在同一平面内，是怎么也不能组成4个正三角形的。但如果让我们的思维突破平面的限制，以6根火柴作为6条棱，就可以组成一个正三棱锥四面体，也就组成了4个正三角形。

2.2.3 类比思维

1、佛印禅师一个劲地给苏东坡斟茶，是在向东坡暗示：“文思枯竭，缺乏新意，是因为茶杯中盛满了旧茶，新茶进不去，所以，该换换角度，换换环境，换换思路了。”苏东坡领悟了此意，攻读各类经典，汲取了许多新的知识，走上了创作的又一高峰。

2、取一个吹鼓的气球放在天平的一端，另一端放上砝码使之平衡。然后将气球内的气放掉，随着气球内的空气排出，天平失去平衡，必须减少砝码才能使天平平衡，那么减下去的砝码的质量就等于气球中排出的空气的质量。

3、买2件商品按原价的90%，买3件商品按原价的80%。由于$(1+80\%\times3)\div4=85\%$，即1个人买1件与1个人买3件的平均，每件正好是原定价的85%；又由于$(2\times80\%\times3+3\times90\%\times2)\div12=85\%$，所以2个人买3件与3个人买2件的平均，每件正好是原价的85%。因此，买3件的人数是买1件的人数与买2件人数的之和。

设买2件的有x人，则买1件的有$\left(33-x-\frac{2}{3}x\right)\div2$(人)，买3件的有$\frac{2}{3}x+\left(33-x-\frac{2}{3}x\right)\div2$(人)。因为共有商品76件，于是由方程$\left(33-x-\frac{2}{3}x\right)\div2+2x+3\times\left[\frac{2}{3}x+\left(33-x-\frac{2}{3}x\right)\div2\right]=76$，解出$x=15$(人)。买3件的有$\frac{2}{3}x+$

$\left(33-x-\frac{2}{3}x\right)\div 2=14$（人）

故买3件的顾客有14人。

2.2.4 发散思维

1、红灯——交通信号；红旗；红墨水；红芯铅笔；红围巾；红喜报；红十字标志；红星；红色印尼；红头绳；红指甲油……

6 创新技能的培养

6.1 信息获取和处理能力

6.1.2 信息处理能力

1、A

2、B

3、D

4、这段话描述了失事车辆在失事前的情况，但是，文中“车所受惯性越来越大”是错的，物体惯性的大小只与物体自身质量有关；“行人和设施的安全受到越来越大的威胁”的原因是因为是斜面，车受重力的分力（平行于斜面），根据牛顿第一定律 $F=ma$，可知车速度增大，其动量增大，所以破坏力大。

6.2 知识整合能力

6.2.3 知识整合能力的培养

1、(1) 两个随从先过河，在另一边放下一个，另一个回来；

(2) 再两个随从过河，在另一边放下一个，另一个回来；（这时另一边有两个随从，一边有三个商人、一个随从。）

(3) 两个商人过河，在另一边放下一个，带一个随从回另一边；（这时一边一个随从、一个商人，一边两个随从、两个商人。）

(4) 两个商人过河，在另一边两个都下，一个随从划船接其他两个过河。（商人安全过河了。）

参考文献

[1] 周延波，郭兴全，王正洪．大学生创新教育[M]．北京：科学出版社，2004：48.
[2] 爱因斯坦．爱因斯坦文集（第一卷）[M]．上海：商务印书馆，1976：284.
[3] 李才俊．大学生创新能力培养新探[M]．重庆：重庆出版社．2006：114～117，266～267，270～271，179.
[4] 王波，麻艳香．创新能力培训全案[M]．北京：人民邮电出版社．2008：10～12.
[5] 戴春林．创新心理素质浅论[J]．教育发展研究，2000，(6).
[6] 肖川．论学习方式的变革[J]．教育理论与实践，2002，(3).
[7] 姚本先，问题意识与创新精神 [N]，中国教育报，2001年2月21日，第三版．
[8] 苏小红，梁佳，童志祥．发掘本科生创新潜能，提升创新意识和实践能力[J]．计算机教育．2009，(19).
[9] 贝16作业区．转变学习观念创建学习型企业．中国石油和化工·企业版 [J]，2006，(8).
[10] 张琳琳．论大学生的创新能力与社会责任感 [J]，大学时代（学术教育版），2006，(2).
[11] 张子睿．大学生创新与创业能力提升[M]．北京：科学出版社．2008：46～51.
[12] 吴甘霖．我们都是创新天才[M]．北京：机械工业出版社．2007.
[13] 罗清旭．论大学生批判性思维的培养[J]．教育研究，2004，(4).
[14] 孟祥伟，宋举洋．科学发展观指导下培育献身精神的创新思考[J]．学理论，2008，(28).
[15] 孙正聿．培养想象力[J]．小学语文，2010，(1).
[16] 吴乃成，朱萍．浅谈非智力因素与创新人格的培养[J]．江苏教育研究，2010，(2).
[17] 叶奕乾等．普通心理学[M]．上海：华东师范大学出版社，2008.
[18] 周耀烈．思维创新与创造力开发[M]．杭州：浙江大学出版社，2008：211.
[19] 阎立钦．创新教育——面向21世纪我国教育改革与发展的抉择[M]．北京：教育科学出版社，1999.
[20] 大学生创新创造读本[M]．上海：华东理工大学出版社，2003.
[21] 冯嫄．关于创新教育的思考[J]．经济与社会发展，2007，(12).
[22] 边洁，王曼．略谈当代大学生信息获取能力的培养[J]．成才之路，2009，(2).
[23] 李本千．职业教育应重视学生信息处理能力的培养[J]．职业教育研究，2005，(5).
[24] 边伟伟、曹敏．社会主义和谐社会需要大学生组织管理能力的培养[J]．河北旅游职业学院学报，2009(1).
[25] 董发广，赵毅斌．大学生科研能力培养的研究[J]．山西财经大学学报，2007，(4).
[26] 曹胜利．大学生创业[M]．北京：北方联合出版传媒股份有限公司万卷出版公司，2009：3.
[27] 赵伟．开发创新与创业之间的协同关系[J]．经济师，2006(5).
[28] 席升阳．我国大学生创业教育的观念、理念与实践[M]．北京：科学出版社，2008：82.
[29] 付筠，黄道平．创新、创业与就业[M]．北京：机械工业出版社，2006：74.

[30] 钱贵晴，刘文利．创新教育概论[M]．北京：北京师范大学出版社，2009：284.
[31] 张天桥，侯全生，李朝晖．大学生创业第一步[M]．北京：清华大学出版社，2008.
[32] [美] Donald F. Kuratko，Richard M. Hodgetts. 张宗益译．创业学：理论、流程与实践[M]. 北京：清华大学出版社，2006.
[33] 刘莹，艾红．创新设计思维与技法[M]．北京：机械工业出版社，2004.
[34] 神行风鹤．创新技法 [EB/OL]．[2010-10-5]．http：//wenku. baidu. com/view/3a3e8208763231126edb11f5. html. 2010-9-17.
[35] 黄鹤．大学生创业创新思路的案例与思考[EB/OL]. [2010-9-5]. http://www. cycs. org/InsInfo. asp? InsID = 17&ID = 6437. 2008-3-14.
[36] 中国创业者十大素质[EB/OL]. [2010-9-5]. http://wenku. baidu. com/view/4e61d2da50e2524de5187e7a. html. 2010-5-2.
[37] 毛文学．大学生创业一百例[M]．北京：长征出版社，2007.
[38] 刘平．创业学原理与应用[M]．大连：东北财经大学出版社，2008.
[39] 陈应华．浅谈大学生创新人格的培养[J]．中国新技术新产品，2009，(10).
[40] 李佼佼．大学生创造性人格培养浅谈[J]．学园，2009，(10).
[41] 林秀梅．创新总自冒险始[J]．创新科技，2005(3).
[42] 贺岩玲．浅析大学生创造性能力的培养[J]．中国集体经济，2008，(2).

后　　记

经过几次研讨修改，《大学生创新实践指导》这本书终于付梓。

这是一本关于大学生创新教育的书，它试图通过理解、训练、实践的方法培养和提升创新素质和能力。在书中，我们解读了创新的素质和品格，但我们更希望读者自己进行一番深刻的剖析和定位；我们对每一个创新故事进行了解读，但我们更注重的是读者您自己的个人感悟；我们列举了许多的创新方法和技能，但我们更希望读者能主动地进行自我实践。希望本书能够给当代大学生提供一个思路、一点启迪、些许感悟，也希望不同年龄、不同阶层的读者朋友都能从书中有所收获。

《大学生创新实践指导》是山东高校德育研究基地——大学生创业教育研究基地的又一成果，是青岛理工大学2009年获批教育部质量工程项目"'六纵十横'体验式创业教育人才培养模式创新实验区"项目的理论研究成果之一，是以杨向荣教授为负责人的课题组根据创业教育实验区项目实践建设及理论研究的成果编写的。

在本书的编写和修改过程中，广大同仁积极配合，以满腔的热情和无私的忘我精神进行工作。冶金工业出版社的编辑对本书的出版给予了悉心指导和鼎力支持，努力追求完美的态度让人感动。书中还引用了诸多学者在创造学、教育学等方面研究与创作的成果，在这里也一并致谢。由于编者水平所限，书中难免存在疏漏与不足之处，恳请各位专家、学者和广大读者朋友不吝批评指正，以便今后有机会再版时修改补充。

本书编写人员（按编写章节顺序）如下：谢春虎（绪论）；吴玮、

林海涛（第一章）；贺治成、隋学智、刘红艳（第二章）；高洁、曲良波（第三章）；王振、苏伟、于利俊（第四章）；何云峰、范晓光（第五章）；任孔冰、柳志广、谢春虎（第六章）；焦红良、刘聘、甘露露（第七章）。此外，董虎、安晓辉做了资料的搜集整理工作。

编著者

2011 年 1 月